高等学校教材

金工实践教程

林琨智　孙　东　主编

化学工业出版社

·北京·

本书是根据教育部机械基础课程教学指导分委员会金工课程教学指导小组2008年8月制订的《普通高等学校工程材料及机械制造基础系列课程教学基本要求》（非机械类）编写的，内容包括金属材料及钢的热处理、铸造、锻压、焊接、切削加工基础知识、车工、铣工、刨工、磨削、钳工、数控加工技术和特种加工等，各章后均有复习思考题。

本书可作为高等工科学校本科非机械类专业的金工实习教材，也可作为广播电视大学、职工大学、高职及专科学校进行金工实习或金属工艺学教学的参考书。

图书在版编目（CIP）数据

金工实践教程/林琨智，孙东主编．—北京：化学工业出版社，2009.7（2020.2重印）
高等学校教材
ISBN 978-7-122-05545-3

Ⅰ．金…　Ⅱ．①林…②孙…　Ⅲ．金属加工-高等学校-教材　Ⅳ．TG

中国版本图书馆CIP数据核字（2009）第071504号

责任编辑：程树珍　金玉连　　文字编辑：陈　喆
责任校对：战河红　　装帧设计：刘丽华

出版发行：化学工业出版社（北京市东城区青年湖南街13号　邮政编码100011）
印　　装：三河市延风印装有限公司
787mm×1092mm　1/16　印张12　字数312千字　2020年2月北京第1版第10次印刷

购书咨询：010-64518888　　售后服务：010-64518899
网　　址：http://www.cip.com.cn
凡购买本书，如有缺损质量问题，本社销售中心负责调换。

定　　价：20.00元

前　言

《金工实践教程》是一门综合性和实践性很强的技术基础课。随着我国教学改革的发展和深入，对它的要求也越来越高。我们在认真总结多年来的教学改革经验的基础上，根据教育部机械基础课程教学指导分委员会金工课程教学指导小组制订的《普通高等学校工程材料及机械制造基础系列课程教学基本要求》的精神，考虑到多数院校现有的实习基地条件，以及结合我国工业发展现状和当前高校教改的实际情况，编写了本教材。

非机械类专业由于数量多、差异大，因而该教材在内容上既有一定的覆盖面，能满足金工实习课的基本要求，又尽可能突出重点，做到主次分明，既介绍工程材料和机械制造的基本知识，又适当兼顾本学科的基本理论和最新发展方向，使学生了解机械制造的一般过程，熟悉典型零件的常用加工方法及其所用加工设备的工作原理，了解现代制造技术在机械制造中的应用，在主要工种上具有独立完成简单零件加工制造的动手能力，对简单零件具有初步选择加工方法和进行工艺分析的能力，不仅注重学生获取知识和分析问题能力的培养，而且体现对学生工程素质和创新思维能力的培养。

书中采用法定计量单位；名词术语和工艺数据尽量采用最新标准。

本书由吉林化工学院林琨智、孙东主编，各章编写分工如下：第 1 章、第 9 章由刘金义编写；第 2 章由徐学编写；第 3 章、第 4 章由祝明威编写；第 5 章、第 6 章由孙东编写；第 7 章、第 8 章、第 10 章由接勐编写；第 11 章、第 12 章由林琨智编写。本书在编写过程中得到了吉林化工学院邵泽波教授、陈庆教授、邢万坤教授和北华大学耿德旭教授、张志义教授的热情帮助，在此表示衷心的感谢。

本书可作为高等工科院校本科非机械类专业的金工实习教材，也可作为广播电视大学、职工大学、高职及专科学校进行金工实习或金属工艺学教学的参考书。

由于编者水平有限，书中难免有不足之处，恳请读者批评指正。

编者

2009 年 4 月

目 录

1 金属材料及钢的热处理

1.1 概述

在已发现的86种金属元素中，人们习惯地把铁、铬、锰及其合金称为黑色金属。其余金属称为有色金属。由于金属材料具有良好的力学性能、物理性能、化学性能及工艺性能，可采用比较简便和经济的工艺方法制成零件，因此金属材料是目前应用最广泛的材料。

材料的用途取决于其性能，而性能又是由内部组织结构所决定的。不同成分的材料具有不同的内部组织，其性能也不同。同一种材料在加工中受到各种热过程或机械过程的作用，内部组织也会发生变化。这种变化有时使材料取得所需要的性能，发掘出材料的潜能，有时会造成不利于后续加工或最终使用的性能，需要加以改善和纠正。材料加工除成形目的外，还有满足使用性能的要求。热处理就是一种穿插于加工过程中专门调整材料性能的工艺。它是在固态下对金属材料进行不同的加热、保温和冷却，使其内部组织发生不同变化后获得所需的力学性能和工艺性能。

在机械制造业中，钢铁是主要结构材料。钢铁也称 $Fe-Fe_3C$ 合金材料。含碳量小于2.11%的 $Fe-Fe_3C$ 合金划定为钢，含碳量大于2.11%的 $Fe-Fe_3C$ 合金划定为铸铁。钢铁以外的金属材料称为有色金属及其合金。

采用一定的方法可观察到金属材料内部组织的构成形态、尺寸大小及分布。碳钢的成分、组织、性能间的关系如图1-1所示。

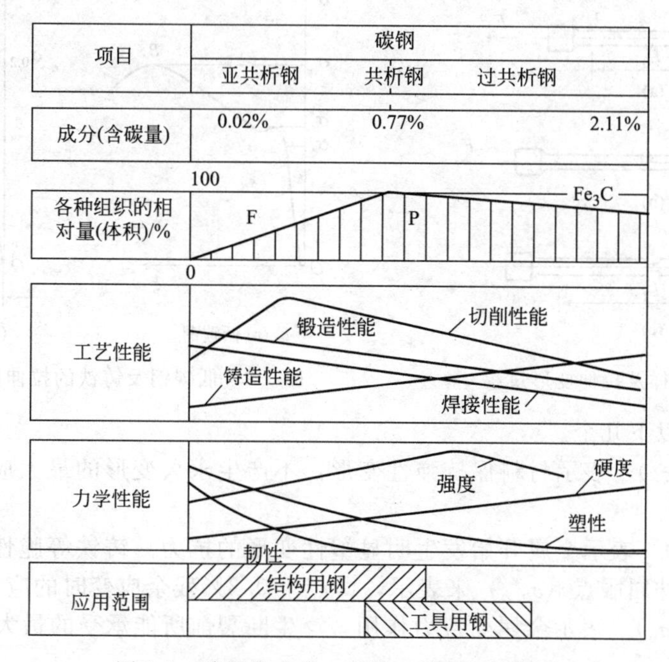

图1-1 碳钢的成分、组织、性能间的关系

F—铁素体；Fe_3C—渗碳体；P—珠光体

钢在常态下主要组织有软而韧的铁素体组织（F）、硬而脆的渗碳体组织（Fe_3C）以及渗碳体以片状或粒状与铁素体相间混合的具有综合性能的珠光体组织（P）。

各种组织的相对含量（体积）随着含碳量增加或减少而发生变化，并对力学性能和工艺性能产生影响。热处理工艺一般不改变钢的成分及零件的几何形状尺寸，只通过其内部组织结构及分布方式的改变使钢达到软化、硬化等不同性能的需要。

1.2 金属材料的性能

金属材料的性能一般分为使用性能和工艺性能。使用性能是指金属材料为满足产品的使用要求而必须具备的性能，包括物理性能、化学性能和力学性能；工艺性能是指金属材料在加工过程中对所用加工方法的适应性，它的好坏决定了材料加工的难易程度。

1.2.1 金属材料的物理性能和化学性能

金属材料的物理性能包括密度、熔点、热膨胀性、导电性和磁性等。金属材料的化学性能是指它们抵抗各种介质侵蚀的能力，通常分为抗氧化性、耐磨蚀性和化学稳定性。

1.2.2 金属材料的力学性能

金属材料的力学性能是指材料在受外力作用时所表现出来的各种性能。由于机械零件大多是在受力的条件下工作，因而所用材料的力学性能就显得格外重要。力学性能主要有强度、塑性、硬度、韧性及疲劳强度等。

（1）强度

金属材料在外力作用下抵抗塑性变形（永久变形）或断裂的能力称为强度。材料的强度用拉伸试验测定，如图 1-2 所示为拉伸试样及拉伸变形过程，图 1-3 为低碳钢及铸铁的拉伸应力应变曲线。

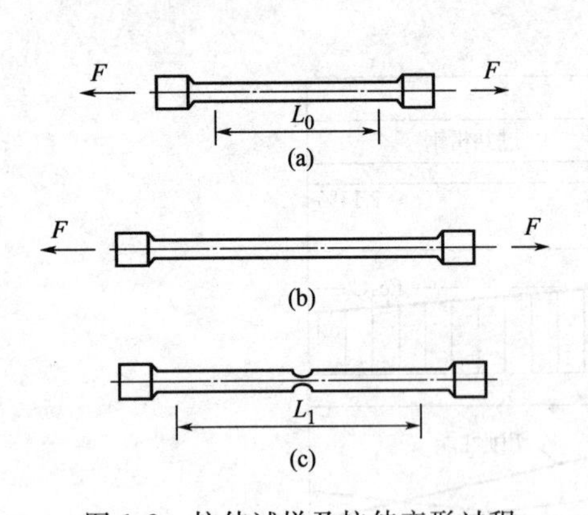

图 1-2 拉伸试样及拉伸变形过程

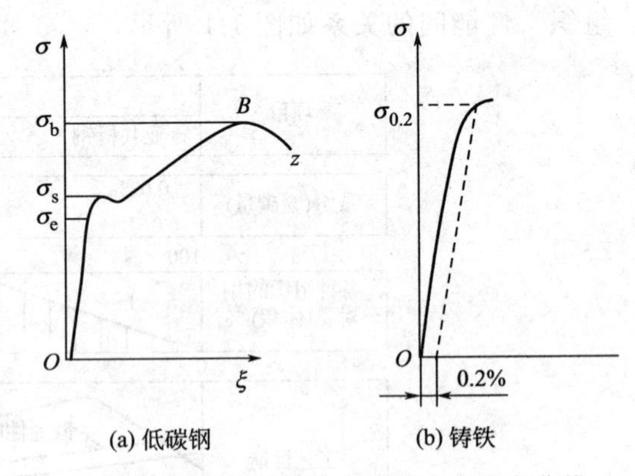

图 1-3 低碳钢及铸铁的拉伸应力应变曲线

强度的指标有以下几个。

① 弹性极限（σ_e） 表示材料保持弹性变形，不产生永久变形的最大应力，是弹性零件的设计依据。

② 屈服点（σ_s） 表示金属开始发生明显塑性变形的抗力。铸铁等脆性材料没有明显的屈服现象，则用条件屈服点（$\sigma_{0.2}$）来表示，即产生 0.2%残余应变时的应力值。

③ 强度极限（σ_b） 表示金属受拉力作用，产生断裂前所能承受的最大应力。

（2）塑性

金属材料受拉力作用产生永久变形的能力称为塑性。其主要指标是伸长率（δ）和断面收缩率（ψ）。

① 伸长率（δ）　在拉伸试验中，试样拉断后，标距的伸长（L_1）与原始标距（L_0）的百分比称为伸长率，也叫延伸率。

② 断面收缩率（ψ）　试样拉断后，缩颈断口处横截面积与原始横截面积的百分比称为断面收缩率。

（3）硬度

材料抵抗局部变形，特别是塑性变形的能力称为硬度。硬度试验常用压入法，它包括布氏硬度、洛氏硬度和维氏硬度。

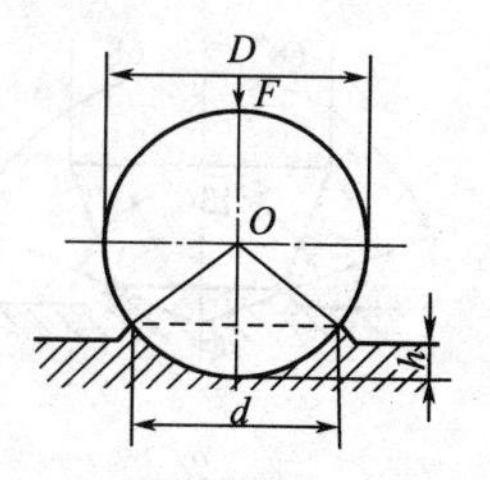

图 1-4　布氏硬度的测定原理

① 布氏硬度的试验原理　用直径为 D 的钢球或硬质合金压头，在压力 F 作用下压入试样表面，经规定的载荷保持时间后，卸除压力，用读数显微镜测量压痕直 d，查压痕直径与布氏硬度对照表，得出布氏硬度值，如图 1-4 所示。

布氏硬度表示方法如下：

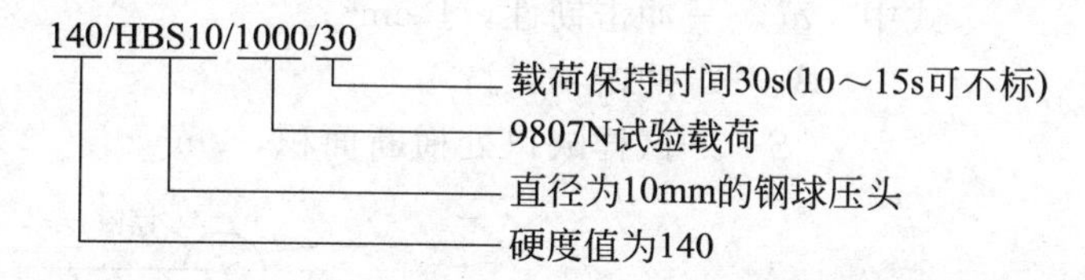

布氏硬度试验法主要用于铸铁、有色金属以及经退火、正火和调质处理的钢材等零件的硬度测定。

② 洛氏硬度的试验原理　将一定形状和尺寸的压头压入被测试材料的表面，以主载荷所引起的残余压入深度（$h=h_1-h_0$）来表示，如图 1-5 所示。根据压头的种类和总载荷的大小，洛氏硬度常用的表示方式有 HRA、HRB、HRC 三种。试验条件（GB 230—91）及适用范围见表 1-1。

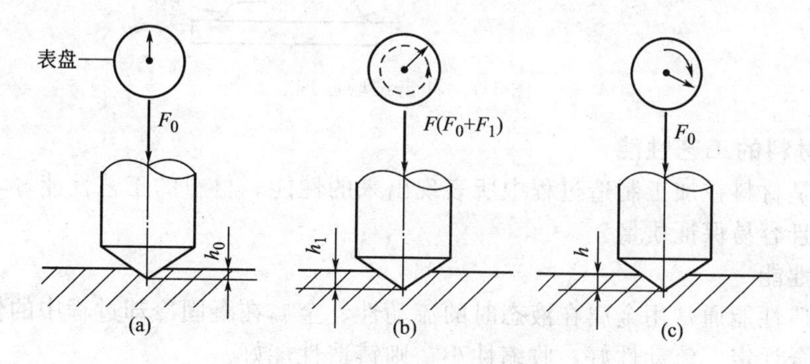

图 1-5　洛氏硬度试验原理

表 1-1　常用洛氏硬度的试验条件和适用范围

硬度标尺	压头类型	总试验力/N	硬度值有效范围	应用举例
HRC	120°金刚石锥体	1471.0	20～67HRC	调质钢、淬火钢
HRB	ϕ1.588mm 钢球	980.7	25～100HRB	软钢、退火钢、铜合金等
HRA	120°金刚石锥体	588.4	60～85HRA	硬质合金、表面淬火钢等

洛氏硬度的表示方法是在硬度符号前面注明硬度值，如 58HRC、78HRA 等。

③ 维氏硬度的试验原理　维氏硬度的试验原理基本上和布氏硬度相同，不同的是维氏硬度试验用的压头是顶角为 136°的金刚石正四棱锥体，且所加压力较小，如图 1-6 所示。硬

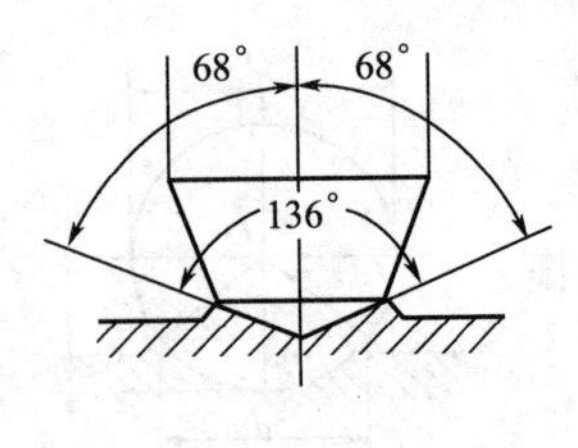

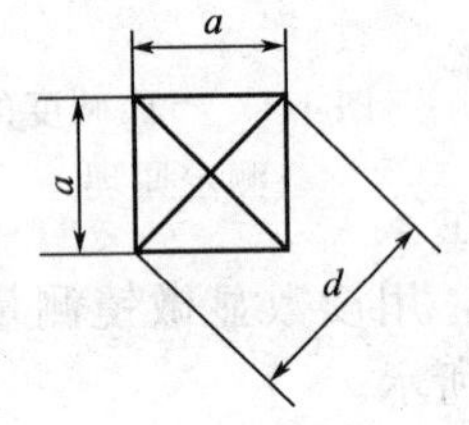

图 1-6 维氏硬度试验原理

度值根据测量压痕对角线长度查表得出。

维氏硬度的表示方法与布氏硬度相似，如 640HV30 表示用 30kgf（294.2N）试验力，保持 10～15s，测定的维氏硬度值为 640。604HV30/20 表示 30kgf（294.2N）试验力保持 20s 测定的维氏硬度值为 640。维氏硬度测量范围广，从极软到极硬的各种金属材料都可测量，也可以测量较薄的材料，还可以测量渗碳、渗氮层的硬度。

④ 冲击韧性（a_k） 材料抵抗冲击载荷的能力称为冲击韧性。测定时，将带有缺口的标准试样（GB/T 229—94）放在试验机上，用摆锤将其一次冲断，如图 1-7 所示，并以试样缺口处单位面积上所吸收的冲击功来表示冲击韧性。

即 $$a_k = A_k / S$$

式中 a_k——冲击韧性，J/cm^2；

A_k——冲击功，J；

S——试样缺口处横断面积，cm^2。

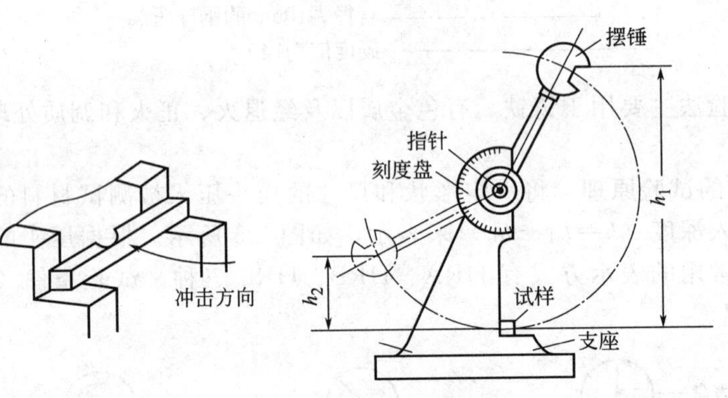

图 1-7 冲击试验原理

1.2.3 金属材料的工艺性能

工艺性能是材料在加工制造过程中所表现出来的性能。材料的工艺性能好，就可使加工工艺简便，并且容易保证质量。

（1）铸造性能

金属的铸造性能通常用金属在液态时的流动性、金属在凝固冷却过程中的体积或尺寸的收缩性加以综合评定。流动性好，收缩性小，则铸造性能好。

（2）锻压性能

锻压性能主要以金属的塑性和变形抗力来衡量。塑性高，变形抗力小（即 σ_s 小），则锻压性能好。

（3）焊接性能

焊接性能一般用在金属焊接加工时焊接接头对产生裂纹、气孔等缺陷的倾向以及焊接接头对使用要求的适应性来衡量。

（4）切削加工性能

金属的切削加工性能可以用切削加工的抗力大小、工件加工后的表面质量、刀具磨损的快慢程度等来衡量。对于一般钢材来说，硬度在 200HBS 时，可具有较好的切削性能。

1.3 钢与铸铁

碳钢和铸铁是现代机械制造业中应用最广泛的金属材料。它们都是以铁和碳为主要组元的合金，钢的含碳量小于2.11%，铸铁的含碳量大于2.11%。

1.3.1 钢的分类

为了便于生产、保管、选用与研究，必须对钢加以分类。按钢的用途、化学成分、质量的不同，可将钢分为若干类。

（1）按用途分类

按钢的用途可分为结构钢、工具钢、特殊性能钢三大类。结构钢有两种，一种是用作各种机器零件的钢，它包括渗碳钢、调质钢、弹簧钢及滚珠轴承钢；另一种是用作工程结构的钢，它包括普通碳素结构钢和普通低合金结构钢。工具钢是用来制造各种工具的钢，根据工具用途不同可分为刃具钢、模具钢和量具钢。特殊性能钢是指具有特殊物理化学性能的钢，可分为不锈钢、耐热钢、耐磨钢、磁钢等。

（2）按化学成分分类

按钢的化学成分可分为碳素钢和合金钢两大类。

① 碳素钢　按含碳量又可分为低碳钢（$w_C \leqslant 0.25\%$）、中碳钢（$0.25\% < w_C < 0.6\%$）、高碳钢（$w_C \geqslant 0.6\%$）。

② 合金钢　合金钢是在碳钢的基础上，有目的地加入某些元素（称合金元素）而得到的多元合金。合金钢按合金元素含量的不同，又可分为低合金钢（合金元素总含量≤5%）、中合金钢（合金元素总含量为5%～10%）和高合金钢（合金元素总含量＞10%）。此外，根据钢中所含主要合金元素的种类不同，也可分为锰钢、铬钢、铬锰钢、铬锰钛钢等。

（3）按质量分类

按钢中有害杂质硫、磷含量的不同，可分为普通钢（$w_S \leqslant 0.055\%$、$w_P \leqslant 0.045\%$或w_S、w_P均$\leqslant 0.050\%$）、优质钢（w_S、w_P均$\leqslant 0.040\%$）和高级优质钢（$w_S \leqslant 0.030\%$、$w_P \leqslant 0.035\%$）。按冶炼时脱氧程度的不同，将钢分为沸腾钢（脱氧不完全），镇静钢（脱氧比较完全）及半镇静钢。

工业上对钢命名时，常常将用途、成分、质量三种分类方法结合起来，如普通碳素结构钢、优质碳素结构钢、碳素工具钢、高级优质碳素结构钢、合金结构钢、合金工具钢等。

1.3.2 碳素钢

（1）普通碳素钢

这类钢含有害杂质和非金属夹杂物较多，但冶炼容易，工艺性好，价格低廉，在性能上也能满足一般工程结构及普通机器零件的要求，因而应用很广。它通常被轧制成钢板或各种型材（圆钢、方钢、角钢、槽钢、工字钢、钢筋等）供应。这类钢的牌号由代表屈服点的字母“Q”、屈服点数值、质量等级符号、脱氧方法符号四部分按顺序组成。质量等级分为四级，用字母A、B、C、D表示，其中A级钢含硫、磷等有害杂质的质量分数最高，D级钢含硫、磷等有害杂质的质量分数最低，即A、B、C、D表示钢材的质量依次提高。这类钢最典型的钢号是Q235A。沸腾钢在钢的牌号尾部加“F”，半镇静钢在钢的牌号尾部加“b”，镇静钢不加字母。

（2）优质碳素钢

优质碳素钢含有害杂质S、P及非金属杂质较少，钢材的均匀性也较好。根据用途不同分为优质碳素结构钢和碳素工具钢。

① 优质碳素结构钢　优质碳素结构钢的牌号（钢号）以两位数字表示，数字代表平均含碳量的万分数，如45钢表示平均含碳量为0.45%的优质碳素结构钢。根据含锰量的不同，将含锰量为0.25%～0.70%的优质碳素结构钢称为普通含锰钢，含锰量为0.80%～1.20%的优质碳素结构钢称为较高含锰钢，钢号中标出锰元素，如16Mn。优质碳素结构钢的用途最广泛，常用钢种如08、45、65等，其中08钢主要用作冲压件和焊接件，45钢可用于制造轴、连杆、齿轮等零件，65钢多用于制作弹簧等。

② 碳素工具钢　碳素工具钢的牌号由“碳”字的汉语拼音首字母“T”和代表钢中平均含碳量的千分数的数字构成。常用的钢种有T8、T10、T12等。T8钢可用于制作手钳、锤子等，T10钢可用于制作手锯条、刨刀等，T12钢可用于制作锉刀、丝锥、车床尾座上的顶尖等。若为高级优质碳素工具钢，还需在钢的牌号后面加“A”。如T12A表示平均含碳量为1.20%的高级优质碳素工具钢。

1.3.3 合金钢

为了提高钢的力学性能、工艺性能或物理、化学性能，在冶炼时特意往钢中加入一些合金元素，所获得的钢称为合金钢。

合金钢按用途、性能可分为合金结构钢、合金工具钢、特殊性能钢、特殊专用钢等。

(1) 合金结构钢

合金结构钢主要包括普通低合金钢、渗碳钢、调质钢、弹簧钢等。

合金结构钢的牌号采用“数字＋元素符号＋数字”的方法。前面数字表示钢的平均含碳量，以万分数（两位数字）表示；合金元素直接用元素符号表示；后面的数字表示合金元素的含量，以平均含量的百分之几表示。合金元素的含量小于1.5%，牌号中只标明元素不标明含量；1.5%～2.5%标2；2.5%～3.5%标3；其余依此类推。例如含0.37%～0.45%C、0.8%～1.1%Cr的铬钢，以40Cr表示；含0.57%～0.65%C、1.5%～2.0%Si、0.6%～0.9%Mn的硅锰钢，以60Si2Mn表示。

① 普通低合金钢　普通低合金钢是一种低碳结构钢，含碳量一般低于0.20%，合金元素一般在3%以下，常加入的元素有Mn、Ti、V、Nb、Cu、P等。这种钢的强度显著高于同含碳量的碳素钢，它具有较好的塑性和韧性及良好的焊接性和耐蚀性，广泛应用于桥梁、车辆、船舶、锅炉、高压容器、油管、大型钢结构等。

② 渗碳钢　适用于生产渗碳零件（要求表面具有高的硬度、耐磨性，心部具有足够的强度和韧性）的钢称为渗碳钢。渗碳钢含碳量一般都较低，介于0.10%～0.25%之间，属于低碳钢范畴。合金渗碳钢中所含的主要合金元素是Cr、Ni、Mn、B等。

③ 调质钢　一般指经过调质处理（即淬火＋高温回火）后使用的钢。大多数调质钢属于中碳钢，一般含碳量在0.27%～0.50%，加入的合金元素有Cr、Ni、Mn、Si等。这类钢经热处理后，具有良好的综合力学性能（即强度、塑性、韧性配合较好），用于制造较重要的机器零件，如轴、齿轮、曲轴、连杆等。

④ 弹簧钢　弹簧钢具有较高的弹性极限、疲劳强度，足够的塑性、韧性以及良好的表面质量，还有良好的淬透性及较低的脱碳敏感性。

碳素弹簧钢通常含碳量在0.60%～0.75%，合金弹簧钢含碳量在0.46%～0.70%，且常有Si、Mn、Cr、V等合金元素。常用的弹簧钢有65、70、65Mn、55Si2Mn、60Si2Mn。

(2) 合金工具钢

合金工具钢是用于制造刃具、模具、量具等工具的钢。其牌号也采用“数字＋化学元素＋数字”的方法。平均含碳量≥1.0%时不标出含量，平均含碳量<1.0%时，用“一位数（表示碳质量分数的千分之几）＋元素符号＋数字”表示。合金元素的表示方法与合金结构钢相同。如9Mn2V，第一位数字表示碳的平均含量为0.9%，锰平均含量为2%，钒的平均含量<1.5%；Cr12MoV表示碳的平均含量>1.0%，铬的平均含量为12%，钼、钒的平均含量<1.5%。高速钢的含碳量<1.0%时，其含碳量也不予标出，如W18Cr4V钢，其碳的平均含量为0.7%～0.8%。作为工具钢，虽然其使用目的不同，但必须具有高硬度、高耐磨性、足够的韧性以及小的变形量等。因此，有些钢是可以通用的，既可以做刃具，又可做模具、量具。常用刃具钢有9SiCr、CrWMn、CrMn、高速钢等。热模具钢有5CrMnMo、5CrNiMo、3Cr2W2V等；冷模具钢有Cr12、Cr12MoV、Cr6WV等。量具钢有9SiCr、CrMn、CrWMn等。

（3）特殊性能钢

特殊性能钢一般包括不锈钢、耐热钢等。

① 不锈钢　不锈钢是指在空气、酸、碱或盐的水溶液等介质中具有高度化学稳定性的钢。不锈钢的牌号与含碳量小于1%的合金工具钢相同。由于钢中合金元素种类的不同，常把不锈钢分为铬不锈钢、铬镍不锈钢。铬不锈钢的主要牌号有1Cr13、2Cr13、3Cr13、4Cr13、1Cr17等。铬镍不锈钢（18-8型）在我国常见的有0Cr18Ni9、1Cr18Ni9、2Cr18Ni9Ti、0Cr18Ni9Ti、1Cr18Ni9Ti（含碳量≤0.08%及≤0.03%者在钢号前分别冠以“0”、“00”）。

② 耐热钢　金属材料的耐热性包括高温抗氧化性和高温强度。耐热钢可分为结构钢型与不锈钢型两类。结构钢型有15CrMo、12CrMoV、12Cr2MoWVTiB等；不锈钢型有1Cr18Ni19Ti、4Cr14Ni14W2Mo等。

（4）特殊专用钢

为表示钢的用途，在钢的牌号前面冠以汉语拼音字母字头、而不标含碳量。合金元素含量的标注和上述也有所不同。例如：滚动轴承钢前面标“G”（“滚”字的汉语拼音的第一个字母）。如GCr15SiMn，牌号中铬元素后面的数字表示铬的质量分数为15‰，其他元素含量仍按百分数表示，即硅和锰的平均质量分数均<1.5%。

1.3.4 铸钢

铸钢主要用于制造形状复杂，且有一定强度、塑性和韧性的零件，例如重型机械的齿轮、轴以及轧辊、机座、缸体、外壳、连杆等。铸钢的牌号一般是“ZG”（汉语拼音“铸钢”的字首）＋屈服点＋抗拉强度。如ZG200-400表示铸钢的屈服强度为200MPa，抗拉强度是400MPa。生产中常用的铸钢牌号有ZG230-450、ZG270-500、ZG310-570三种。

1.3.5 铸铁

含碳量大于2.11%的铁碳合金称为铸铁。在化学成分上，铸铁与钢的主要不同是：铸铁含碳量较高，杂质元素硫、磷较多。铸铁的强度、塑性、韧性较差，不能进行压力加工，但它具有一系列的优良性能，如良好的铸造性能、减摩性、吸振性和切削加工性等，而且它的生产设备和工艺简单、价格低廉，因此铸铁在机械制造业中得到了广泛的应用。铸铁常根据石墨结晶的形态分为灰口铸铁、可锻铸铁、球墨铸铁三类。

（1）灰口铸铁

灰口铸铁中碳主要以片状石墨的形式存在，断口呈暗灰色，故称灰口铸铁。灰口铸铁的铸造性能和切削性能很好，是工业上应用最广泛的铸铁。灰口铸铁的牌号由“HT”和三位数字组成。其中“HT”是“灰铁”两字汉语拼音的第一个字母，其后数字表示最低抗拉强度值。例如 HT100 表示抗拉强度最低值为 100MPa 的灰口铸铁。

(2) 可锻铸铁

可锻铸铁中碳主要以团絮状石墨的形式存在，它是白口铸铁经退火获得的一种铸铁。与灰口铸铁相比，可锻铸铁具有较高的强度、较好的塑性和韧性，故被称为“可锻”，实际上并不可锻。可锻铸铁分为黑心可锻铸铁、珠光体可锻铸铁和白心可锻铸铁等，其牌号分别由“KTH”、“KTZ”、“KTB”和两组数字组成，前一组数字表示抗拉强度的最低值，后一组数字表示伸长率的最低值。如 KTH300-06 表示抗拉强度最低值为 300MPa、伸长率最低值为 6%的黑心可锻铸铁；KTZ450-06 表示抗拉强度最低值为 450MPa、伸长率为 6%的珠光体可锻铸铁；KTB350-04 表示抗拉强度最低值为 350MPa、伸长率最低值为 4%的白心可锻铸铁。可锻铸铁适用于制造形状复杂，工作中承受冲击、震动、扭转载荷的薄壁零件，如汽车、拖拉机后桥壳、转向器壳和管子接头等。

(3) 球墨铸铁

球墨铸铁中石墨呈球状，它的强度比灰口铸铁高得多，并且具有一定的塑性和韧性。它主要用于制造某些受力复杂、承受载荷大的零件，如曲轴、连杆、凸轮轴、齿轮等。球墨铸铁的牌号由“QT”和两组数字组成。“QT”是“球铁”两字汉语拼音的第一个字母，两组数字分别代表最低抗拉强度和最低伸长率。如 QT500-07 表示抗拉强度最低值为 500MPa、伸长率最低值为 7%的球墨铸铁。

1.4 钢的热处理及热处理方法简介

钢的热处理是建立在纯铁于固态下能够产生同素异构转变的基础之上的。铁的同素异构转变（即在一定温度下其晶体结构会发生改变）将导致铁碳合金在加热或冷却过程中内部的组织结构发生变化。对于碳钢来说，在加热时，开始发生这种组织结构变化的温度（称临界温度或相变温度）约为 727℃，叫做 A_{c_1} 温度。如果把加热到 A_{c_1} 以上适当保温的钢件保温一段时间后，以不同的冷却速度冷至室温，则会使其组织结构和性能发生不同的变化。因此，根据加热温度和冷却速度的不同，构成了不同的热处理工艺。不同的热处理工艺适用于不同的条件和目的，所以，在制订热处理工艺和进行操作之前，必须对所要处理的工件的材料和性能要求等做到心中有数。

1.4.1 钢的整体热处理

整体热处理是指通过加热使工件在达到加热温度时里外热透，经冷却后实现改善工件整体组织和性能的目的。常用的钢整体热处理包括退火、正火、淬火和回火等。

(1) 退火

退火是将工件加热到适当的温度，保温一定时间，然后缓慢冷却的热处理工艺。退火主要用于铸、锻、焊件等毛坯或半成品零件，一般是作为预备热处理。从性能上来看，退火使钢软化，硬度降低，这通常会有利于切削加工。另一方面，退火还可以消除工件中存在的内应力，使毛坯件晶粒细化，组织均匀。

常用的退火工艺有以下几种。

① 完全退火　主要用于低碳钢和中碳钢工件。一般把工件加热到 750～900℃［随钢中含碳量降低，加热温度升高，如图 1-8(a) 所示］，保温一段时间后，随炉缓慢冷却到室温，也可随炉冷却到 500℃以下出炉空冷。

② 球化退火　对于含碳量≥0.8%的高碳钢，采用完全退火难以获得比较理想的均匀组

织，硬度也往往偏高，不利于切削加工。因此对它们采用球化退火，其方法是将工件加热到 A_{c_1} 以上 20～30℃，适当保温随炉缓慢冷却下来。球化退火后的钢一般是处于最软化的状态，组织也比较均匀。高碳工具钢经球化退火后，也有较好的切削加工性。

③ 去应力退火　其目的是消除工件中的内应力。它是将工件加热到 500～600℃，保温一定时间，然后随炉冷却。去应力退火的加热温度是各种退火工艺中最低的，故又称低温退火。

（2）正火

正火的工艺是将工件加热并保温后，在空气中冷却。碳钢正火的加热温度为 760～920℃，具体钢种的正火温度与钢的含碳量有关，如图 1-8(a) 所示。正火的作用与退火相似，所不同的是，正火的冷却速度较快，因而得到的组织结构较细，力学性能也有所提高。另外，正火比退火的生产周期短，设备利用率高，能耗小，成本低。因此正火是一种方便而又经济的热处理方法。低碳钢工件由于退火后硬度偏低，切削加工性反而不好，所以通常用正火而不用退火。中碳钢工件的预备热处理采用正火和退火均可，一般在满足工件性能要求的前提下，优先选用正火。对力学性能要求不高的零件，可用正火作为最终热处理。

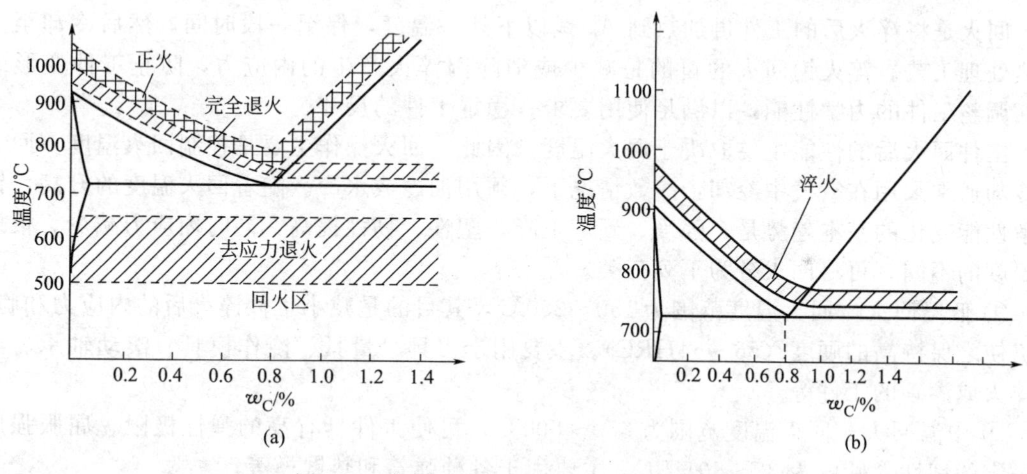

图 1-8　碳素钢退火和正火的加热温度范围

（3）淬火

淬火是将工件加热到 A_{c_1} 以上的适当温度，保温后快速冷却的热处理工艺，如图 1-8(b) 所示。最常见的有水冷淬火、油冷淬火等。淬火的目的是使钢强化，以显著地提高工件的硬度，增强耐磨性；同时也伴有塑性、韧性的下降。通常各种工具如刃具、模具和量具以及许多机械零件都需要进行淬火处理。淬火的加热温度对工件淬火后的组织和性能有很大影响，它主要取决于钢的含碳量。对于 w_C＜0.8%的碳钢来说，含碳量越低，其淬火加热温度越高。例如 30 钢的淬火温度为 860℃，45 钢的淬火温度为 840℃，55 钢的淬火温度为 820℃。对于 w_C≥0.8%的高碳钢，其淬火温度为 A_{c_1} ＋30～50℃，即大致在 760～780℃。淬火用的冷却介质也称为淬火介质。碳素钢工件的淬火大多采用水作为冷却介质，因为水最便宜而且有较强的冷却能力。合金钢淬火一般选用冷却能力较低的油作为淬火介质。淬火操作时，还应注意工件浸入淬火介质的方式。若浸入方式不当，有可能导致工件淬火后局部硬度不足，或者使工件产生内应力而引起变形甚至开裂。工件浸入淬火介质的正确方法如图 1-9 所示。细长状工件（钻头、轴等）应垂直淬入淬火介质中；薄壁环状工件（如圆筒、套圈等）应轴向垂直淬火；薄片状工件（如圆盘等）应立放淬入；厚薄不均的工件，厚的部分应先进入淬火介质；带有型腔或盲孔的工件，应将型腔中的盲孔朝上，淬入冷却介质（有利于型腔

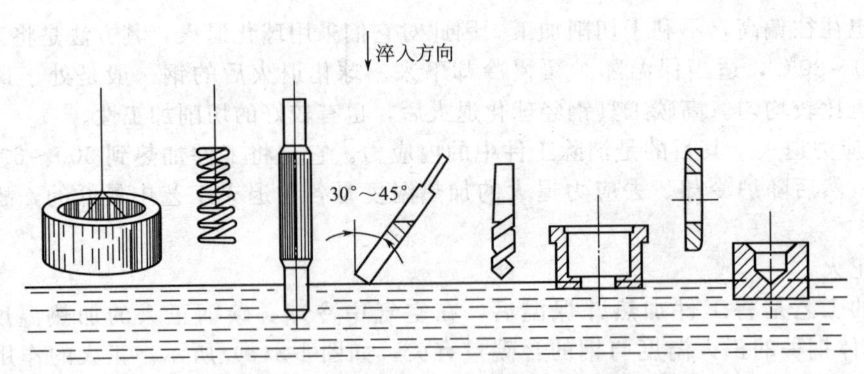

图 1-9　工件浸入淬火介质时的方式

或盲孔中气泡的排除)。工件在淬火介质中，还应按一定的移动方向上下左右移动，以使工件上的各个部位尽可能均匀冷却。淬火是钢的一种必要强化方法，但通常还不是最终决定工件性能的工序，工件淬火，还必须紧接着进行回火热处理。

(4) 回火

回火是将淬火后的工件再加热到 A_{c_1} 线以下某一温度，保温一段时间，然后冷却至室温的热处理工艺。淬火钢回火的目的是减少或消除因淬火产生的内应力，防止工件变形或开裂；调整工件的力学性能，以满足使用要求；稳定工件的尺寸。

工件回火后的性能主要取决于回火温度，因此，回火操作主要是控制回火温度。回火后的冷却通常采用在空气中冷却，少数情况下，须用油冷或水冷。随着回火温度的升高，钢的力学性能变化的基本趋势是，强度、硬度下降，塑性、韧性提高，同时内应力减少。根据回火温度的不同，可将回火分为下列三类。

① 低温回火　回火温度范围为 150～250℃，其目的是减小工件淬火后的内应力和脆性，但仍使之保持高的硬度（56～64HRC)。主要用于刃具、量具、冷作模具、滚动轴承、经表面淬火或渗碳的工件等。

② 中温回火　回火温度范围为 350～500℃，可使工件具有高的弹性极限、屈服强度以及一定的韧性，硬度为 35～50HRC。主要用于各种弹簧和热锻模等。

③ 高温回火　回火温度范围为 500～650℃，工件可获得强度、塑性和韧性都较好的综合力学性能，硬度为 200～300HBS。通常把淬火和高温回火两道热处理工序合称为调质处理。主要用于重要的机械零件，如轴、齿轮、连杆、高强度螺栓等。

1.4.2　钢的表面热处理和化学热处理

有些机械零件，如齿轮、曲轴、活塞销及许多工模具，由于使用条件的特殊性，往往要求其表面具有高的硬度和耐磨性，而心部要有较好的塑性和韧性，对于这种同一零件具有“外硬内韧”双重性能要求的情况，整体热处理显然无法做到，一般须采用表面热处理或化学热处理来满足这类工件的性能要求。

(1) 表面热处理

表面热处理是指仅对工件的表层进行热处理，以改变其组织和性能。目前应用较多的是表面淬火。表面淬火工艺就是通过对工件表面的快速加热，仅使其表层升温到临界温度以上发生组织转变，而心部组织并未发生变化，然后快速淋水冷却淬火。表面加热的方法有多种，如感应加热、火焰加热等。

① 感应加热表面淬火　将工件放在通有一定频率交流电的感应线圈内，感应线圈周围的同频率交变磁场使工件内部产生自闭合回路的感应电流（涡流)。涡流在工件截面上分布

不均匀，主要分布在工件表层，这一现象称为集肤效应，如图1-10所示，从而使工件表面迅速加热到淬火温度而心部仍接近室温，随后喷水冷却，使工件表层淬火硬化。感应电流频率越高，涡流越向表层集中，加热层也越薄，淬火硬化层就越薄。一般高频（200～300kHz）感应加热淬硬层深度为0.5～2mm。

② 火焰加热表面淬火　用氧-乙炔火焰气体加热工件表面，使其迅速达到淬火温度，然后立即喷水冷却。此法的优点是加热方法简单，无需特殊设备，成本低；缺点是加热不均匀，淬火质量不易控制。

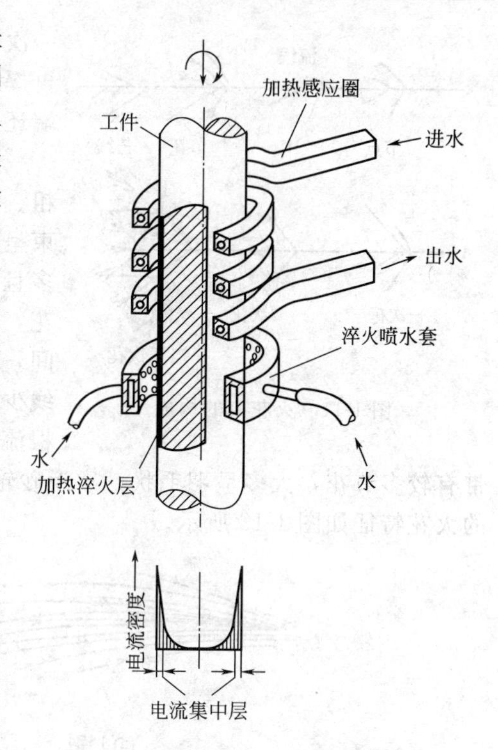

图1-10　感应加热表面淬火示意图

（2）化学热处理

化学热处理是将工件置于含有待渗元素的介质中加热和保温，使一种或多种元素的活性原子渗入工件表层，从而改变其表面的化学成分、组织与性能的热处理方法。其目的主要是强化表面和改善工件表面的物理、化学性能。化学热处理的种类很多，一般是以渗入的元素来对其命名。最常用的是渗碳、渗氮及碳氮共渗。渗碳是将低碳钢工件置于富碳的介质中，加热到高温（900～950℃），使碳原子渗入工件表层，获得碳的质量分数为1%左右的渗碳层，再经淬火和低温回火后，可使工件表层具有高的硬度、耐磨性和抗疲劳性能，而心部仍保持较高的塑性、韧性和一定的强度。渗氮是将钢件置于渗氮介质中，加热至500～600℃并保温，氮原子渗入工件表层后直接形成坚硬、耐蚀、抗疲劳的渗氮层，无需再进行其他热处理。常用的渗碳和渗氮方法是气体渗碳和气体渗氮。在进行热处理操作实习或参观实习时，应注意了解所接触到的各类热处理零件的名称、材料、热处理的目的、加热温度、冷却方式等，比较工件在热处理前后的硬度变化，同时还要对所用到或所见到的热处理设备的名称、型号和用途加以了解。

1.5　钢铁材料的火花鉴别

将钢铁材料放在旋转的砂轮机上打磨时，观察迸射出的火花的形状和颜色，据此可大致判断其化学成分，这就是火花鉴别法。它是在生产现场鉴别钢铁材料的一种简便实用的方法。当钢铁材料的试样在砂轮机上打磨时，磨下的颗粒被磨削热加热至高温状态，并沿砂轮旋转的切线方向抛射，形成光亮的流线束。这是因为灼热的金属颗粒表面与空气中的氧发生反应形成氧化物膜，氧化物进而与钢铁颗粒中的碳反应产生一氧化碳气体，当一氧化碳气体压力足够高时，将使氧化膜爆裂形成火花。根据火花的形状、色泽和亮度等，可判断材料中的碳含量。同时合金元素也能影响火花的特征，例如，可抑制或促进火花的爆裂等，因此火花鉴别还能区别钢铁中主要合金元素的种类。

磨削产生的全部火花称为火花束，它由根部、中部和尾部火花三部分构成。火花束中，由灼热颗粒在空中划出的明亮线条状轨迹称为流线。流线上的爆裂点叫做节点。节点处射出的若干短流线称为芒线。流线或芒线上由节点、芒线组成的火花叫节花。流线上的节花称为

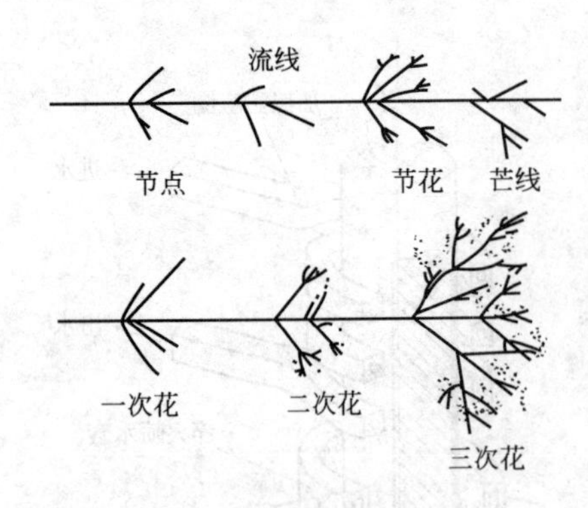

图 1-11 火花束的构成

一次花。芒线上的节花叫二次花，二次花在芒线上如果再爆裂，其花称为三次花，如图 1-11 所示。有时流线尾端还会形成不同形状的尾花。

常用钢铁材料的火花特征如下：低碳钢的火花流线粗、长、稀，节花少且多为一次花，芒线粗而长，火花束呈草黄色；高碳钢的火花流线细、短、多而密，节花多且花型小，多为二次花和三次花，还有花粉和小碎花，火花呈明黄色；中碳钢的火花特点介于上述两者之间，节花以二次花居多，色泽为黄色。高速钢的火花流线少而细长，几乎没有节花，尾部膨胀下垂，略有三四根流线爆裂，色泽为暗红色。灰口铸铁的火花束很短，带有较多节花，大多呈羽毛状，靠近砂轮的花呈暗红色，远离砂轮者呈橙色。几种钢铁材料的火花特征如图 1-12 所示。

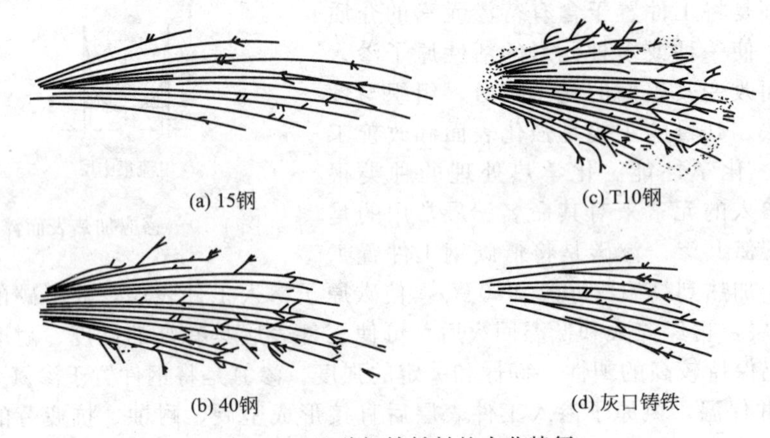

图 1-12 几种钢铁材料的火花特征

复习思考题

1. 什么是钢？钢是如何分类的？

2. 普通碳素钢如何分类？说明其用途。

3. 优质碳素钢如何分类？说明其用途。

4. 合金钢如何分类？

5. 什么是铸铁？如何分类？

6. 什么是热处理？常用热处理的方式有哪些？

7. 试比较退火和正火的异同点。

8. 什么是淬火？其目的是什么？

9. 什么是回火？其目的是什么？以下工件在淬火后应采用何种回火方法：手锯条；弹簧夹头；机床主轴？

10. 将两块经过退火的 45 钢，加热到 700℃，保温后，一块随炉冷却，另一块在水中冷却。试说明两块钢冷却至室温后性能会有什么变化？为什么？

2 铸 造

2.1 概述

将熔融金属液浇入和零件形状相适应的铸型空腔中，凝固后获得一定形状和性能的金属件（铸件）的方法称为铸造。

铸件作为毛坯，需要经过机械加工后才能成为各种机器零件；有的铸件当达到使用的尺寸精度和表面粗糙度要求时，可作为成品或零件直接使用。

熔融金属和铸型是铸造的两大基本要素。铸件用金属有铸铁、铸钢、铝合金、镁合金及铜合金等。铸型用型砂、金属或其他耐火材料制成，形成铸件形状和空腔等部分。

铸造的生产方法有砂型铸造和特种铸造两大类。砂型铸造广泛用于铸铁和铸钢件的生产。

砂型铸造的生产工序很多，主要工序为制模、配砂、造型、造芯、合型、熔炼、浇注、落砂、清理和检验。图 2-1 为压盖铸件的生产工序流程。

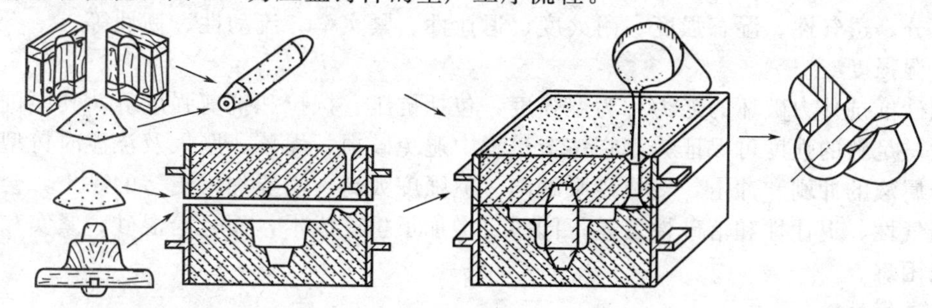

图 2-1　压盖铸件生产工序流程

图 2-2 为压盖铸件的铸型装配图，其中浇注系统（浇口）是为浇注金属液而开设于铸型中的一系列通道。浇注系统通常由外浇道、直浇道、横浇道和内浇道组成。

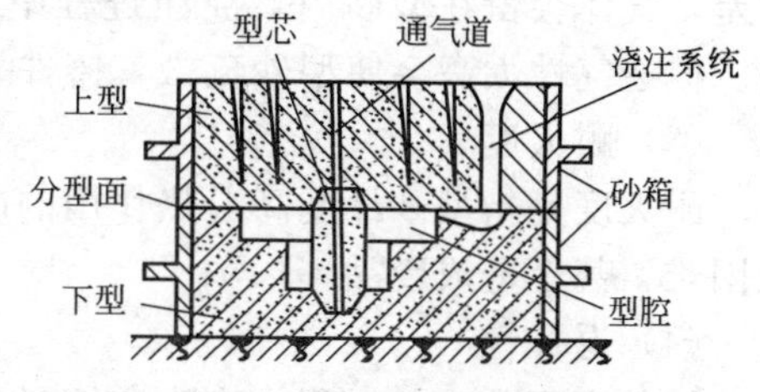

图 2-2　压盖铸件的铸型装配图

对于某些特殊铸件，还可采用其他特种铸造方法，如熔模铸造、金属型铸造、压力铸造、低压铸造、离心铸造、壳型铸造和消失模铸造等。

铸造的优点是适应性强（可制造各种合金类别、形状和尺寸的铸件），成本低廉，其缺点是生产工序多，铸件质量难以控制，铸件力学性能较差，劳动强度大。铸造主要用于形状复杂的毛坯件生产，如机床床身、发动机汽缸体、各种支架、箱体等。它是制造具有复杂结构的金属件的最灵活的成形方法。

2.2 型砂

造型过程中，型砂在外力作用下成形并达到一定的紧实度或密度而成为砂型。型砂的质

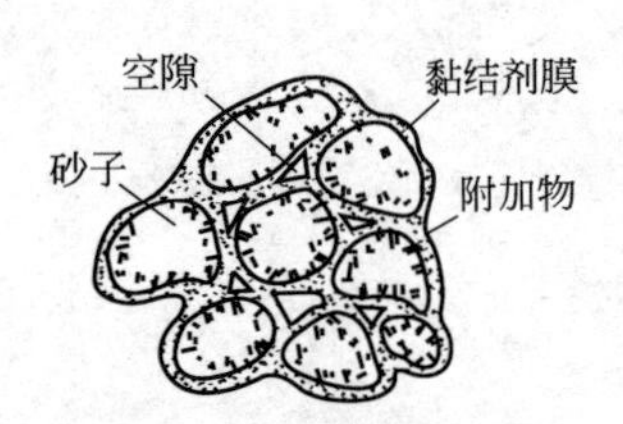

图 2-3 型砂的组成示意图

量直接影响着铸件的质量，型砂质量不好会使铸件产生气孔、砂眼、粘砂和夹砂等缺陷，这些缺陷造成的废品约占铸件总废品的50%以上。中、小铸件广泛采用湿砂型（不经烘干可直接浇注的砂型），大铸件则用干砂型（经过烘干的砂型）。

2.2.1 湿型砂的组成

湿型砂也称潮模砂，主要由石英砂、膨润土、煤粉和水等材料组成，经过混制成为符合造型要求的混合物。石英砂是主体，主要成分是 SiO_2（耐高温）。膨润土黏结性较大，吸水后形成胶状的黏土膜，用做黏结剂，使砂粒黏结起来，使型砂具有必要的强度和韧性；煤粉（附加物）是为了改善型砂的性能，或防止铸铁件粘砂。砂粒之间的空隙起透气作用。紧实后的型砂结构如图 2-3 所示。

2.2.2 对湿型砂的性能要求

为保证铸件质量，必须严格控制型砂的性能。对湿型砂的性能要求分为两类：一类是工作性能，指砂型经受自重、外力、高温金属液烘烤和气体压力等作用的能力，包括湿强度、透气性、耐火度和退让性等；另一类是工艺性能，指便于造型、修型和起模的性能，如流动性、韧性、起模性和紧实率等。根据铸件合金的种类，铸件的大小、厚薄，浇注温度，砂型紧实方法，起模方法，浇注系统的形状、位置和出气等情况，以及砂型表面风干情况等的不同，对湿砂型的性能提出不同的要求。最主要的，即直接影响铸件质量和造型工艺的湿型砂性能有水分、透气性、湿态强度、耐火度、退让性、紧实率、流动性、韧性等。

（1）湿强度

湿型砂抵抗外力破坏的能力称为湿强度，包括抗压、抗拉和抗剪强度等，其中抗压强度影响最大。足够的强度可保证铸型在铸造过程中避免破损、塌落、胀大及浇注时铸型可能承受不住金属液的冲刷和冲击，造成砂眼缺陷。但强度太高，需要加入更多的黏土，会使铸型过硬，透气性、退让性和落砂性变差；同时也增加了生产成本，而且给混砂、紧实和落砂等工序带来困难。

（2）透气性

型砂间的孔隙透过气体的能力称为透气性。在浇注时，砂型中会产生大量气体，液体金属中也会析出气体，这些气体若不能从砂型中排出，在铸件里就会形成气孔。如果型砂透气性差，气体会留在型砂内，浇注过程中就有可能发生呛火，使铸件产生气孔、浇不到等缺陷。但透气性太高会使型砂疏松，铸件易出现表面粗糙和机械粘砂。

（3）耐火度

耐火度是指型砂经受高温热作用的能力。若耐火性差，铸件表面将产生粘砂，使切削加工困难，甚至造成废品。

（4）退让性

铸件凝固和冷却过程中产生收缩时，型砂被压缩、退让的性能称为退让性。型砂退让性差，会使铸件收缩受到阻碍，产生内应力和变形、裂纹等缺陷。使用无机黏结剂的型砂，高温时发生烧结，退让性差；使用有机黏结剂的型砂，退让性较好。为提高型砂的退让性，常在型砂中加入锯末、焦炭粒等材料。

此外，型砂除应具有上述性能外，还应具有较好的可塑性、流动性、耐用性，同时还必须有较低的吸湿性、较小的发气性、良好的溃散性（也称落砂性）等。

湿型砂必须含有适量水分，太干或太湿均不适于造型，也难铸造出合格的铸件。因此，型砂的干湿程度必须保持在一个适宜的范围内。

判断型砂的干湿程度有以下几种方法。

① 水分法　含水量或湿度是表示型砂中所含水分的质量分数。但是这种参数只能说明型砂中所含自由水分的绝对数量，并不反映型砂的干湿程度。型砂的成分不同，达到最适宜干湿程度的水分也不同。

② 手捏法　用手攥一把型砂，感到潮湿但不粘手，且手感柔和，印在砂团上的手指痕迹清楚，砂团掰断时断面不粉碎，说明型砂的干湿程度适宜、性能合格，如图 2-4 所示。这种方法简单易行，但需凭个人经验，因人而异，也不准确。

③ 紧实率法　紧实率是指一定体积的松散型砂试样紧实前后的体积变化率。较干的型砂自由流入试样筒时，砂粒堆积得较密实（密度较高），则紧实率小。这种型砂流动性好，但韧性差，发脆，起模时容易损坏，砂型转角处容易破碎，铸件易产生砂眼等缺陷。而较湿的型砂，流动性差，紧实后体积减小较多，则紧实率大。这种型砂湿强度和透气性很差，砂型硬度不均匀，铸件易出现气孔、夹砂、结疤和表面粗糙等缺陷。紧实率能较科学地表示湿型砂的水分和干湿程度。对手工造型和一般机器造型的型砂，要求紧实率保持在 45%～50%，对高密度型砂则要求为 35%～40%。

(a) 型砂温度适当时可用手捏成砂团　(b) 手放开后可看出清晰的轮廓

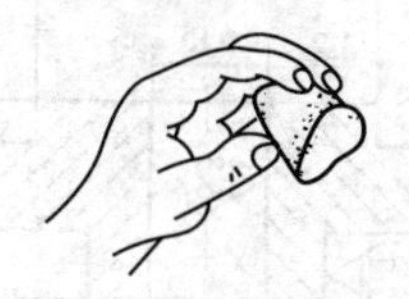
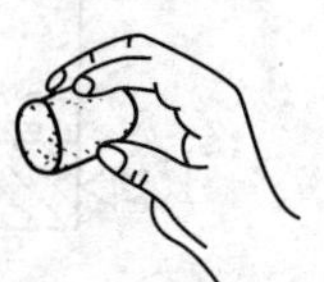

(c) 折断时断面无碎裂状，有足够的强度

图 2-4　手捏法检测型砂

2.2.3　型砂的种类

型砂根据用途可分为面砂、背砂、单一砂；根据所浇注金属种类分为铸钢用砂、铸铁用砂、有色金属用砂；根据造型种类分为干型用砂、湿型用砂、表面干型用砂。此外，按黏结剂的不同，型砂可分为黏土砂、水玻璃砂、植物油砂、合脂砂和树脂自硬砂。黏土砂是以黏土（包括膨润土和普通黏土）为黏结剂的型砂，其用量占整个铸造用砂量的 70%～80%。

2.2.4　模样、芯盒与砂箱

模样和芯盒是造型和制芯的模具。模样用来形成铸件外部形状，生产中常用的模样有木模、金属模和塑料模等，芯盒用来造芯，以形成铸件内部形状。从芯盒的分型面和内腔结构来看，芯盒的常用结构形式有分开式、整体式和可拆式。整体式芯盒一般用于制作形状简单、尺寸不太大和容易脱模的型芯，它的四壁不能拆开，芯盒出口朝下即可倒出型芯。可拆式芯盒结构较复杂，它由内盒和外盒组成。在单件、小批量生产中，广泛用木材来制造模样和芯盒；在大批量生产中，常用铸造铝合金、塑料等来制造。

铸造生产中用模样制造型腔，浇入液态金属，待其冷却凝固后获得铸件。铸件经过切削加工即变成了零件。

在尺寸上，零件尺寸＋加工余量(孔的加工余量为负值)＝铸件尺寸；铸件尺寸＋收缩量＝模样尺寸。

在形状上，铸件和零件的差别在于有无起模斜度、铸造圆角，还有零件上尺寸较小的孔，在铸件上则不铸出等。铸件和模样的差别因铸件结构、造型方法的不同而呈现多样化。铸件是个整体，模样则可能是由几部分（包括活块等）组成的。铸件上有孔的部位，模样则可能是实心的，甚至还多出芯头的部分；简单的铸件也可能与模样在形状上相似。

由于模样形成铸型的型腔，故模样的结构一定要考虑铸造的特点。为便于取模，在垂直于分型面的模样壁上要做出斜度（称起模斜度），模样上壁与壁的连接处应采用圆角过渡，考虑金属冷却后尺寸变小，模样的尺寸比零件的尺寸要大一些（称收缩余量），在零件的加工面上留出机械加工时切除的多余金属层（称加工余量），有内腔铸件的模样上，要做出支持型芯的芯头。图 2-5 是滑动轴承的零件图、铸造工艺图、铸件图和模样。

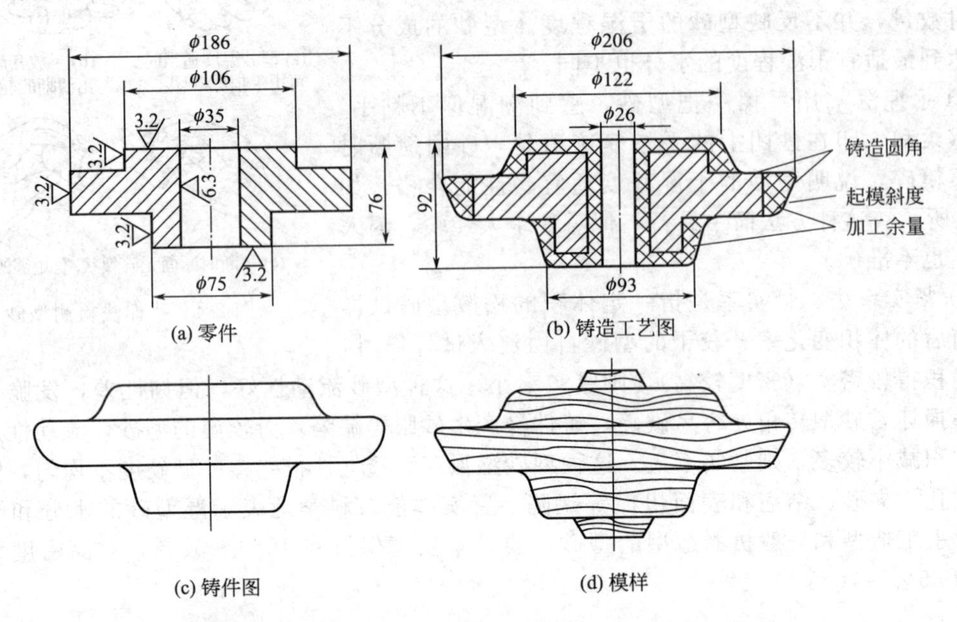

图 2-5 滑动轴承的零件图、铸造工艺图、铸件图和模样

砂箱是铸造生产常用的工装，造型时用来容纳和支承砂型；同时，在浇注时对砂型起固定的作用。合理选用砂箱可以提高铸件质量和劳动生产率，减轻劳动强度。

2.3 手工造型和制芯

2.3.1 手工造型

手工造型是指全部用手或手动工具完成的造型工序，其操作灵活、工艺装备简单，但生产效率低，劳动强度大，仅适用于单件或小批量生产。手工造型的方法很多，按模样特点主要分为整模、分模、挖砂、活块等造型方法。

手工造型常用的工具如图 2-6 所示。其中砂箱用来支撑砂型，底板用于放置模样，舂砂锤的尖头用来舂砂；平头用来打紧砂箱顶部的砂，手风箱用来吹去型腔中的散砂，浇口棒用来作浇口，透气针用来扎通气孔，起模针用来起模，墁刀用来修平面及挖沟槽，秋叶用于修凹的曲面，砂钩用于修深的底部或侧面以及钩出砂型中的散砂；半圆用来修圆柱形内壁和内圆角。

(1) 整模造型

整模造型的模样是一个整体，最大截面在模样一端且是平面，造型时模样全部或大部分在一个砂箱内，其造型过程如图 2-7 所示。整模造型操作简便，所得铸型型腔的形状和尺寸精确，适用于生产各种批量而形状简单的铸件。

(2) 分模造型

分模造型的模样是分体结构，模样的分开面（也称分模面）必须是模样的最大截面；造型过程如图 2-8 所示，其造型操作方法与整模基本相似，不同的是，造上型时，必须在下箱的模样上靠定位销放正上半模样。由于模样位于两个砂箱内，因而铸件尺寸精度较差。分模

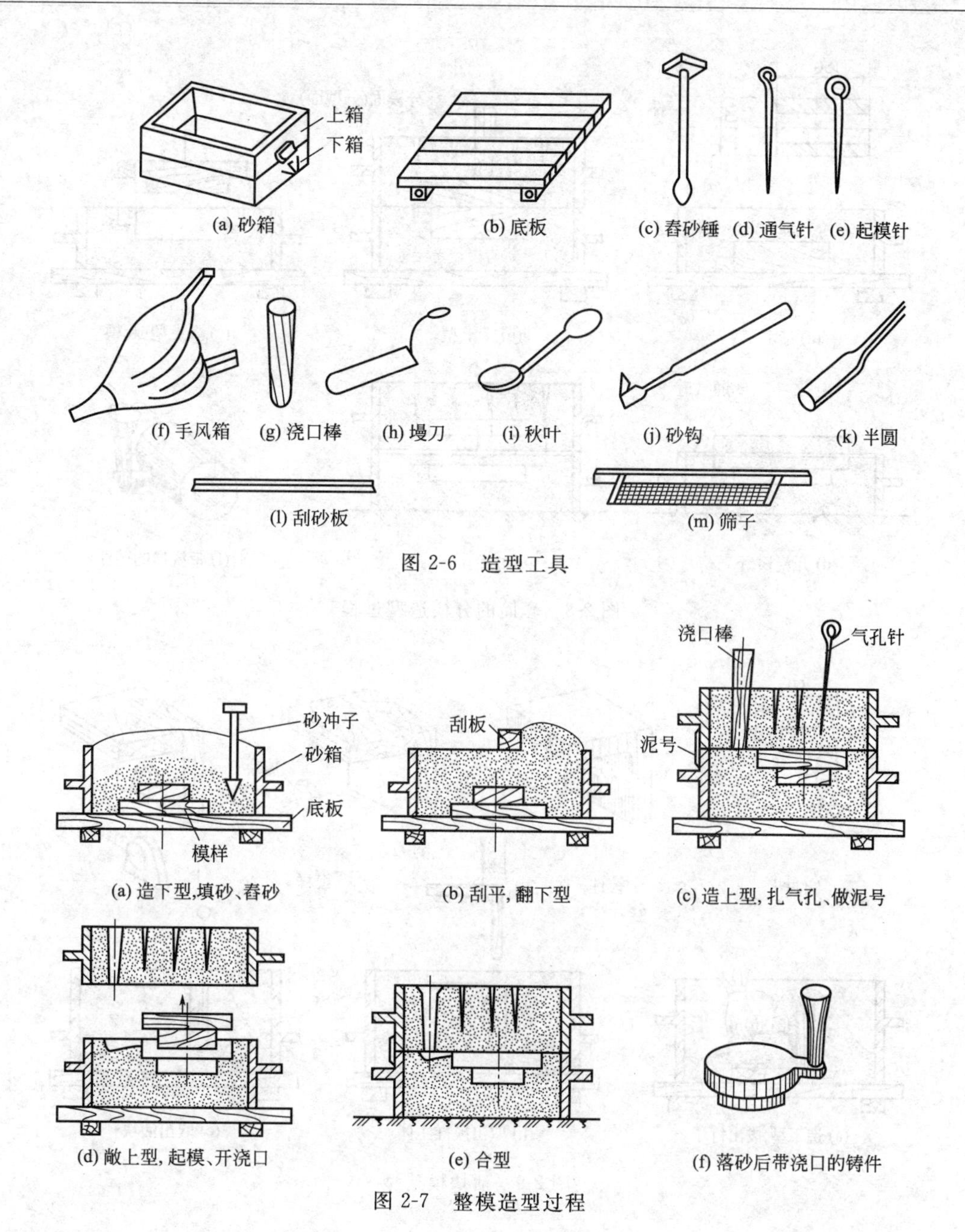

图 2-6　造型工具

图 2-7　整模造型过程

造型操作较简便，应用广泛，适用于形状较复杂的铸件，如套管、管子和阀体等。

（3）活块模造型

模样上可拆卸的或能活动的部分叫活块，采用带有活块的模样造型的方法称为活块模造型。起模时，先取出模样主体，然后从型腔侧壁取出活块，如图 2-9 所示。

为了便于取出活块，要求活块的厚度小于该处模样厚度的二分之一。

活块模造型的操作难度较大，对工人操作技术要求较高，产量小，生产率低，产量较大时，可用外型芯取代活块，使造型容易。活块模造型适用于有无法直接起模的凸台、筋条等结构的铸件。

（4）挖砂造型

需要对分型面进行挖修才能取出模样的造型方法称为挖砂造型，如图 2-10 所示。挖砂

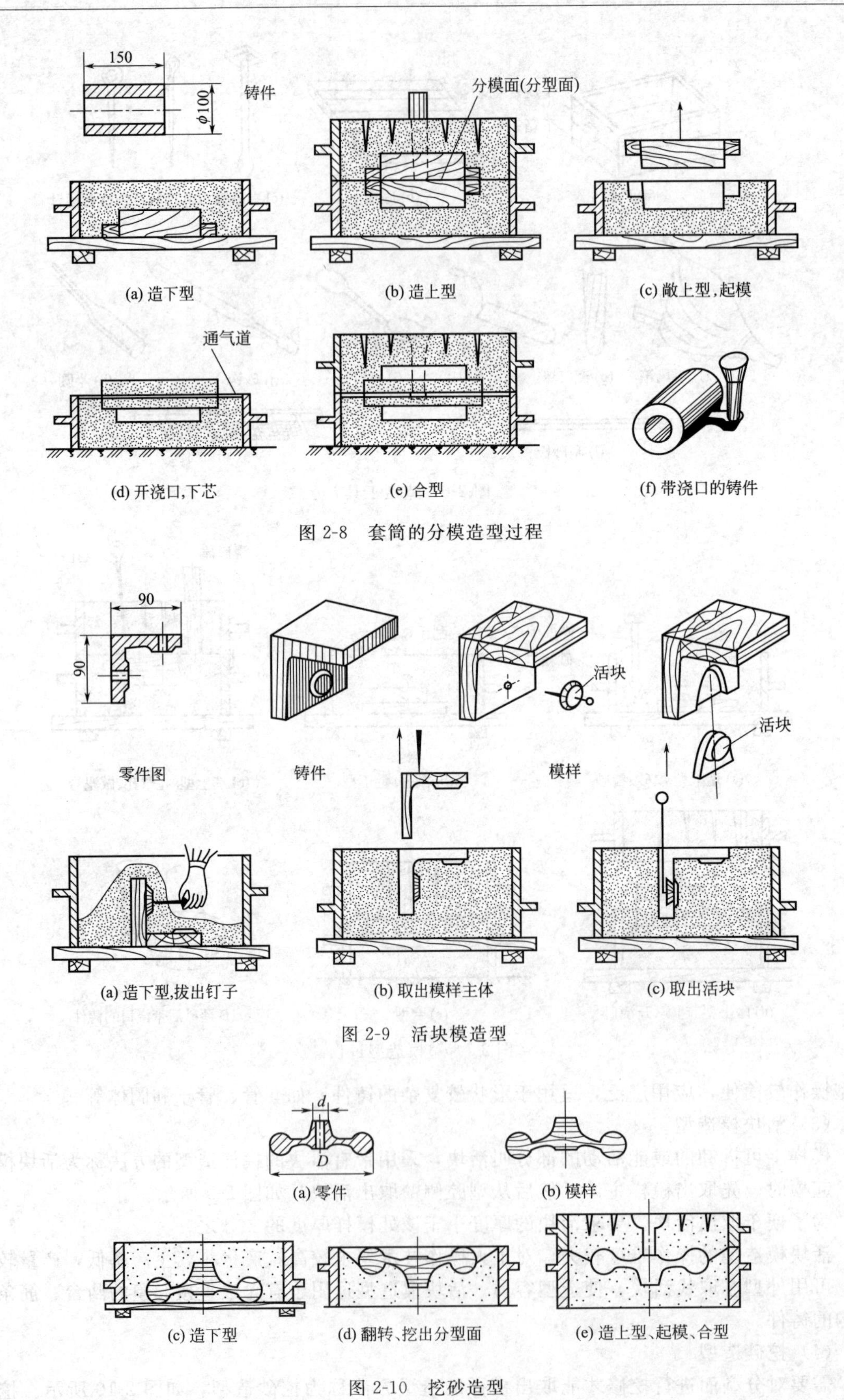

图 2-8 套筒的分模造型过程

图 2-9 活块模造型

图 2-10 挖砂造型

造型一定要挖到模样的最大截面处，挖砂所形成的分型面应平整光滑，坡度不能太陡，以便敞箱和合箱操作。

挖砂造型耗时，生产效率低，操作技术水平要求高；挖砂造型适用于形状较复杂铸件的单件生产。

2.3.2 制芯

形成铸件外形的主要是用模样制成的砂型，而形成铸件的孔或内腔的主要是用型芯盒制成的型芯。绝大部分型芯是用芯砂制成的，又称砂芯。用芯砂制造砂芯，和造型有很多相似之处，但砂芯和砂型的工作条件不同。

(1) 芯砂

由于型芯的表面被高温金属液所包围，受到的冲刷及烘烤比砂型厉害，所以要求砂芯应有比砂型更高的强度、透气性、耐火性和退让性。冷凝时，砂芯受到金属收缩挤压的作用，为减少和防止铸件形成内应力、变形或开裂，砂芯的热变形性也要比砂型好。为了便于铸件落砂时清理，砂芯还要具有良好的溃散性。

一般砂芯使用黏土作黏结剂，形状复杂、强度要求较高的芯，多用合脂砂；少数薄壁、形状极复杂的芯需用桐油砂，大批量生产的复杂芯宜用树脂砂。为了增加芯砂的退让性，常在芯砂中加入锯末等附加物。

(2) 制芯工艺

制芯时，除采用合适的材料外，还必须采取以下工艺措施。

① 安放芯骨　芯骨如图 2-11 所示，它的作用是加强型芯的强度，以防止砂芯在制造、搬运、使用及浇注过程中损坏。

② 开通气道　如图 2-12 所示，为顺利排出型芯中的气体，制造时要开出通气道，且需与铸型的出气孔连通。

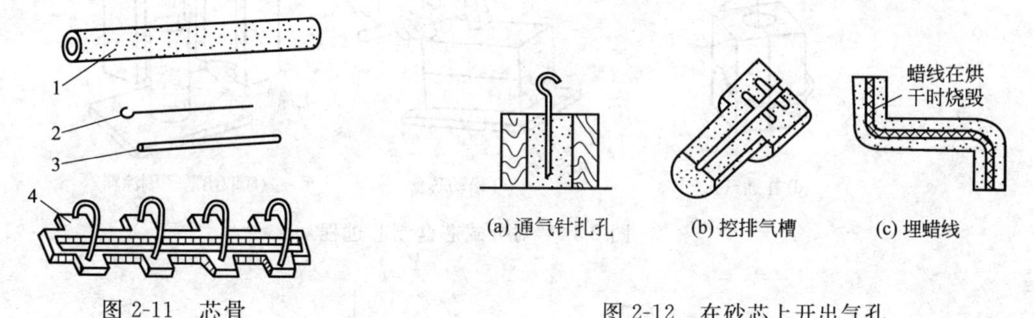

(a) 通气针扎孔　(b) 挖排气槽　(c) 埋蜡线

图 2-11　芯骨

1—钢管；2—铁丝；3—铁棒；4—铸焊芯骨

图 2-12　在砂芯上开出气孔

③ 刷涂料　刷涂料是为防止铸件粘砂，改善铸件内腔表面的粗糙度。铸铁件砂芯常用石墨涂料，铸钢砂芯则用硅石粉涂料，非铁合金铸件的砂芯可用滑石粉涂料。

④ 烘干　烘干砂芯可以提高砂芯强度和透气性，减少浇注时砂芯产生的气体，保证铸件的质量。

(3) 制芯方法

型芯可用手工和机器制造，也可用芯盒和刮板制造。其中手工型芯盒制芯最为常用。根据芯盒材料不同，手工制芯有塑料芯盒、金属芯盒、木芯盒；根据芯盒结构，手工制芯有以下三种方法。

① 整体式芯盒制芯　用于制造形状简单的中、小型芯，如图 2-13 所示。

② 对分式芯盒制芯　多用于制造简单型芯，特别适用于圆形截面的型芯。制芯过程如

图 2-14 所示。

③ 可拆式芯盒制芯　适用于形状复杂的型芯。其操作方式与对分式芯盒制芯相似，不同的是把妨碍砂芯取出的芯盒部分做成活块，取芯时，从不同方向分别取下活块，如图2-15所示。

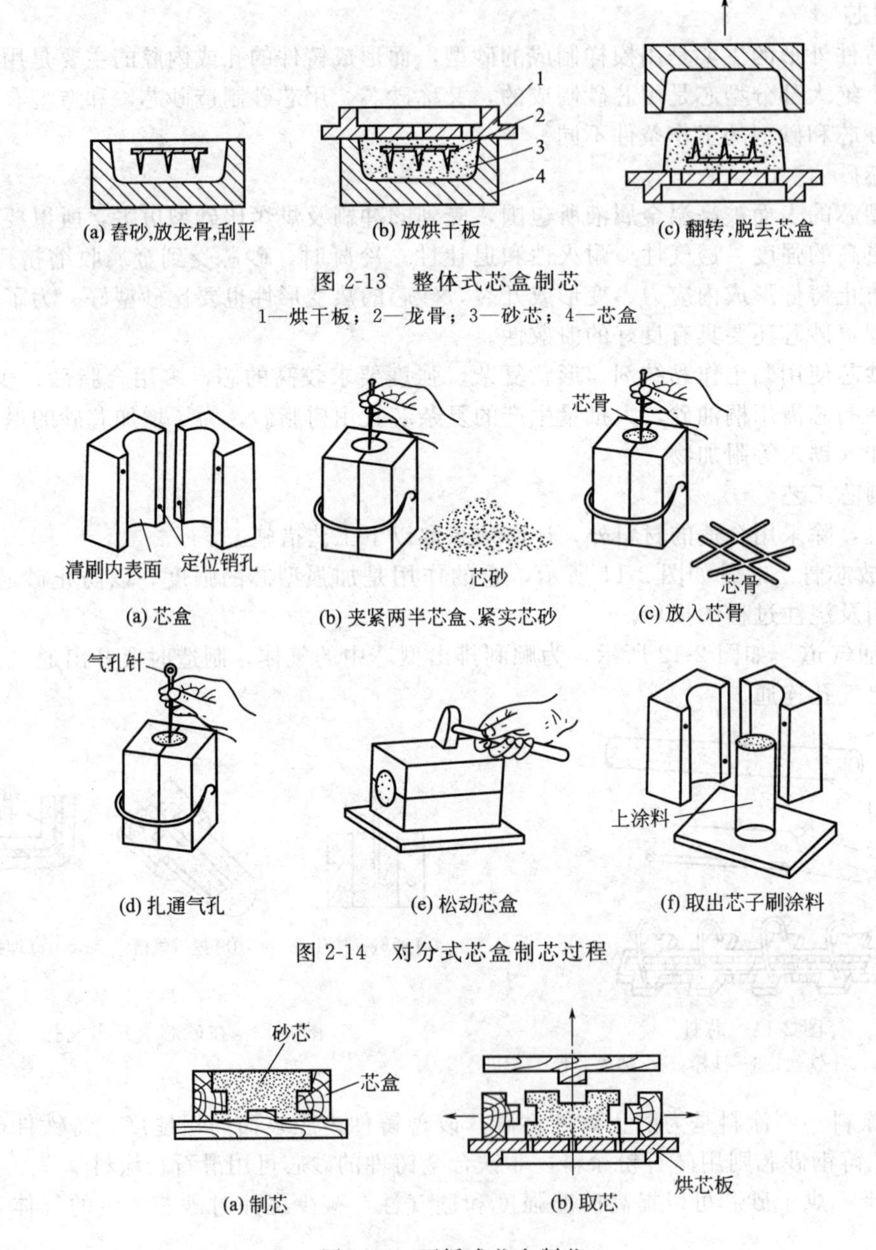

(a) 舂砂,放龙骨,刮平　(b) 放烘干板　(c) 翻转,脱去芯盒

图 2-13　整体式芯盒制芯

1—烘干板；2—龙骨；3—砂芯；4—芯盒

(a) 芯盒　(b) 夹紧两半芯盒、紧实芯砂　(c) 放入芯骨

(d) 扎通气孔　(e) 松动芯盒　(f) 取出芯子刷涂料

图 2-14　对分式芯盒制芯过程

(a) 制芯　(b) 取芯

图 2-15　可拆式芯盒制芯

2.4　机器造型

机器造型是用机械全部或部分完成造型操作的方法，其动力是压缩空气。上面介绍的手工造型方法主要适用于小批量、造型工艺复杂的场合。与手工造型相比，机器造型生产效率

高，劳动强度低，对操作者的技术水平要求不高，砂型质量好，铸件型腔轮廓清晰，尺寸精度高，但机器造型用的设备及工艺装备费用较高，生产准备周期较长，对产品变化的适应性比手工造型差，因此机器造型主要用于成批、大量生产。

机器造型常使用模板造型，由于无法造出中型，所以一般只适用于两箱造型，且不宜使用活块造型。机器造型采用模板和砂箱在专门的造型机上进行。模板是将模样及浇注系统的模样与底板装配成一体，并附设砂箱定位装置的造型工装。

按紧实砂型方式不同，常用的机器造型方法有震压造型和射压造型等。

2.4.1 振压造型

由于型砂紧实均匀，且常采用单机造型，所以振压造型在生产中应用较多。图 2-16 为振压式造型机造型过程示意图，其造型过程基本工序有填砂、振实、压实和起模。

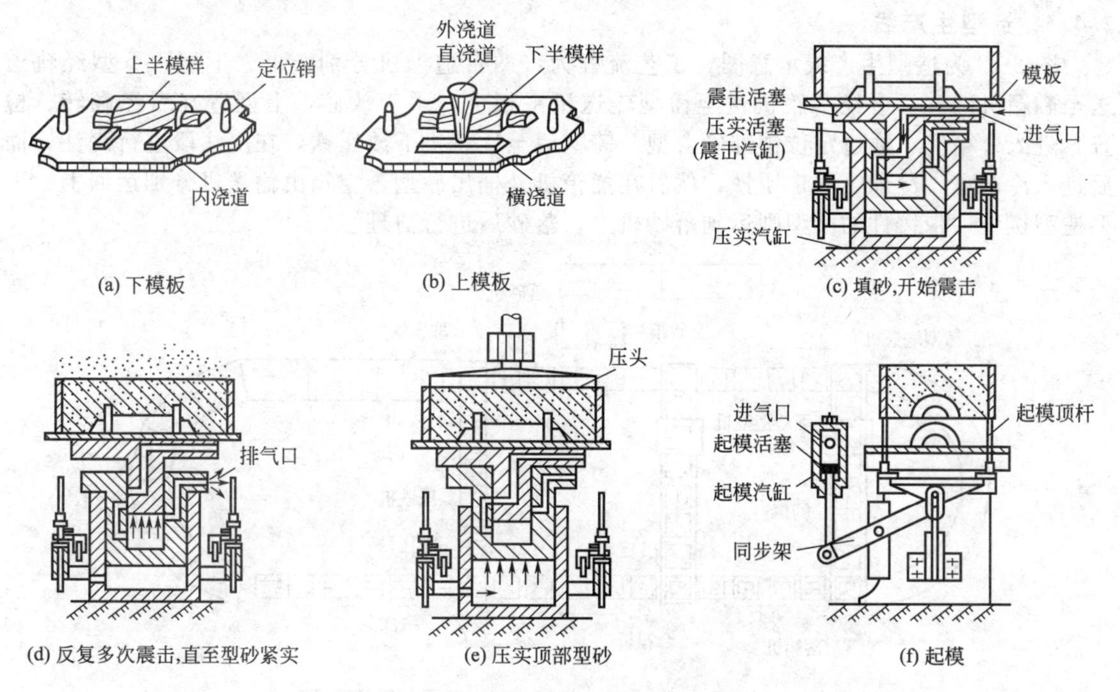

图 2-16 震压式造型机造型过程示意图

(1) 填砂

将砂箱放在模板上，如图 2-16(c) 所示，型砂通过漏斗填满砂箱。

(2) 振击

压缩空气经振击活塞、压实活塞中的通道进入振击活塞的底部，顶起活塞、模板和砂箱。当活塞上升到出气孔位置时，内部气体得以排除。自重使得振击活塞、模板、砂箱等一起下落，发生撞击振动。如此循环，砂箱的下部型砂经反复振击而被紧实，如图 2-16(d) 所示。

(3) 压实

压缩空气由底部进气孔进入压实汽缸内，顶起压实活塞、振击活塞、模板和砂型，使砂型受到压板的压实，如图 2-16(e) 所示。

(4) 起模

起模汽缸内经进气孔进气，压缩起模活塞，推动同步架顶起 4 根起模顶杆，使模样起出，如图 2-16(f) 所示。

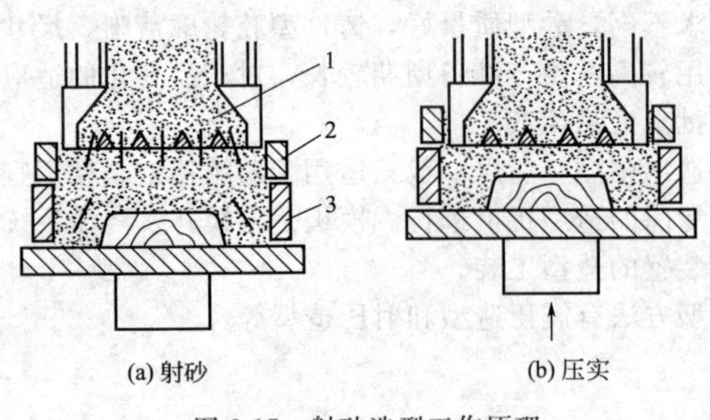

图 2-17 射砂造型工作原理
1—射砂头；2—辅助框；3—砂箱

2.4.2 射砂造型

射砂造型是利用空气将型砂高速射入砂箱而进行紧实的方法。特点是砂型紧实度分布均匀，生产速度快，工作无振动噪声。一般应用在中、小铸件的批量生产中，目前主要用于造芯。图 2-17 为射砂造型工作原理。

此外还有抛砂紧实造型、气冲造型、高压式造型和微振压造型等。

2.4.3 造型生产线

图 2-18 为造型生产线示意图，工艺流程为：两台造型机分别造上、下型，下型经轨道送至翻箱机翻转，再经落箱机送至铸型输送机平板上，手工放芯，上型造好后经翻转、检查，进入合箱机，通过定位销准确合型。铸型运至压铁机下放压铁，在浇注段进行浇注，而后进入冷却室，冷却、取走压铁，然后在捅箱机处捅出砂型。空箱由输送机分别运回上、下型造型机处；带铸件的砂型则运到落砂机上，落砂后进行清理。

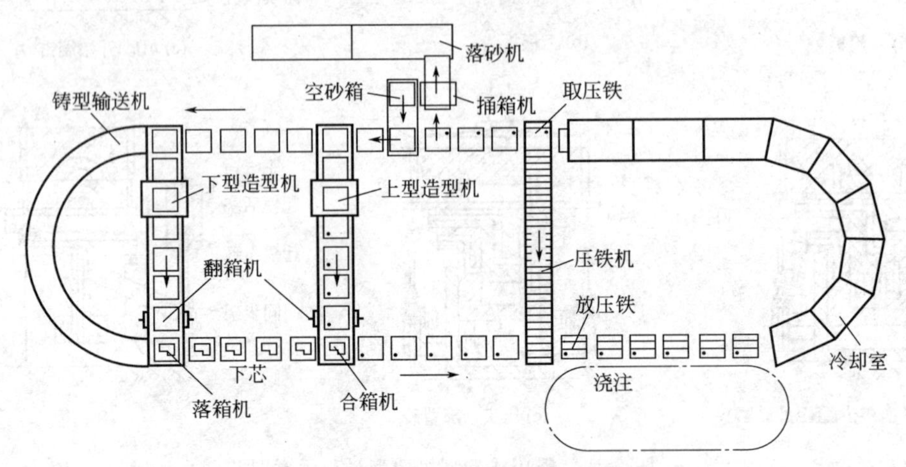

图 2-18 造型生产线示意图

2.5 合型

合型是将铸型的各个组元，如上型、下型、型芯、浇注系统等组合成一个完整铸型的操作过程，俗称合箱。合型是造型工艺的最后一道工序，相当于机械制造过程中的装配工序。合型要保证铸型型腔几何形状及尺寸的准确和型芯的稳固。若合型不当，会使铸件产生错型、偏芯、跑火及夹砂等缺陷。合型后，应将上、下型紧扣或放上压铁，以防止浇注时上型被合金液抬起。如果合型不符合要求，即使砂型和型芯制造质量较高，也会使铸件质量受损甚至报废。合型工作包括以下方面。

2.5.1 铸型的检查与下芯

砂箱尽量水平放置，保证浇口杯处于方便浇注的位置，检查浇注系统、冒口、通气孔是否通畅，清理型腔内壁，并检查型芯的安装是否准确、稳固。

2.5.2 合型

合型时应使上型保持水平下降，合型线对齐或定位销准确插入定位孔。对于单件、小批量生产，多采用划泥号定位。

2.5.3 铸件的紧固

浇注时，金属液充满型腔，上型与芯头会受到金属液浮力作用，使上型抬起，铸件易出现跑火缺陷，因此浇注前要将铸件紧固。小批量生产多采用压铁压箱，大批量生产多使用压铁、卡子或螺栓紧固铸型。

2.6 金属的熔炼和浇注系统

2.6.1 金属的熔炼

(1) 铸造合金的种类

铸造所用金属材料种类繁多，有铸铁、铸钢、铸造铝合金、铸造铜合金等。其中铸铁应用最为广泛，铸铁件约占铸件总重量的80%。工业中常用的铸铁是含碳量>2.11%（通常为2.8%～3.5%）的铁碳合金。它具有良好的铸造性、耐磨性、耐蚀性、减震性和导热性，以及适当的强度和硬度，因此应用比铸钢广泛。但其强度低，塑性差，所以制造受力大而复杂的铸件多采用铸钢。按照碳在铸铁中存在形式不同，一般分为灰铸铁、球墨铸铁、可锻铸铁等；其中灰铸铁最为常用，一般用冲天炉熔炼，且不需要炉前处理而直接浇注。

铸钢包括碳钢和合金钢。与铸铁相比，铸钢的流动性差、收缩率大、易吸气和氧化。但铸钢强度高，塑性好。其中合金钢还具有耐磨、耐蚀、耐热等特殊性能，某些高合金钢还具有比特种铸铁更好的加工性和焊接性。铸钢熔点高，熔炼时必须采用炼钢炉，如电弧炉和感应电炉等。由于铸钢容易产生浇不足、气孔、缩孔、粘砂、热裂等缺陷，要求其浇注温度高、型砂强度高且耐火性和透气性及退让性好，因此多采用干砂型铸造。铸钢多应用于工程结构件中的大、中型铸件，特别是要求强度高且韧性好的铸件，如高压阀、火车轮、轧辊、大齿轮和锻锤机架等。

铸造非铁合金最常用的有铝合金、铜合金和镁合金等，其中铸造铝合金由于密度小，有一定的强度、塑性及耐蚀性，广泛用于制造发动机的汽缸体、汽缸盖、活塞等。而且铝合金比铜合金熔点低、价格便宜，所以应用广泛。铸造铜合金具有比铸造铝合金更高的力学性能，且导电、导热性好，耐蚀性优异，多用于制造承受高应力、耐腐蚀、耐磨损的重要零件，如泵体、阀体、齿轮、轴承套等。镁合金是最有发展前景的金属结构材料之一，与铝合金相比，具有密度小、强度和刚度好等优点，广泛应用于纺织、印刷、交通、航空航天、兵器、光学仪器及计算机制造等工业部门。

(2) 合金的熔炼

铸造合金的熔炼是一个复杂的物理化学过程，是通过加热使金属由固态转变为液态，并通过冶金反应去除金属液中的杂质，使其温度和成分达到规定要求的过程和操作。熔炼是铸造生产过程中的重要环节，熔炼金属液的质量直接影响铸件的质量。熔炼时，既要控制金属液的温度，又要控制其化学成分，如果控制不当，铸件的化学成分和力学性能将达不到要求，会出现气孔、夹渣、缩孔等缺陷。同时在保证质量的前提下，应尽量减少能源和原料的消耗，减轻劳动强度，降低环境污染。合金熔炼的基本要求是优质、高效与低耗。

熔炼铸铁所使用的设备有冲天炉、电炉、坩埚炉、反射炉等，其中以冲天炉应用最广泛。熔炼铸钢所用设备有电弧炉、感应炉等。其中感应炉和坩埚炉在非铁合金熔炼方面应用

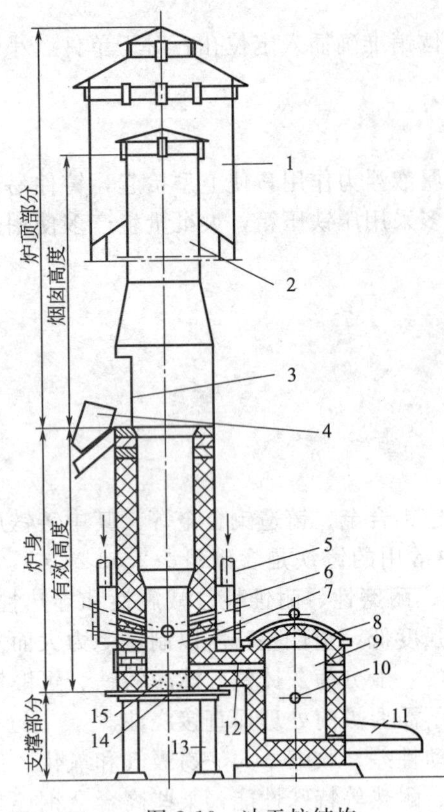

图 2-19 冲天炉结构

1—火花罩；2—烟囱；3—加料口；4—加料装置；5—风管；6—风箱；7—风口；8—前炉盖；9—前炉；10—出渣口；11—出铁口；12—过桥；13—支柱；14—炉底门；15—炉底

较为广泛。

① 冲天炉熔炼 冲天炉是圆筒形竖式化铁炉。由于其制造成本低，操作简单，维护也不太复杂，可连续化铁、熔炼，生产效率高，因此国内大多数生产厂家都使用冲天炉来熔炼铸铁液。其结构如图 2-19 所示。

ⅰ. 冲天炉主要由烟囱、炉身、炉缸、前炉、送风系统组成。

烟囱：用于排烟，其上装备能扑灭火花的除尘器，防止火灾和减轻环境污染。

炉身：冲天炉的主要工作部位，内部砌有耐火砖层和炉衬，外部用钢板制成炉壳，冲天炉的加料、加热、熔化、送风等都是在炉身中进行的。

炉缸：用于储存熔融的金属。

前炉：用于承接从炉缸中流出的高温铁液，由过桥与冲天炉炉缸连接。

送风系统：空气由鼓风机鼓入，经风管、风带和风口进入炉内，自下而上流动，供焦炭燃烧，产生热量，熔化铁液。

冲天炉的主要附件设备有鼓风机和加料设备，此外还有各种检测仪表等。

ⅱ. 冲天炉的炉料包括金属炉料、燃料和熔剂三部分。

金属炉料：主要有生铁（高炉生铁）、回炉铁（主要是清理下来的浇口和冒口、报废铸件和回收的废旧铸件等）、废钢和铁合金（硅铁、锰铁等）。高炉生铁是炉料的主要部分，回炉铁可以降低铸件成本，废钢可以调整铁液的含碳量，铁合金则用于调整或补偿铁液的合金含量。

燃料：主要是焦炭，作用是获得炼铁所需的热量和温度。对焦炭的要求是其灰分、磷、硫等有害杂质含量低，发热量高，强度高，块度适中。

熔剂：比较常用的熔剂是石灰石（$CaCO_3$）和萤石（CaF_2）。铁液中加入熔剂，可以降低炉渣的熔点，提高炉渣的流动性，使其易于与铁液分离而顺利地从出渣口排出。熔剂的加入量一般是焦炭用量的 1/5～1/3。

ⅲ. 冲天炉熔炼原理：冲天炉熔化铁时，炉料由上而下运动，被上升的热炉气预热，并在熔化区（底焦顶部）开始熔化。铁液在向下流动过程中，又被高温炉气和炽热的焦炭继续加热，温度约为 1600℃时经过桥进入前炉，而后出炉时温度略有降低。鼓风机不断送入大量的空气，使焦炭燃烧，产生大量的高温热气流，热气流上升，使下降的炉料温度不断升高；炉料和热气流相对流动，不断接触，产生了金属料的受热、熔化、过热及成分变化等各种物理和化学变化，从而使铁液获得较高的温度和一定的化学成分。即冲天炉是利用对流的原理进行工作的。

冲天炉熔炼时的基本操作过程为：备料→修炉并烘干→加底焦→加炉料→送风熔化→排渣和出铁液→停风打炉。

② 感应电炉熔炼 感应电炉是根据电磁感应原理，利用炉料内感生的电能转化为热能来熔化金属，其结构如图 2-20 所示。装金属炉料的坩埚外面缠绕内部可通冷却水的感应线圈，当通以一定频率的交流电时，其内外形成相同频率的交变磁场，炉膛内的金属炉料或铁液在交变磁场作用下产生感应电流，因炉料本身具有电阻而形成强大的涡流，产生的电阻热使炉料熔化和过热。熔炼铸铁、铸钢时需用耐火材料坩埚；熔炼非铁合金时多用铸铁坩埚或石墨坩埚。

感应电炉优点为：

ⅰ. 加热速度快，热量散失少，温度可调控，热效率高；

ⅱ. 碳、硫等元素损失少；

ⅲ. 无烟尘，噪声小，工作条件优越。

缺点为：耗电量大，去除硫、磷等有害元素作用差。

感应电炉按电源工作频率可分为高频感应电炉、中频感应电炉、工频感应电炉三种。

③ 坩埚炉熔炼 坩埚炉是利用传导和辐射原理进行熔炼。坩埚放在炉内，合金放在坩埚内，以避免合金与燃料直接接触。通过炉料燃烧产生的热量加热坩埚，使炉内的金属炉料熔化。

坩埚常用电阻、焦炭或煤气加热，一般只用于有色金属的熔炼。石墨坩埚适用于熔炼熔点较高的铜合金；电阻坩埚炉主要适用于熔炼铸铝合金；耐热铸铁或铸钢坩埚适用于熔炼熔点较低的铝合金和锌合金等。

电阻坩埚炉如图 2-21 所示。其优点为：

ⅰ. 合金与燃料不直接接触，减少了金属的吸气和氧化；

ⅱ. 炉温便于控制；

ⅲ. 易于操作，工作条件优越。

缺点为：加热缓慢，熔炼时间长，耗电量大，主要用于铝合金的熔炼。

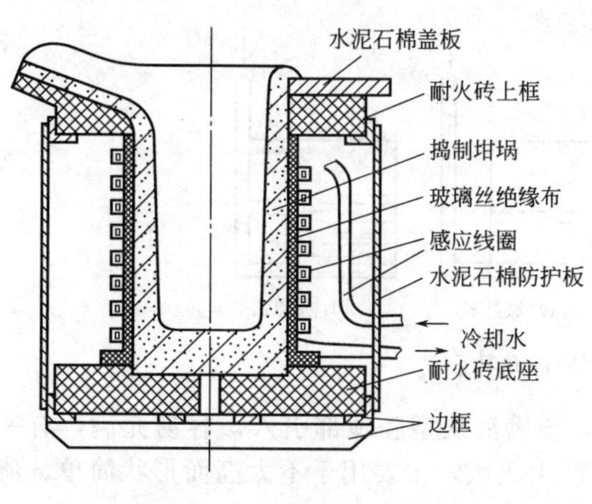

图 2-20 感应电炉结构示意图

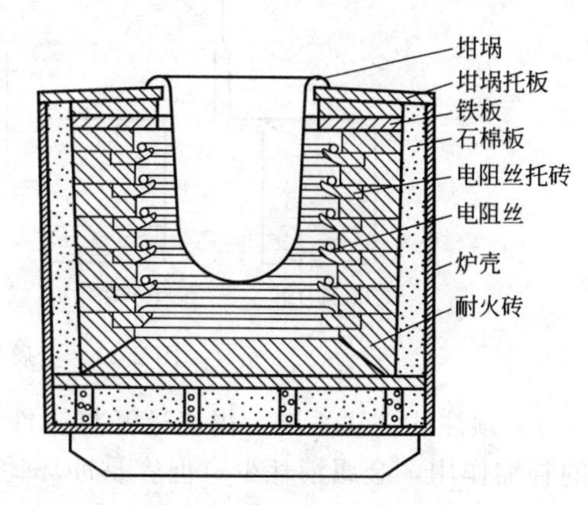

图 2-21 电阻坩埚炉结构简图

2.6.2 浇注系统

浇注系统由浇口杯、直浇道、横浇道、内浇道组成，是为使金属液填充型腔和冒口而开设于铸型中的一系列通道。

(1) 浇注系统的组成及作用

浇注系统由浇口杯、直浇道、横浇道、内浇道组成，各部分作用如下（如图 2-22 所示）。

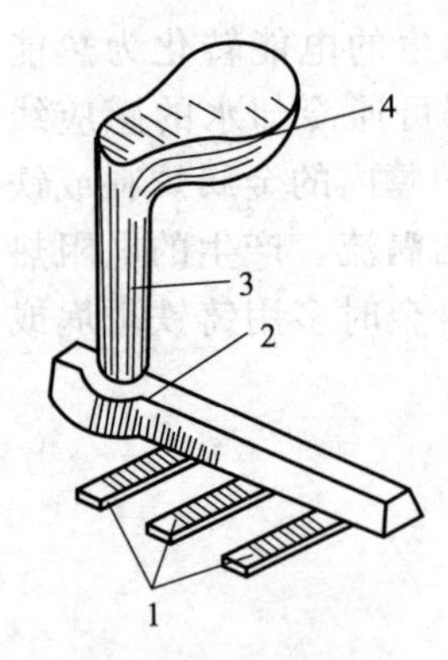

图 2-22 浇注系统
1—内浇道；2—横浇道；3—直浇道；4—浇口杯

① 浇口杯 外浇口又称浇口杯，承接浇包中倒出的金属液，减少对铸型的冲击，使其平稳流入直浇道，并部分分离熔渣。漏斗形浇口杯用于中、小铸件，盆形浇口杯用于大铸件。

② 直浇道 直浇道为有一定锥度的垂直通道，利用直浇道的高度产生一定的静压力，使金属液具有充填压力。直浇道多做成倒圆锥形，便于起模，同时防止浇道内形成真空引起金属液吸气。底部低于横浇道底面，一般做出直浇道窝，以减轻液流冲击，使流动平稳。

③ 横浇道 开在分型面上上箱部分的水平通道，连接直浇道和内浇道，分配金属液流入内浇道。为了挡渣，其截面形状多为高梯形，且位于内浇道顶面上，末端应超出内浇道侧面。浇注时，金属液始终充满横浇道，熔渣上浮到横浇道顶面，金属液由底部流入内浇道。

④ 内浇道 与铸件直接相连，其截面形状一般为扁梯形、月牙形或三角形。作用是引导金属液流入型腔的通道，并控制金属液流入型腔的速度和方向，以及影响铸件内部的温度分布。内浇道一般不正对型芯，以免冲坏型芯。

⑤ 作用 浇注系统的主要作用如下：

ⅰ. 平稳迅速地将金属液注入型腔，避免损坏型壁；

ⅱ. 阻止熔渣或其他杂质进入型腔；

ⅲ. 调节铸件不同部位的温度和凝固次序。

(2) 浇注系统的分类

① 按内浇道的注入位置 浇注系统可分为顶注式浇注系统、中间注入式浇注系统、底注式浇注系统以及阶梯式浇注系统，如图 2-23 所示。

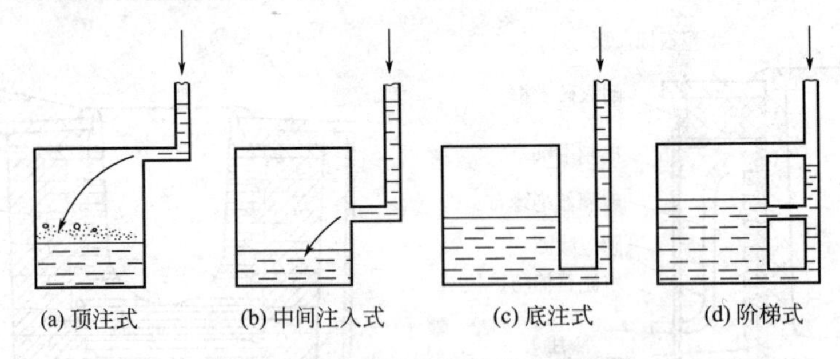

图 2-23 金属注入型腔的几种形式

ⅰ. 顶注式浇注系统：内浇道开在铸件上部，金属液从型腔顶部引入，容易充满，有一定的补缩作用，金属消耗少，但容易冲坏铸型和产生飞溅，主要用于不太高而形状简单、薄壁及中等壁厚的铸件，如图 2-23(a) 所示。

ⅱ. 中间注入式浇注系统：金属液从铸件某一高度引入，内浇口多开在分型面处。此系统多用于不是很高、结构复杂的铸件，如图 2-23(b) 所示。

ⅲ. 底注式浇注系统：内浇道位于铸件底部，金属液从型腔底部注入，充型平稳，不易冲砂，型腔内气体易排出，金属氧化少，但不易充满薄壁铸件，主要用于高度不大的厚壁铸件和某些易氧化的合金铸件（如铸钢、铝镁合金及黄铜等），如图 2-23(c) 所示。

ⅳ. 阶梯式浇注系统：在铸件的不同高度上开设若干条内浇道，使金属液从底部开始逐层地由下而上进入型腔，兼有顶注式和底注式的优点，但造型较费事，适于高大的铸件，如

图 2-23(d) 所示。

② 按各组元的截面比例关系　浇注系统可分为封闭式浇注系统、开放式浇注系统、半封闭式浇注系统。

ⅰ. 封闭式浇注系统：是指直浇道出口截面积（$A_{直}$）大于横浇道截面积（$A_{横}$），横浇道出口截面积又大于内浇道截面积（$A_{内}$），即 $A_{直}>A_{横}>A_{内}$ 的浇注系统。此系统为充满式浇注系统，优点是挡渣效果好，熔渣易上浮。缺点是金属液对铸型的冲击力较大，易喷溅，多用于中、小型铸铁件。

ⅱ. 开放式浇注系统：为非充满式浇注系统（$A_{直}<A_{横}<A_{内}$）。金属液充型快，冲击力较小，但挡渣效果差，适用于薄壁且尺寸较大的铸件、铸钢件及有色合金铸件。

ⅲ. 半封闭式浇注系统（$A_{内}<A_{直}<A_{横}$）：兼有上述两者之优点，挡渣能力强，对铸型冲刷力小，应用广泛。

(3) 内浇道的开设原则

内浇道的位置、截面大小及形状对铸件质量有极大的影响，开设时必须注意以下几点。

ⅰ. 一般不应开设在铸件的重要部位（如重要的加工面）。这是因为内浇道附近的金属冷却慢，组织粗大，力学性能较差。尽可能使金属液进入铸型及金属液在型腔中流动的途径最短。

ⅱ. 使金属液顺着型壁流动，避免直接冲击砂芯或砂型的突出部位。对于圆形铸件，内浇道应沿切线方向开设，如图 2-24 所示。

ⅲ. 内浇道的形状应考虑清理方便。内浇道和铸型的接合处应带有缩颈，以保证清除浇道时不撕裂铸件，如图 2-25 所示。

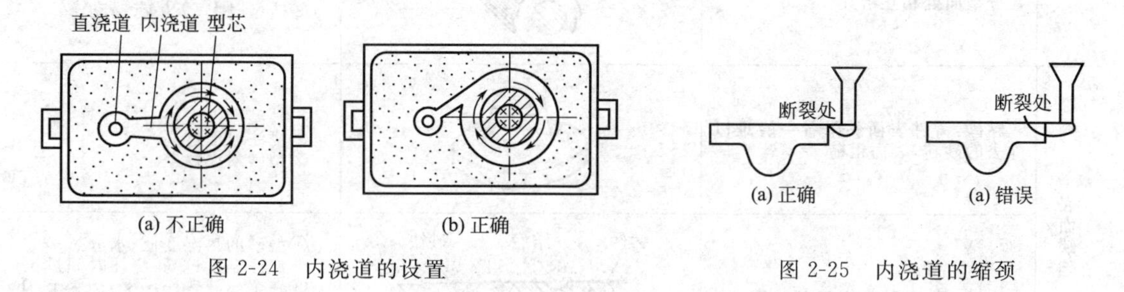

图 2-24　内浇道的设置　　　　图 2-25　内浇道的缩颈

2.7　常见的铸造缺陷

铸件质量的好坏关系到产品的质量和生产成本，具有缺陷的铸件是否为废品，必须按铸件的用途和要求，以及缺陷产生的部位和严重程度来决定。由于铸造工序繁多，因而产生缺陷的原因也很复杂。一般轻微缺陷的铸件可以直接使用，中等缺陷的铸件可允许修补后再使用，而严重缺陷的铸件则只能报废。GB/T 5611—1998《铸造术语》将铸造缺陷分为 50 余种，表 2-1 为常见铸件缺陷的特征及产生原因。

表 2-1　几种常见铸件的缺陷特征及产生原因

类别	缺陷名称和特征	图　例	主要原因分析
孔	气孔：铸件内部圆形或梨形，且内壁光滑的孔洞		①舂砂太紧或型砂透气性差 ②型砂太湿，起模、修型时刷水太多 ③砂芯未烘干或通气道堵塞 ④浇口开设不正确，气体排不出去

续表

类别	缺陷名称和特征	图例	主要原因分析
孔	缩孔：铸件厚壁处出现的形状不规则、内壁粗糙的孔洞 缩松：铸件截面上细小而分散的缩孔		①浇注系统或冒口开设不正确，无法补缩或补缩不足 ②浇注温度过高，金属液收缩过大 ③铸铁中碳、硅含量低，其他合金元素含量高时易出现缩松
洞	砂眼：铸件表面或内部带有砂粒的孔洞		①型砂太干、韧性差，易掉砂 ②局部没舂紧，型腔、浇口内散砂未吹尽 ③合箱时砂型局部挤坏，掉砂 ④浇注系统不正确，冲坏砂型
孔洞	渣气孔：铸件浇注时，上表面充满熔渣的孔洞，大小不一，成群集结，常与气孔并存		①浇注温度太低，熔渣不易上浮 ②浇注时没挡住熔渣 ③浇注系统不正确，挡渣作用差
形状尺寸不合格	偏芯：铸件局部及内腔形状位置偏错		①型芯变形 ②下芯时放偏 ③型芯没固定好，浇注时被冲偏
	错箱：铸件的一部分与另一部分在分型面处相互错开		①合型时上、下型错位 ②定位销或泥号不准 ③造型时上、下模有错动
表面缺陷	粘砂：铸件表面黏附着一层难以除去的砂粒，表面粗糙		①砂型舂得太松 ②浇注温度过高 ③型砂耐火性差
	夹砂、结疤：铸件表面有金属夹杂物或片状、瘤状物，表面粗糙	铸件 结疤 砂块 夹砂 结疤	①型砂的热湿度低、水分过多 ②浇注温度过高，浇注时间过长 ③在金属液热作用下，型腔上、下表面膨胀鼓起开裂 ④浇注系统不合理，使局部砂型烘烤严重 ⑤型砂膨胀率大，退让性差
裂纹、残缺	热裂：铸件开裂，裂纹断面严重氧化，呈暗蓝色，外形曲折而不规则 冷裂：裂纹断面不氧化并发亮，呈连续直线状，有时轻微氧化	裂纹	①砂型退让性差，阻碍铸件收缩而引起过大的内应力 ②浇注系统开设不当，阻碍铸件收缩 ③铸件设计不合理，薄壁差别大
	冷隔：铸件上有未完全熔合的缝隙，边缘呈圆角 浇不到：铸件残缺，或形状完整但边角圆滑光亮，其浇注系统是充满的	冷隔	①浇注温度太低 ②浇注速度过慢或断流 ③内浇道截面尺寸过小，位置不当 ④未开出气口，金属液的流动受型内气体阻碍 ⑤远离浇注系统的铸件壁过薄

2.8 铸造工艺及模样结构特点

生产铸件需根据零件结构特点、技术要求和生产批量等条件进行铸造工艺设计，绘制铸造工艺图、铸件图等，同时作为模样、芯盒等设计、制作及铸件验收的依据。铸造工艺设计是否合理，直接影响到铸件质量及生产率。铸造工艺主要包括选择分型面，确定浇注位置、主要工艺参数、砂芯结构等。

2.8.1 选择造型方法

造型方法很多，一般根据铸件的形状、尺寸大小、生产数量和生产条件等进行选择；单件、小批量生产一般采用手工造型；成批、大量生产多采用机器造型。

2.8.2 确定铸件的分型面和浇注位置

(1) 分型面的选择

分型面是指铸型组元间的接合面。它直接影响铸造工艺的简化及铸件尺寸精度。其选择原则如下。

ⅰ. 分型面应选择在铸件的最大截面处，便于起模，如图 2-26 所示。

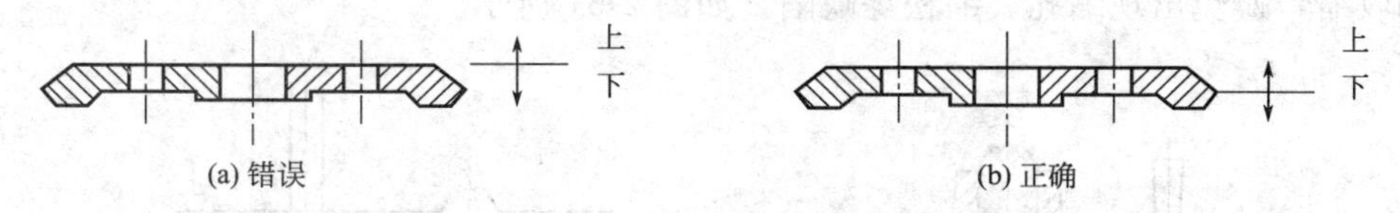

图 2-26 分型面的确定

ⅱ. 为减少错箱、提高铸件的精度，则需使铸件全部或大部分位于同一砂型内。如图 2-27所示，水管堵头铸件有不同分型方案，采用方案 2 能保证铸件上加工基准面和主要加工面位于同一砂箱内，以保证它们之间的位置精度。

ⅲ. 尽量减少分型面的数目，可以减少砂型数目，减少错箱，提高造型效率。在成批、大量生产中，采用机器造型时，应采用一个分型面的两箱造型，避免采用三箱造型，如图 2-28 所示。

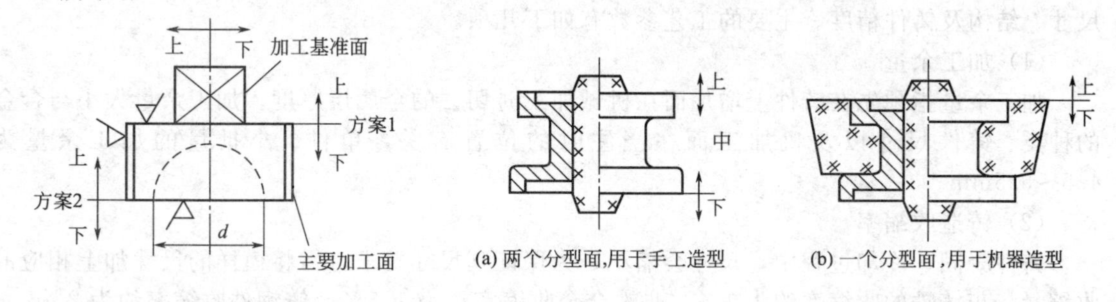

图 2-27 水管堵头的分型方案

图 2-28 分型面数目的选择

(2) 浇注位置的确定

浇注位置是指浇注时铸件在型内所处的空间位置。确定浇注位置是为了保证铸件的质量及尺寸精度，因而需注意以下原则。

ⅰ. 应使铸件的重要加工表面向下或处于侧面，由于浇注时金属液中渣滓、气泡的作用，铸件上表面易出现砂眼、气孔、夹杂等缺陷。铸件重要表面在铸型中向下，有利于保证其平整光洁，如图 2-29 所示。

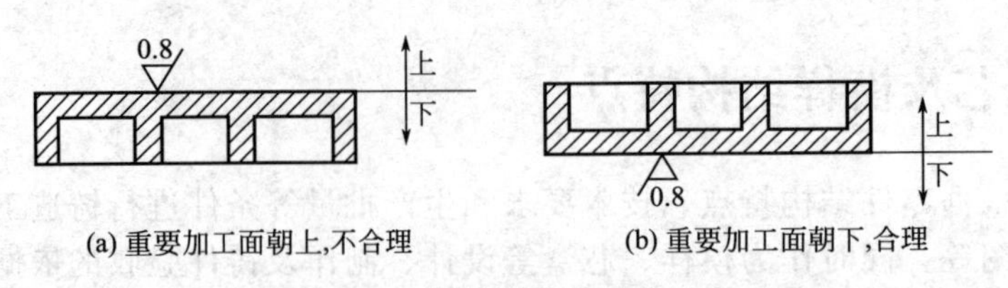

(a) 重要加工面朝上,不合理　　(b) 重要加工面朝下,合理

图 2-29　铸件浇注位置的确定

ⅱ. 应使铸件的薄壁部分处于型腔的下部，这样有利于金属液充型，避免出现浇不到、冷隔等缺陷，如图 2-30 所示。

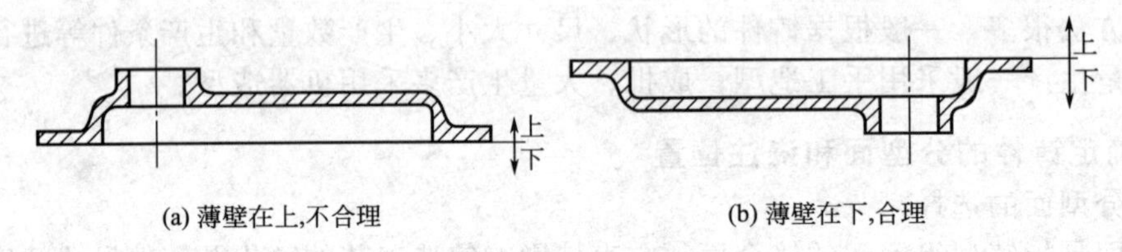

(a) 薄壁在上,不合理　　(b) 薄壁在下,合理

图 2-30　薄壁部分浇注位置的确定

ⅲ. 应使铸件中厚大部位处于型腔上部或侧面，便于设置浇冒口，补充金属液冷却、凝固时的收缩，避免出现缩孔、缩松等缺陷，如图 2-31 所示。

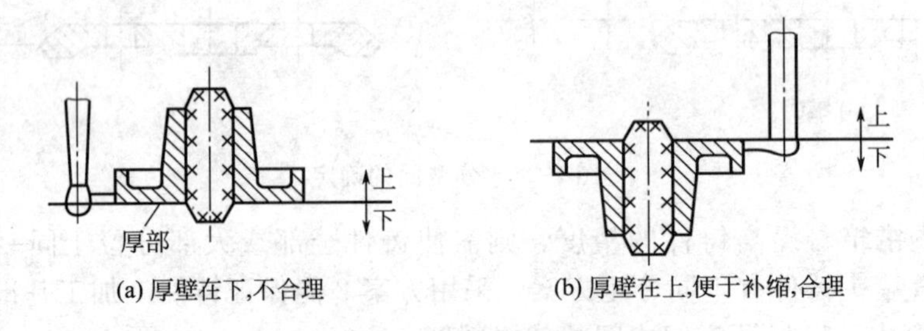

(a) 厚壁在下,不合理　　(b) 厚壁在上,便于补缩,合理

图 2-31　厚大部位浇注位置的确定

2.8.3　确定主要工艺参数

铸造工艺参数为影响铸件、模样的形状与尺寸的某些工艺数据，直接关系模样与芯盒的尺寸、结构及铸件精度。主要的工艺参数有如下几项。

(1) 加工余量

加工余量指预先在铸件上增加而在机械加工时切去的金属层厚度。加工余量大小与合金的种类、铸件尺寸以及机加工面在浇注时的位置有关，单件、小批量的加工余量为 4.5～5.5mm。

(2) 铸造收缩率

铸件凝固、冷却过程中，尺寸会缩小，为保证其尺寸要求，需将模样的尺寸加上相应的收缩量。灰铸铁的收缩率约为 1%，非铁合金收缩率约为 1.5%，铸钢件收缩率约为 2%。

(3) 起模斜度

指平行于起模方向模样或芯盒壁上的斜度。常以壁的倾斜角 α 表示。起模斜度的大小与起模高度、模样材料及造型方法的特点等有关。一般来说，壁越高，斜度越小，机器造型（造芯）的起模斜度比手工造型（造芯）要小些，金属模的起模斜度比木模小些，模样外壁的起模斜度比内壁小些。

(4) 不铸出的孔和槽

铸件上较小的孔（直径小于 30mm）和槽，由于铸造困难一般不予铸出，反而使用钻头或铣刀加工更为方便，且形位尺寸易得到保证。

2.8.4 确定砂芯结构

砂芯多用来形成铸件的内腔，设计时要确定砂芯的数目和芯头结构等问题。砂芯结构直接影响铸件质量，设计不当易产生漂芯、偏芯、呛火等缺陷。砂芯由芯体和芯头组成，芯体形成铸件形状，芯头起定位和支承作用。芯头必须有足够的尺寸和合适的形状来保证砂芯牢固地固定在砂型中，以免砂芯在浇注时漂浮、偏斜或移动。设计芯头时应考虑砂芯定位准确、安放牢固、装配、排气以及清理等的方便。通常，下芯头高度应稍大些，斜度稍小些，以增加砂芯的稳定性；上芯头高度应小些，斜度大些，且与型芯座有间隙，以便合型。图 2-32 为常见的芯头结构形式。

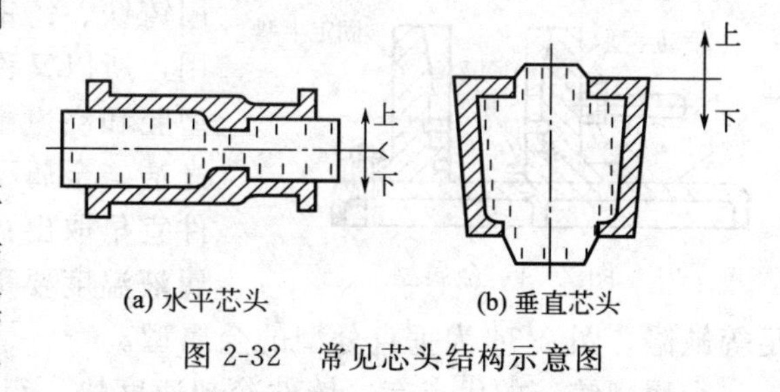

图 2-32 常见芯头结构示意图

2.8.5 绘制铸造工艺图、铸件图

(1) 绘制铸造工艺图

铸造工艺图是指在零件图上，以规定的符号表示各项铸造工艺内容所得到的图样，是指导铸造生产的主要技术文件。生产使用的铸造工艺图中，分型线、分模面、活块、加工余量、浇注系统等用红色线条标注；分型线两侧用红色标出“上”、“下”字样表示上、下型，不铸出的孔用红色线条打叉表示；铸造收缩率用红色线条注在零件图右下方；芯头的边界用蓝色线条表示，在砂芯的轮廓线内沿轮廓走向标注出蓝色打叉符号。

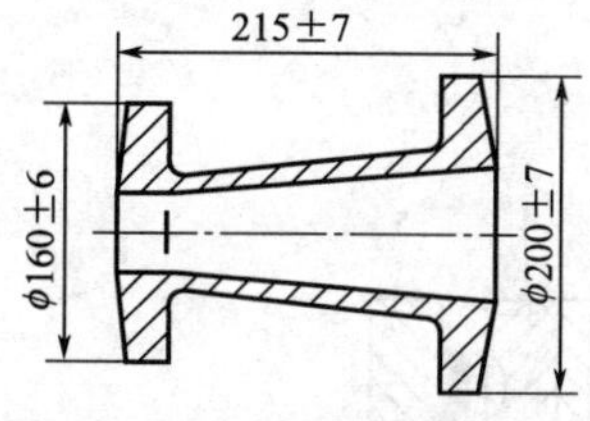

图 2-33 支承台铸件图

(2) 绘制铸件图

铸件图是铸造生产的产品图，是反映铸件实际形状、尺寸和技术要求的图样。根据铸造工艺图可以很方便地绘出铸件图。图 2-33 为支承台铸件图。

2.8.6 模样

铸造工艺图确定后，铸件、模样和芯盒的形状、尺寸也就相应得以确定。铸造生产中可根据需要使用木模、金属模、塑料模、蜡模等，对于大批量生产，则多使用塑料模和金属模。

模样、铸件和零件形状、尺寸之间的关系为：用模样制得型腔，金属液注入型腔冷却、凝固后获得铸件，再经切削加工得到零件。即三者之间主体形状一致；尺寸方面则存在如下关系：

模样尺寸＝铸件尺寸＋金属收缩量

铸件尺寸＝零件尺寸＋加工余量

2.9 特种铸造

特种铸造是指与砂型铸造不同的其他铸造方法，如金属型铸造、压力铸造、离心铸造、熔模铸造等。特种铸造在提高铸件精度和表面质量、改善铸件力学性能、提高生产率、改善劳动条件以及降低铸件生产成本等方面各有特点。

2.9.1 金属型铸造

金属型铸造是将液态金属在重力作用下浇入金属铸型内以获得铸件的方法。金属型是指

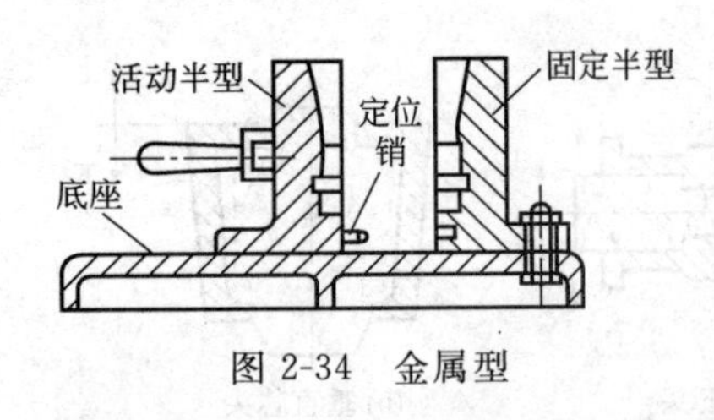

图 2-34 金属型

用铸铁、铸钢或其他合金制成的铸型，由于可以反复使用，所以又称永久型。金属型在浇注前要预热，还须在型腔和浇道中喷刷涂料，以保护铸型表面，使铸件表面光洁。金属型无退让性，为防止产生内应力和裂纹，铸件宜早取出；同时金属型比砂型散热速度快，浇注时金属液温度要稍高于砂型铸造的浇注温度，以免产生浇不足等缺陷。图 2-34 为垂直分型的金属型。

金属型铸造的优点有：铸件冷却速度快，组织致密，力学性能好，尺寸精度高，加工余量少，一型多铸，生产率高，劳动条件好。

金属型铸造的缺点为：加工费用大，成本高、周期长，易产生裂纹；由于金属型没有退让性，所以不宜生产形状复杂的薄壁铸件。

金属型铸造适用于大批量生产的中、小型有色金属铸件。

2.9.2 压力铸造

压力铸造是在高压下快速将金属液压入金属型中，并在压力下凝固获得铸件的方法。压力铸造需要在压铸机上进行，所用模具是用耐热合金制造的压铸模。压力铸造过程如图2-35所示。

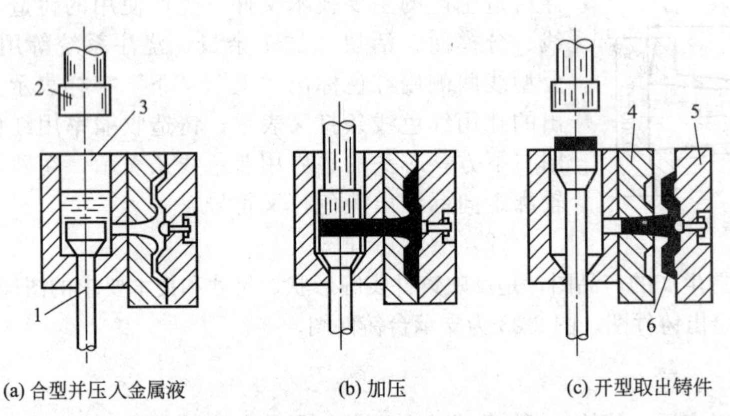

图 2-35 压力铸造工艺过程

1—下活塞；2—上活塞；3—压缩室；4—定型；5—动型；6—铸件

压力铸造优点有：铸件组织致密，强度高，力学性能好，尺寸精度高，表面粗糙度值小，加工余量小，生产效率高，一般不需要机械加工即可使用。

压力铸造缺点为：铸型结构复杂，加工精度和表面粗糙度要求很高，成本高，周期长；由于充型速度过快，铸件易产生皮下气孔缺陷，不宜进行机械加工和热处理；考虑到压型寿命的原因，压铸不适合用于铸钢、铸铁等高熔点合金的铸造，而且压铸件尺寸不宜过大。

压力铸造适用于有色合金的薄壁小件的大量生产，广泛用于航空、汽车、电器以及仪表工业。

2.9.3 离心铸造

离心铸造是将液态金属浇入高速旋转的铸型内，在离心力作用下充型、凝固后获得铸件的方法。离心铸造原理如图 2-36 所示。离心铸造的设备是离心铸造机，铸型多采用金属型，可以围绕垂直轴或水平轴旋转。

离心铸造优点有：铸件组织致密，力学性能好，气孔、夹杂等缺陷少，型芯用量少，浇注系统的金属消耗少。

离心铸造缺点为：铸件内孔尺寸不精确，非金属夹杂物较多，增加了内孔的加工余量；不宜铸造密度偏析大的合金（如铅青铜）。

离心铸造适用于铸造铁管、钢辊筒、铜套等回转体铸件。

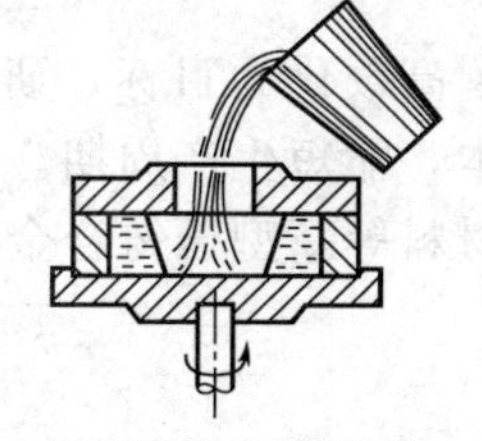
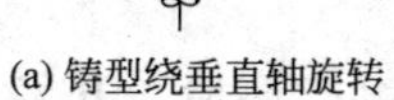
(a) 铸型绕垂直轴旋转

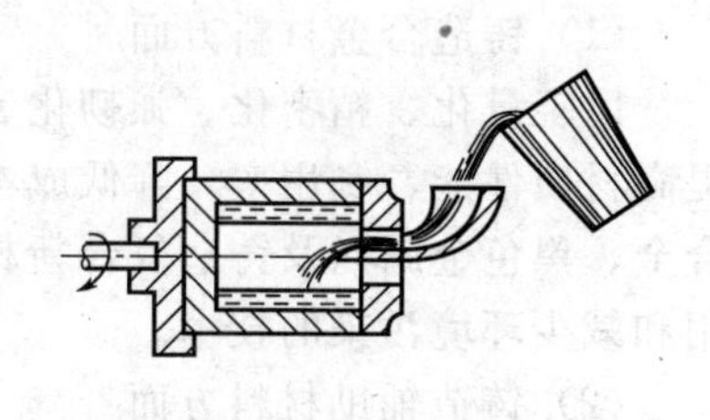
(b) 铸型绕水平轴旋转

图 2-36 离心铸造原理

2.9.4 熔模铸造

熔模铸造又称失蜡铸造，是用易熔材料（如蜡料、松香料）制成熔模样件，然后在模样表面涂挂耐火材料，硬化结壳后，熔化蜡模得到中空的硬型壳，再经高温焙烧去杂质后放入砂箱内，浇入金属液获得熔模铸件。熔模铸造的型壳属一次性铸型。

熔模铸造优点有：铸型无分型面，铸件精度高，表面光洁，适于铸造高熔点、形状复杂及难以切削加工的零件，是一种少、无切削加工的铸造方法。

熔模铸造缺点为：铸造工序多，生产周期长，成本高，不适于生产大型铸件。

熔模铸造主要用来生产形状复杂、精度要求高或难以切削加工的小型零件，目前广泛应用于航空、仪器、兵器等制造行业。

2.10 铸造技术现状和发展趋势

铸造是获得机械产品毛坯的主要方法之一，是机械工业重要的基础工艺。铸造生产的现代化程度，反映了机械工业的发展水平，反映了清洁生产和节能省材的工艺水准。面对当今全球信息、技术的高速发展，机械制造业尤其是装备制造业的现代化水平高速提升，我国铸造业应当把握现代铸造技术的发展趋势，采用先进、适用的技术，实施可持续发展的战略，振兴和发展中国的机械工业。

2.10.1 铸造技术现状

近年我国开发推广了一些先进熔炼设备，提高了金属液温度和综合质量，引进 AOD、VOD 等精炼设备和技术，提高了高级合金铸钢的内在质量。重要工程用的超低碳高强韧马氏体不锈钢，采用精炼技术提高钢液纯净度，性能大大改善。此外还有高强度、高弹性模量灰铸铁用于机床铸件，高强度薄壁灰铸铁件铸造技术的应用，灰铸铁表面激光强化技术用于生产，人工智能技术在灰铸铁性能预测中应用等。

国产水平连铸生产线投入市场，铸造厂采用了直读光谱仪和热分析仪，炉前有效控制了金属液成分，采用超声波等检测方法控制铸件质量。随着环保意识的加强，铸造业日益重视环保技术。

一些大、中型铸造企业开始在熔炼方面应用计算机技术，控制金属液成分、温度及生产率等。成都科技大学研制成砂处理在线控制系统，清华大学等开发了计算机辅助砂型控制系统软件，华中科技大学成功开发商品化铸造 CAE 软件。

铸造业互联网发展快速，部分铸造企业网上电子商务活动活跃，如一些铸造模具厂实现了异地设计和远程制造。

2.10.2 铸造技术发展趋势

由于受铸造产品发展趋势的影响，因而要求铸件有更好的综合性能、更高的精度、更少的余量、更光洁的表面以及节能环保等。

（1）铸造合金材料方面

以轻量化、精密化、强韧化、高效化为目标，研制耐磨、耐蚀、耐热特种合金新材料；提高材质性能、利用率，降低成本，缩短生产周期。开发优质铝合金材料、镁合金、高锌铝合金、黑色金属以及铸造复合新材料等新型压铸合金；开发降低生产成本、有利于材料再利用和减少环境污染的技术。

（2）铸造辅助材料方面

根据不同合金、铸件的特点、生产环境，开发不同品种的原砂、少无污染的优质壳芯砂，开展取代特种砂的研究和开发人造铸造用砂。将湿型砂黏结剂发展重点放在新型煤粉及取代煤粉的附加物开发上。大力开发旧砂回用新技术，尽最大可能回收再利用铸造旧砂，以降低生产成本、减少污染、节约资源，推动计算机专家系统在型砂等造型材料质量管理中的应用。

（3）合金熔炼方面

发展5t/h以上大型冲天炉，推行冲天炉-感应炉双联熔炼工艺；广泛采用先进的铁液脱硫、过滤技术，配备直读光谱仪、碳当量快速测定仪、定量金相分析仪及球化率检测仪，应用微机技术于铸铁熔体热分析等。推广冲天炉除湿送风技术，冲天炉废气利用，消除对环境的污染，提高铁液质量。

由于感应电炉具有灵活、节能、效率高等优势，采用感应电炉是今后铸铁熔炼技术发展的方向。开发新的合金孕育技术，推广合金包芯线技术，提高球化处理成功率。

（4）铸造方面

① 砂型铸造　提高铸件尺寸精度与表面光洁度，减少加工余量；进一步推广高压、射压等高度机械化、自动化、高密度湿砂型造型工艺是今后中、小型铸件生产的主要发展方向。在湿砂型仍是主流的21世纪，采用纳米技术改性膨润土，提高膨润土质量是推广应用湿型砂造型工艺的关键。

提高砂处理设备的质量、技术含量、技术水平和配套能力，尽快填补包括旧砂冷却装置和适于运送旧砂的斗式提升机在内的技术空白，努力提高砂处理系统的设计水平。

开发精确成形技术和近精确成形技术，大力发展可视化铸造技术，推动铸造过程数值模拟技术CAE向集成、虚拟、智能、实用化方向发展；基于特征化造型的铸造CAD系统将是铸造企业实现现代化生产工艺设计的基础和前提。

② 特种铸造　开发熔模铸造模具、模料新技术、新型黏结剂以及优质型壳黏结剂；采用精密、大型、薄壁熔模铸件成形技术以及快速成形技术替代传统蜡模成形技术，简化工艺，缩短生产周期；开发新型压铸设备及控制系统，改善液面加压系统性能以满足工艺要求；开发高度自动化的低压铸造机和高可靠性零部件；开发复杂、薄壁、致密压铸件生产技术，推动低压铸造向差压铸造方向发展。

发展金属半固态连续铸造技术；推广树脂砂、金属型及覆砂金属型等高精度、近无切削的高效铸造技术；推广无铸型电磁铸造技术；开展喷铸技术的研究和应用。充分借鉴冶金界电渣技术的研究成果，着重解决电渣熔铸工艺的技术难点，如电渣熔铸大型异形复杂铸件的结晶器设计、渣料配制及工装技术等。

2.10.3 引入计算机及网络技术

引入计算机及网络技术已成为时代发展的要求和现代化铸造的发展方向。计算机在铸造领域的应用主要包括计算机辅助设计（CAD）与分析（CAE）、计算机检测与控制、专家系统、信息处理系统以及Internet与铸造产业等。

新一代铸造（CAD）系统是一个集模拟分析、专家系统、人工智能于一体的集成化系统。促使铸造工装的现代化水平进一步提高，进一步实现远程设计与制造，用计算机来测试各种参数、监视生产状况、控制生产过程的设备及装置，促进传统铸造业的发展。

开发既分散又集成、形式多样、适用于铸造生产各方面（如设计、制造、诊断等）的计算机专家系统，推行计算机集成制造系统（CIMS），借助计算机网络、数据库集成各环节产生的数据，综合运用现代管理、制造、信息、系统工程技术，与铸造生产全过程中有关人、技术、设备、管理要素及信息、物质流有机集成，实现铸造行业整体优化，最终实现产品优质、低耗；同时在铸造领域引入机器人替代人工操作，可以更好地降低劳动强度和提高劳动效率。

2.11 安全技术

ⅰ. 造型操作前要注意工作场地、砂箱等工具的安放位置。

ⅱ. 禁止用嘴吹分型面，使用皮老虎时，要注意旁人的眼睛。

ⅲ. 参加熔化和浇注的同学要按规定戴好防护用具。

ⅳ. 观看熔炉及熔化过程，应站在一定安全距离外，避免铁水飞溅而烫伤。

ⅴ. 浇注前铁水包要烘干，扒渣棒一定要预热，铁水面上只能覆盖干的草灰。

ⅵ. 浇注铁水时，抬包要稳，严禁和他人谈话或并排行走，以免发生危险。

ⅶ. 浇注速度要适宜，其他人不能站在铁水正面，并严禁在冒口顶部观察铁水。

ⅷ. 已浇注砂型，未经许可不得触动，以免损坏。清理时，对清理的铸件要注意其温度，避免烫伤。

复习思考题

1. 什么叫铸造？铸造包括哪些主要工序？
2. 湿型砂是由哪些材料组成的？它应具备哪些性能？
3. 砂型由哪几部分组成？
4. 各种手工造型方法所用模样有哪些特点？各适用于哪种生产？
5. 机器造型和手工造型比较，各有什么优缺点？
6. 型芯起什么作用？
7. 机器造型有什么优点？试列举几种机器造型的方法。
8. 合型应注意什么问题？合型不当对铸件有什么影响？
9. 冲天炉的工作原理是什么？熔炼铸造用合金应满足什么要求？
10. 浇注系统由哪几部分组成？各部分起什么作用？
11. 试列举气孔、砂眼、缩孔、渣气孔等缺陷产生的原因及防止措施。
12. 确定浇注位置应注意哪些问题？
13. 什么叫分型面？选择分型面的原则是什么？
14. 开设内浇道时应注意哪些问题？
15. 模样、铸件及零件三者在形状和尺寸上有什么区别？为什么？
16. 常用特种铸造方法有哪些？各有哪些特点？

3 锻压

3.1 概述

锻压是锻造和冲压的总称，是对坯料施加外力，使其产生塑性变形，改变其形状、尺寸及改善其性能，用以制造机械零件、工件或其毛坯的一种加工方法。锻压通常指自由锻造、模型锻造和板料冲压。

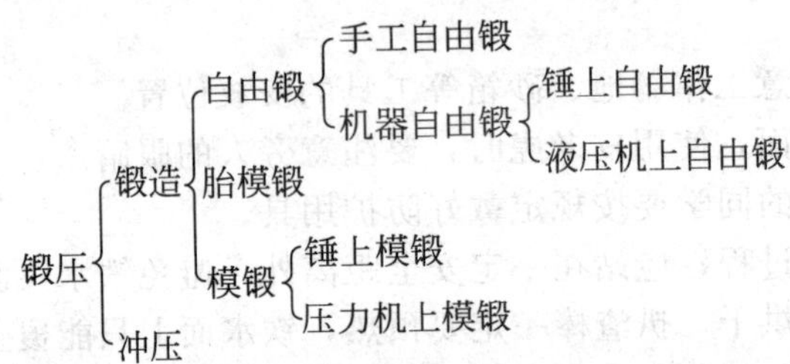

锻造是在锻造设备及模具的作用下，使坯料产生局部或全部的塑性变形以获得毛坯或零件的方法。锻造生产的过程主要包括下料、加热、锻打成形、冷却和热处理等。根据变形温度不同，锻造分为热锻、温锻和冷锻。按照坯料成形方法不同，锻造分为自由锻和模锻两大类；按照所用设备和工具不同，自由锻分为手工自由锻和机器自由锻两种；模锻又分为胎模锻和锤上锻等多种。用于锻造的金属必须具有良好的塑性，以便在锻造时容易产生永久变形而不破裂。由于锻件内部组织致密、均匀，性能优于铸件，能承受较大的载荷及冲击，所以重要的零件一般都采用锻件毛坯。

冲压是利用冲模使金属板料产生塑性变形或分离的加工方法。由于冲压使用的板料厚度多数在1～2mm以下，而且通常是在室温下进行，所以又称薄板冲压或冷冲压。当板厚大于8～10mm时，才使用热冲压。冲压加工的应用范围广泛，既适用于金属材料，也适用于非金属材料；既可加工小型零件，也可加工汽车覆盖件等大型零件。冲压件具有刚性好、重量轻、尺寸精度和表面光洁度高等优点。由于其模具结构复杂，制造成本高，而且生产一个冲压件往往需要多副模具，因而板料冲压只适用于工件的大批量生产。

通常以金属的塑性和变形抗力来综合衡量其锻压性能。塑性是金属产生永久变形的能力。变形抗力是指在变形过程中金属抵抗工具（如模具）作用的力。显然，金属的塑性越好，变形抗力越小，锻压性能越好。常用锻压材料有各种钢、铜、铝、钛及其合金；铸铁属于脆性材料，不能进行锻压加工。

3.2 坯料的加热和锻件的冷却

3.2.1 坯料的加热

坯料在锻打前需要加热，目的是提高坯料的塑性，降低其变形抗力，改善其锻造性能。通常随着温度的升高，金属的强度降低而塑性提高。

（1）锻造温度范围

坯料被加热到可以开始锻打的温度为始锻温度，停止锻打的温度为终锻温度。若加热温度超过始锻温度，会造成过热、过烧等加热缺陷；若在终锻温度以下继续锻造，不仅变形困难，而且可能造成坯料开裂或设备（模具）损坏。所以始锻温度应在锻坯不产生过热、过烧缺陷的前提下尽可能高些；终锻温度应在使锻坯锻造不产生冷却变形强化的前提下尽可能低些。

从始锻温度到终锻温度的温度区间为锻造温度范围。常用金属材料的锻造温度见表 3-1。

表 3-1　常见金属材料的锻造温度范围

材料种类	始锻温度/℃	终锻温度/℃
低碳钢	1200～1250	800
中碳钢	1150～1200	800
合金结构钢	1100～1150	850
铝合金	450～500	350～380
铜合金	800～900	650～700

（2）加热设备

按照热源不同，加热设备分为火焰炉和电加热炉两大类。

火焰炉是利用煤、重油或煤气等燃料燃烧来加热坯料。常用的火焰炉有手锻炉、反射炉、油炉和煤气炉。煤炉加热多采用反射炉（图 3-1），油炉加热多采用室式炉（图 3-2）。

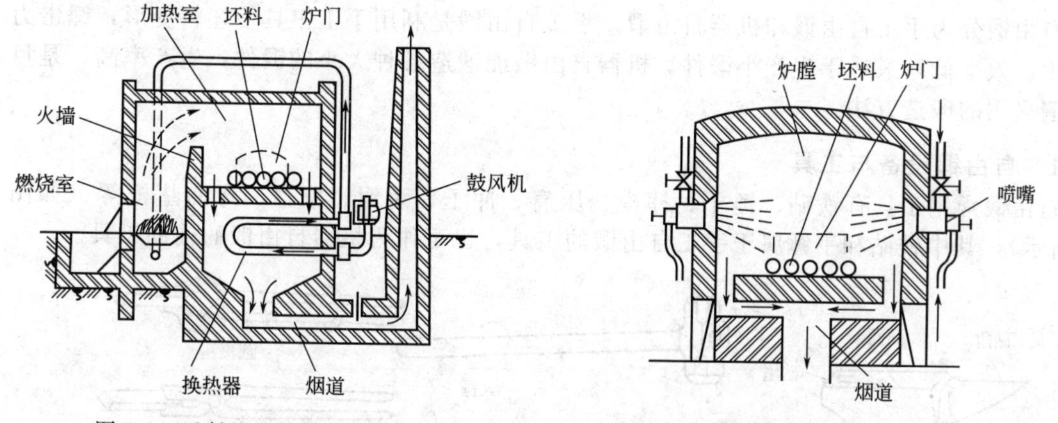

图 3-1　反射炉的结构和工作原理

图 3-2　室式重油炉的结构和工作原理

电加热炉是利用电能转变为热能对金属加热的装置。常用的电加热炉多采用电阻加热炉、接触加热炉和感应电炉等。

（3）加热缺陷及防止措施

金属在加热过程中常出现的缺陷有氧化和脱碳、过热和过烧、加热裂纹等。

① 氧化和脱碳　金属在高温下长时间与氧化性炉气（O_2、H_2O 和 CO_2 等）接触发生化学反应，造成表层烧损。氧化会造成锻件表面质量下降，脱碳会使金属表面的硬度和强度降低而影响锻件质量。

减少氧化和脱碳的措施是在保证加热质量的前提下，尽量采用快速加热并避免在高温下停留时间过长；严格控制送风量，或采用少氧化、无氧化加热等。

② 过热和过烧　加热温度过高或高温下保温时间过长引起晶粒粗大则为过热，加热温度超过始锻温度过多，使晶粒边界出现氧化及熔化的现象称为过烧。过热组织可以通过锻打或热处理细化晶粒；过烧的坯料则无法锻造，是无可挽回的废品。

防止过热和过烧的措施是注意加热温度、保温时间并控制炉气成分。

③ 加热裂纹 对塑性差或导热性差的金属材料，在较快的加热速度或过高的炉温下，由于坯料内外温差较大而产生内应力，进而出现裂纹。

为防止产生加热裂纹，要严格控制加热速度和装炉温度。

3.2.2 锻件的冷却

锻件的冷却有以下三种方式。

① 空冷 即锻完后就将锻件置于干燥地面，在空气中冷却。

② 坑冷 将锻件放在充填石灰、砂子或炉灰等保温材料的坑中冷却。

③ 炉冷 将锻件放入加热炉中，随炉缓慢冷却。

一般地说，低、中碳钢及低合金钢的中、小型锻件，锻后多采用冷却速度较快的空冷方法，但冷却速度过快又会造成锻件表层硬化，难以进行切削加工，甚至产生裂纹。对于成分复杂的高合金钢和塑性较差的大、中型锻件，多采用坑冷或炉冷。

3.3 自由锻

在自由锻设备的上、下抵铁之间，利用简单、通用的工具使加热的金属坯料产生塑性变形以获得锻件的加工方法称为自由锻。自由锻适合单件、小批量生产，也是锻制大型锻件的唯一方法。

自由锻分为手工自由锻和机器自由锻。手工自由锻是利用手工工具使坯料变形，锤击力小，生产效率低，只适于生产小锻件。机器自由锻能锻造各种大小的锻件，生产率高，是目前普遍采用的锻造方法。

3.3.1 自由锻设备与工具

自由锻常用工具有铁砧、锤子、摔模、压肩、冲子、手钳、漏盘、弯曲垫模等（如图3-3所示），其中铁砧和手锤属于手工自由锻的工具，也可作为机器自由锻的辅助工具。

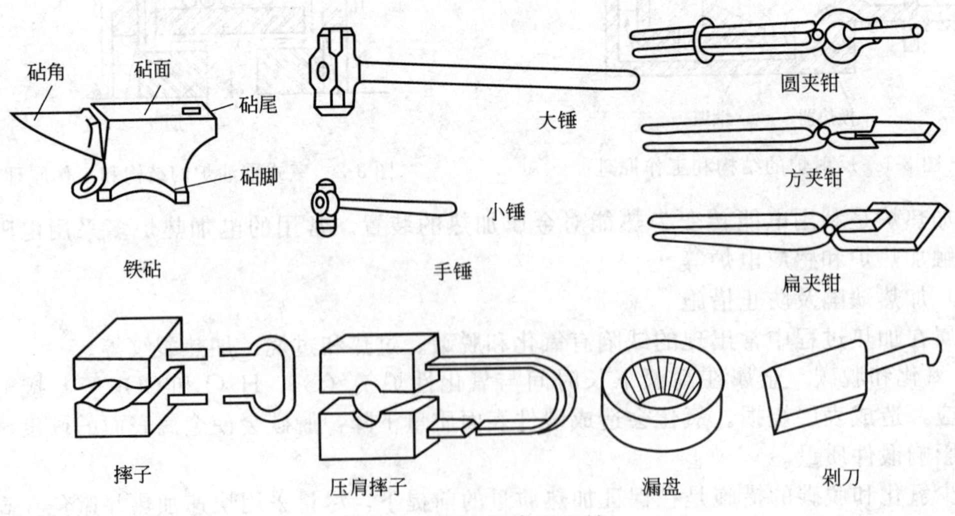

图 3-3 自由锻常用工具

机器自由锻设备分两类：一类作用力以冲击力为主，如空气锤、蒸汽-空气自由锻锤等；一类作用力以静压力为主，如水压机等。中、小锻件多采用空气锤锻造，大型锻件采用水压机锻造。在此仅以空气锤为例简要介绍。

空气锤是机器自由锻最常用的设备，由锤身、传动机构、压缩缸、工作缸、操纵机构、锤砧和落下部分等组成。其规格以锤落下部分的质量来表示，如“65kg”的空气锤，就是指锤落下部分的质量为65kg。

空气锤依靠配套的电动机带动减速机构和曲柄-连杆机构，推动压缩缸中的压缩活塞压缩空气，再通过上、下旋阀的配气作用，使压缩空气进入工作缸的上部或下部，或直接连通大气，进而使工作活塞连同锤杆和上抵铁一起，通过操纵手柄或踏板控制，实现上悬、下压、空转、单打或连续锻打等操作。空气锤的结构和工作原理如图3-4所示。

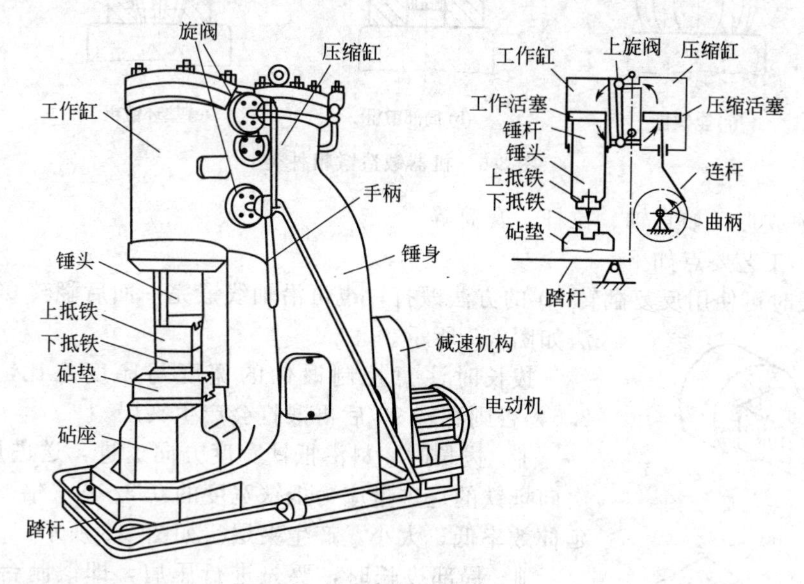

图3-4 空气锤

3.3.2 自由锻造的基本工序

自由锻造工序包括基本工序、辅助工序和精整工序。实现锻件基本成形的工序为基本工序，如镦粗、拔长、冲孔、扩孔、弯曲、扭转、错移和切割等；辅助工序为便于基本工序操作而使坯料产生少量变形的工序，如压肩、倒棱等；在基本工序后进行的提高锻件形状和尺寸精度的修整工序称精整工序，如滚圆、摔圆、平整等。

下面简要介绍三种常用的自由锻造基本工序。

(1) 镦粗

镦粗是指沿锻件轴向锻打，使其高度减小、横截面增大的锻造工序。

镦粗操作工艺要点如下。

ⅰ. 坯料高径比应小于2.5～3，否则会镦弯或造成双鼓形，如果发生折叠，则可能会使锻件报废，图3-5为双鼓形和折叠。

ⅱ. 坯料须加热均匀，以防止镦裂。

ⅲ. 端面要平整且与坯料的轴线垂直，以免镦歪。

ⅳ. 镦粗过程中，如发现镦歪、镦弯或出现双鼓形，需及时矫正。局部镦粗时，要使用相应尺寸的漏盘。

空气锤上进行镦粗的方法有：全镦粗、局部镦粗和垫环镦粗三种，如图3-6所示。

(2) 拔长

拔长是使坯料横截面积减少而长度增加的工序，分为平砧拔长、局部拔长和芯棒拔长三种。拔长主要用于

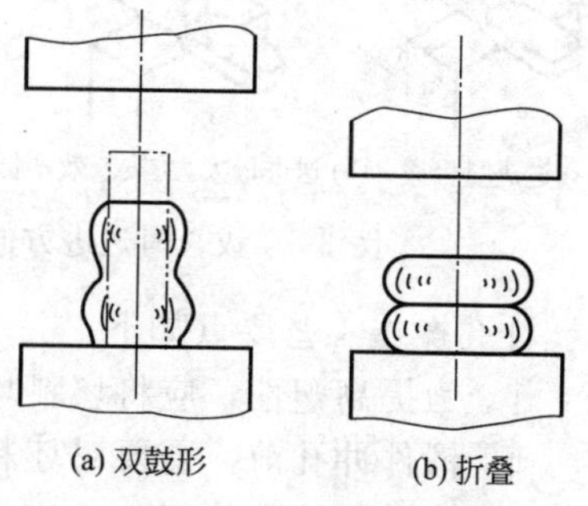

(a) 双鼓形 (b) 折叠

图3-5 双鼓形和折叠

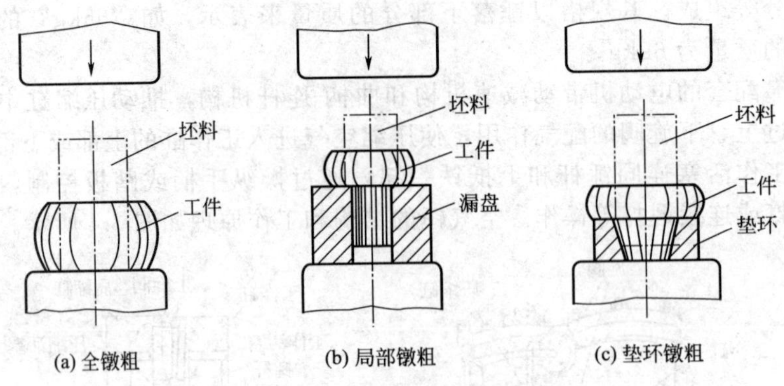

(a) 全镦粗　(b) 局部镦粗　(c) 垫环镦粗

图 3-6　机器锻造镦粗种类

轴杆类锻件的成形，如直轴、拉杆、套筒等。

拔长操作工艺要点如下。

ⅰ. 拔长时可使用反复翻转 90°的方法锻打，也可沿轴线锻完一面后翻转 90°，翻转的方法如图 3-7 所示。

(a)

(b)

图 3-7　拔长时锻件的翻转方法

拔长时注意控制锻件的宽度与厚度之比，比值要小于 2.5，否则翻转 90°后再锻打会产生夹层。

ⅱ. 拔长时坯料沿抵铁宽度方向送进，送进量要适当，每次向抵铁的送进量应为抵铁宽度的 0.3～0.7 倍。送进量太大，延伸效率低；太小，产生夹层。如图 3-8 所示。

ⅲ. 局部拔长时，要先进行压肩，即锻制台阶或凹挡时，要先在截面分界处压出凹槽。对方料用压铁进行压肩的方法如图 3-9 所示。

ⅳ. 拔长后，锻件须进行调平、校直等修整，以使其尺寸准确，表面光洁。修整时应轻轻锤击锻件，同时使用钢板尺的侧面检查锻件的平直度及平整度。

(3) 冲孔

冲孔是在坯料上锻出通孔或不通孔的锻造工序，多用于锻造空心锻件，如齿轮、圆环等。通常冲孔分为双面冲孔和单面冲孔。

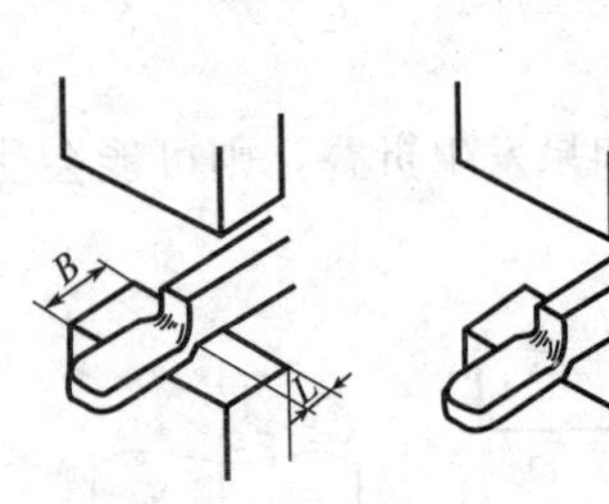

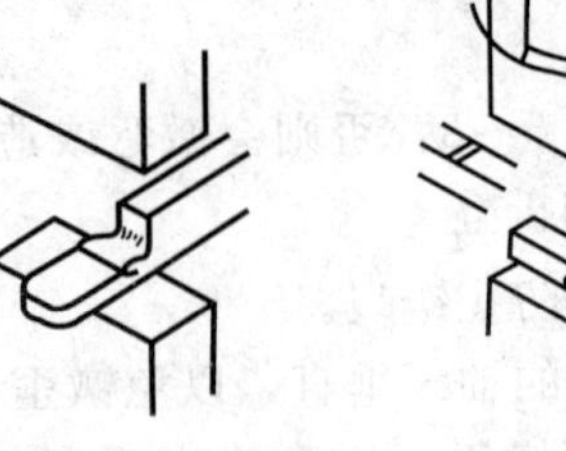
(a) 送进量合适　(b) 送进量太大，拔长效率低　(c) 送进量太小，产生夹层

图 3-8　拔长时送进方向和送进量

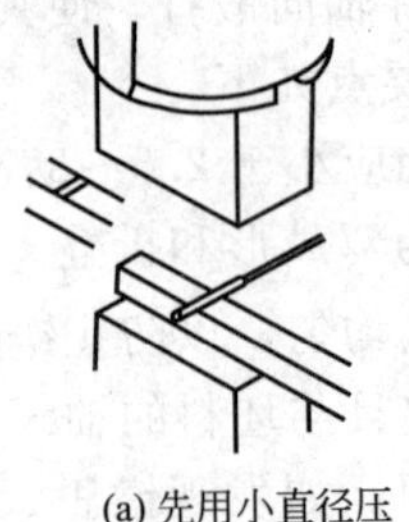
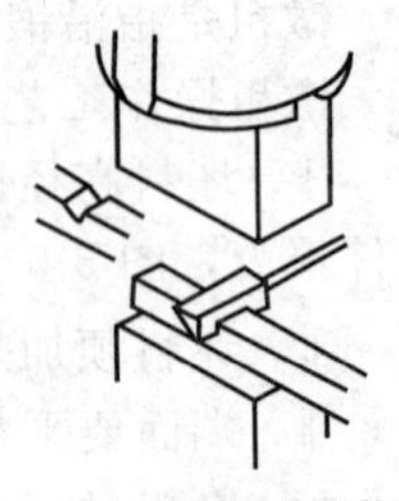
(a) 先用小直径压铁压出痕迹　(b) 再用适当形状的压铁压出肩来

图 3-9　方料的压肩

冲孔操作工艺要点如下。

ⅰ. 为提高塑性，应将坯料均匀加热到允许的最高温度，以防止冲裂和损坏冲头。

ⅱ. 锻件冲孔前，需要对坯料进行镦粗，以减少冲孔深度并使断面平整。

ⅲ. 为了保证孔位正确，应先用冲子轻轻冲出孔位的凹痕（即试冲），并检查孔位是否正确。为便于取出冲头，冲前可向凹痕内撒些煤粉。

ⅳ. 一般锻件采用双面冲孔法，即先将孔冲到锻件厚度的 2/3～3/4 深度，取出冲子，翻转锻件，从反面将孔冲透，如图 3-10 所示。

ⅴ. 为防止冲裂坯料，一般冲孔孔径需小于坯料直径的 1/3，若大于直径的 1/3，则需先冲出一较小的孔，然后采用扩孔的方法达到所要求的孔径尺寸。

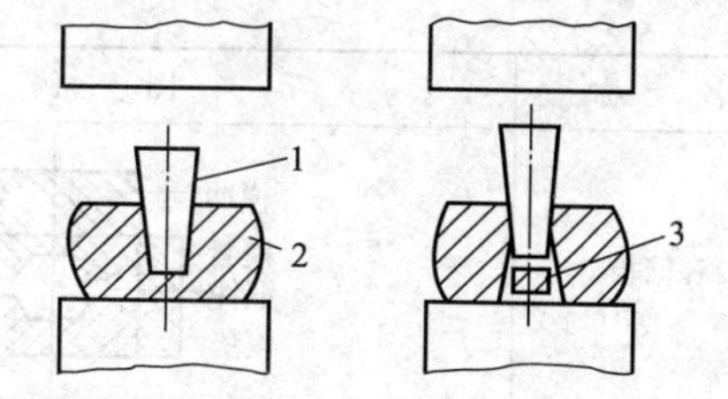

(a) 冲到坯料的2/3～3/4　(b) 翻转坯料从反面冲穿

图 3-10　双面冲孔

1—冲子；2—坯料；3—冲孔余料

自由锻工序中，镦粗、拔长、冲孔使用最多，锻造过程中，应根据锻件的形状和尺寸来选择合适的锻造工序。

3.4　胎模锻

胎模锻是在自由锻设备上使用简单模具（胎模）生产锻件的方法，它是介于自由锻和模锻之间的一种锻造方法，通常使用自由锻方法制坯，而后在胎模中终锻成形。胎模不固定在设备上，根据工艺要求随时放上或取下。

与自由锻相比，胎模锻锻件在模膛内最终成形，锻件形状较准确、表面质量好、尺寸精度高、力学性能好、生产效率高；与模锻相比，胎模锻不需要昂贵的模锻设备、锻模制造成本较低、适应性强。胎模锻的工艺灵活，可以完全由胎模完成锻件的锻制；也可根据工艺要求，有选择地对要求高的部位使用胎模成形，而其他部位使用自由锻成形。胎模锻造工具简单、工艺灵活，主要用于形状比较复杂、精度要求较高的小型锻件的中、小批量生产，但胎模的寿命低，操作工人的劳动强度大。

常用的胎模结构有摔模、扣模、套筒模、垫模、合模等，见表 3-2。

表 3-2　常用胎模结构和说明

名　称	图　例	简要说明
摔模	上摔 下摔	摔模由上、下摔组成，胎模最常见也最简单。锻造时需不断旋转锻件，以免工件变形时产生飞边和毛刺 主要应用于轴类锻件的成形、精整或为合模制坯
扣模		扣模由上、下扣组成，锻造时坯料不转动、只作前后移动，扣形后需翻转 90°平整侧面 主要应用于具有平直侧面的非回转体锻件的局部或整体成形，或为合模制坯
弯模		弯模多用于弯曲类锻件的成形，可改变坯料的轴线形状，或为合模制坯

续表

名　称	图　例	简要说明
套筒模	模冲 模套 锻件 模垫	套模是一种闭式胎模，模具由模套、模冲、模垫组成 主要用于回转体无飞边锻件的锻造，如圆盘、圆轴类锻件
垫模	上砧 横向飞边 锻件 垫模	垫模只有下模，上模由锤砧代替，锻造时易产生横向飞边 主要用于圆盘、圆轴及法兰盘锻件
合模		合模模具由上、下模及导向装置构成，锻造时沿分模面产生横向飞边 适用于各类锻件的最终成形，尤其是形状复杂的非回转体锻件，如连杆、叉形件等

3.5　冲压

冲压是利用冲模使金属板料产生塑性变形或分离的加工方法，由于冲压使用的板料厚度多数在1～2mm以下，而且通常是在室温下进行，所以又称薄板冲压或冷冲压。

常用的冲压材料是低碳钢、铜、铝及奥氏体不锈钢等强度低、塑性好的金属。

冲压设备相对比较简单、操作容易、生产效率高、加工费用低、易实现机械化和自动化，因而应用广泛。

3.5.1　冲压设备

冲压设备主要有剪床和冲床两大类。剪床（剪板机）是将板料按要求切成一定宽度条料的过程（即下料），供下一步冲压使用。冲床（压力机）是冲压加工的基本设备，用于切断、落料、冲孔、弯曲和其他冲压工序。

常用冲床的结构如图3-11所示。电动机接通电源后，带动带轮旋转，踩下踏板使离合器闭合并带动曲轴旋转，经连杆带动滑块沿导轨作上下往复运动，进行冲压。如果将踏板踩下后立即抬起，则离合器脱开，滑块在冲压一次后便在制动器的作用下，停止在最高位置上，如果踏板不抬起，滑块就进行连续冲压。曲柄连杆结构可以调节滑块和上模的高度及冲程大小。

3.5.2　冲压的基本工序

冲压的工序分为分离工序和成形工序两大类。分离工序是使板料的一部分与另一部分分离的工序，有切断、冲裁等；成形工序是使板料发生局部或整体变形的工序，有弯曲、拉深、翻边等。各工序的特点和应用见表3-3。

3.5.3　冲模

冲模是通过加压将金属或非金属板料分离、成形或接合而得到制件的工艺设备，是冲压生产中必不可少的模具。冲模按其结构和工作特点不同，分为简单冲模、连续冲模和复合冲模三种。

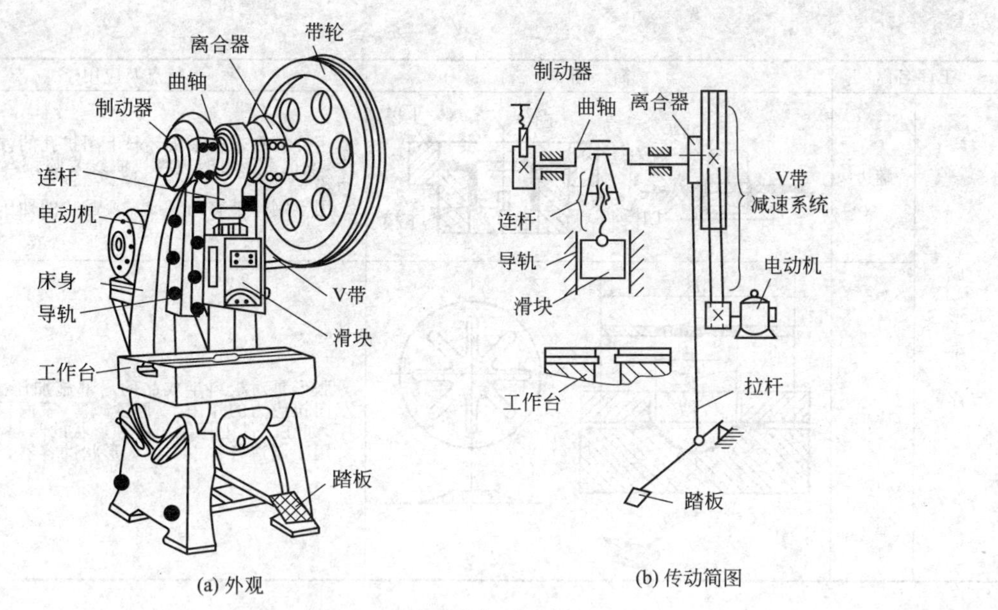

图 3-11　冲床结构示意图

表 3-3　板料冲压的基本工序

工序名称		简　图	特点及应用
分离工序	切断	零件	使用剪床或冲模切断板材，用于下料或加工形状简单的平板材料
	冲裁	冲头　板料　凹模　冲下部分	冲裁包括冲孔和落料，是使坯料沿一定封闭轮廓线分离的工序，若冲下部分是所需产品，其余为废料，则操作工序为落料，反之为冲孔 适用于制造各种具有一定形状的平板零件或为后续变形工序下料
	切口		切口可视为不完整的冲裁，是将板料沿不封闭的轮廓线部分分离的工序，分离部分发生弯曲或胀形 多用于各类机械及仪表外壳的冲压
成形工序	弯曲	冲头　工件　凹模　r	弯曲是使用冲模或折弯机，将板料弯成具有一定曲率和角度的变形工序。但弯曲件有最小弯曲半径的限制，且凹模工作部位的边缘要有圆角，以免拉伤零件 适用于制作弯边、折角等各种弯曲形状的冲压件
	拉深	冲头　压板　工件　凹模	拉深是把板料冲制成中空形状压件的变形工序。冲头和凹模间要留有相当于板厚 1.1～1.2 倍的间隙，拉深前需涂润滑油，为防止拉裂，拉深变形程度要有一定限制 适用于各种弯曲形状的冲压件

续表

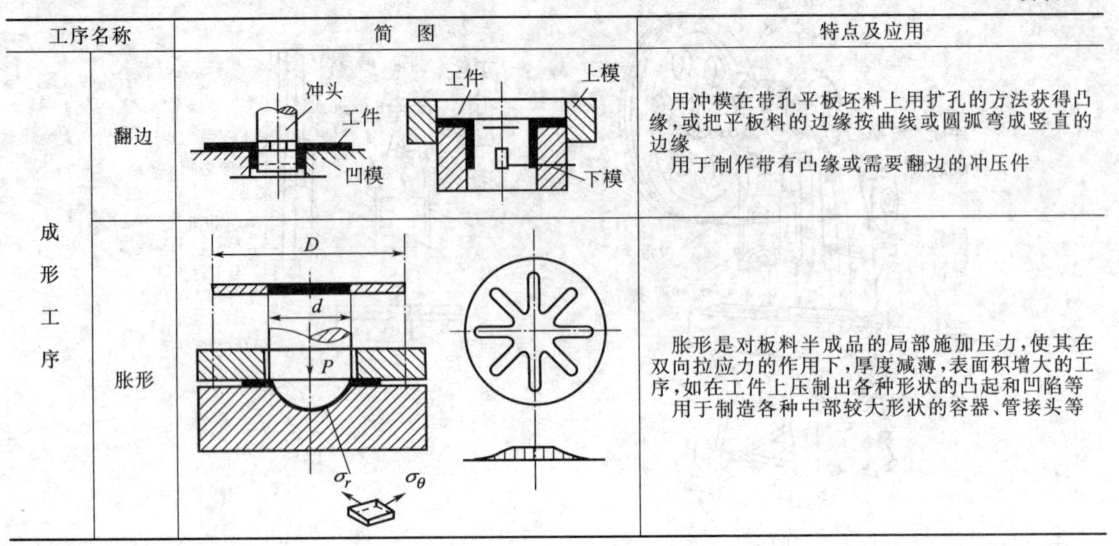

工序名称		简　图	特点及应用
成形工序	翻边		用冲模在带孔平板坯料上用扩孔的方法获得凸缘，或把平板料的边缘按曲线或圆弧弯成竖直的边缘 用于制作带有凸缘或需要翻边的冲压件
	胀形		胀形是对板料半成品的局部施加压力，使其在双向拉应力的作用下，厚度减薄，表面积增大的工序，如在工件上压制出各种形状的凸起和凹陷等 用于制造各种中部较大形状的容器、管接头等

(1) 简单冲模

滑块在一次行程中只完成一道冲压工序的冲模称为简单冲模，它由模架、凸模（冲头）、凹模、导料板、定位销及卸料板组成，如图 3-12 所示。这种冲模生产效率低，冲压件的精度低。

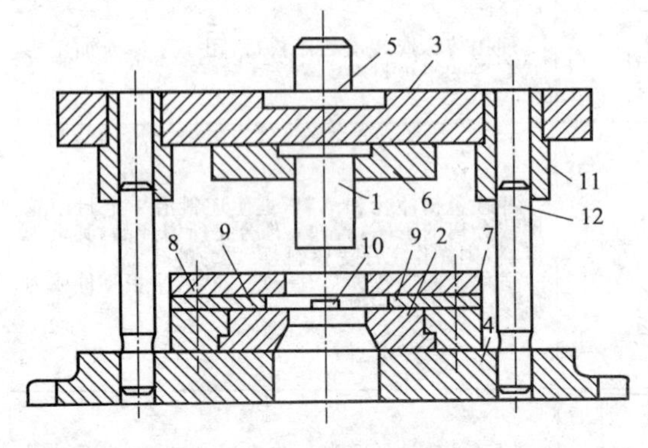

图 3-12　简单冲模

1—凸模；2—凹模；3—上模板；4—下模板；5—模柄；6，7—压板；8—卸料板；9—导料板；10—定位销；11—导套；12—导柱

简单冲模各部分的作用如下。

ⅰ. 模架包括上、下模板，导柱，导套及压板等，其作用是对凸、凹模起安装、固定作用，导柱和导套起导向作用，保证上、下模具对齐。

ⅱ. 凸模和凹模是冲模的核心部件，实现板料的分离和变形。

ⅲ. 导料板和定位销的作用是控制板料的送进方向和送进量。

ⅳ. 卸料板是使凸模在冲裁后从板料中脱出。

(2) 连续冲模

滑块在一次行程中，在模具的不同部位同时完成两个或多个冲压工序的冲模称为连续冲模。冲孔和落料的连续模如图 3-13 所示。

连续冲模生产效率高，易于实现机械化和自动化，但定位精度要求高，结构复杂，制造成本较高。

(3) 复合冲模

滑块在一次行程中，在模具的同一部位完成两道或多道冲压工序的冲模称为复合冲模。图 3-14 所示为落料和拉深的复合冲模。这种模具外缘为落料凸模，内缘为拉深凹模；首先落料（即凸凹模下降），然后进行拉深。拉深时，凸模将坯料反向顶入凸凹模内进行拉深，顶出器在滑块回程时将拉深件顶出。

复合冲模有较高的加工精度及生产率，但制造复杂，成本高，适用于大批量生产的条件。

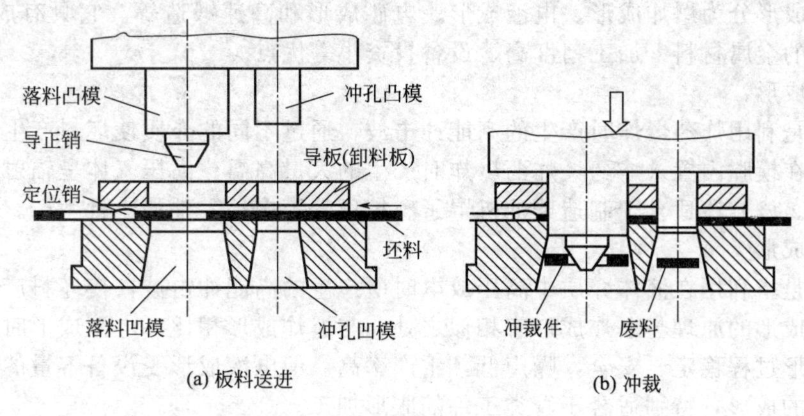

图 3-13 连续冲模

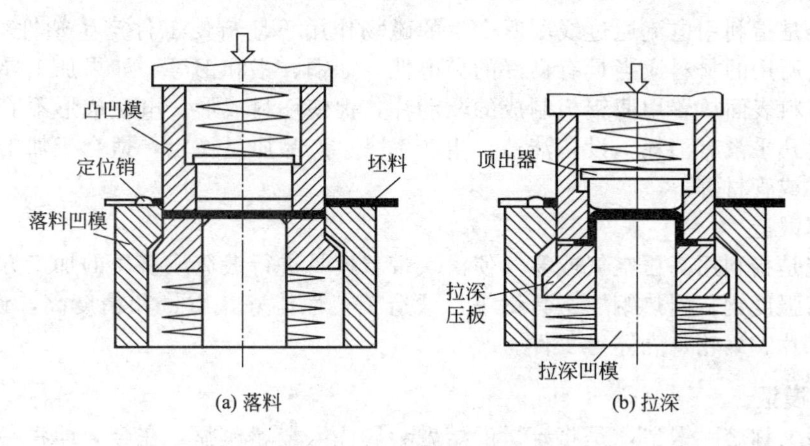

图 3-14 落料和拉深的复合冲模

3.6 锻压技术的发展趋势

现代锻压生产的发展趋势是提高锻件的性能和质量，实现少、无切屑加工和无污染的清洁生产；利用计算机技术，发展高柔性和高效率的自动化锻压设备，提高零件的生产效率，降低生产成本。

下面介绍几种锻压新技术。

3.6.1 超塑性成形技术

该技术是利用金属在特定条件（一定的变形温度、变形速率和组织条件）下所具有的超塑性（超高的塑性和超低的变形抗力）来进行塑性加工的方法。超塑性成形方法包括模锻、挤压、轧制、无模拉拔、压锻、深冲、模具凸胀成形、液压凸胀成形、压印加工以及吹塑和真空成形。不同的超塑性成形方法应采用与其相应的设备。

超塑性可大大提高材料的伸长率，其成形优点有：工具成本低，生产准备时间短，材料的横向疲劳强度、韧性及耐蚀性均优良。

3.6.2 高速高能成形技术

该技术有多种加工形式，即在很短的时间内，将化学能、电能、电磁能和机械能传递给被加工的金属材料，使其迅速成形。

高速高能成形分为爆炸成形、电液成形、电磁成形和高速锻造等。它具有成形速度高、可加工难加工的金属材料、加工精度高、设备投资小等优点。

(1) 爆炸成形

爆炸成形是利用炸药爆炸时产生的高能冲击波，通过不同的介质使坯料产生塑性变形的方法。成形时在模膛内置入炸药，炸药爆炸时产生的大量高温、高压气体呈辐射状传递，从而使坯料成形。该方法适合于制造柴油机罩子、扩压管等多种零件的小批生产。

(2) 电液成形

电液成形是指利用在液体介质中高压放电时所产生的高能冲击波，使坯料产生塑性变形的方法。电液成形的原理与爆炸成形有相似之处。与爆炸成形相比，电液成形时能量控制和调整简单，成形过程稳定、安全，噪声低，生产率高。但电液成形受设备容量的限制，不适合于较大工件的成形，特别适合于管类工件的胀形加工。

(3) 电磁成形

电磁成形是指利用电流通过线圈所产生的磁场作用于坯料使工件产生塑性变形的方法。这种成形方法所用的材料应当具有良好的导电性，如铜、铝和钢等。如果加工导电性差的材料，则应在坯料表面放置用薄铝板制成的驱动片，促使坯料成形。电磁成形不需要用水和油等介质，工具几乎没有消耗，设备清洁，生产率高，产品质量稳定，适合于加工厚度不大的小零件、板材或管材等。

(4) 高速锻造

高速锻造是指利用高压空气或氮气使滑块带着模具进行锻造或挤压的加工方法。高速锻造可以锻打高强度钢、耐热钢、工具钢等，锻造工艺性能好，质量和精度高，设备投资少，适合于加工叶片、蜗轮、壳体等工件。

3.6.3 液态模锻

液态模锻又称熔融锻造，是将定量的熔融金属注入金属模膛，在金属即将凝固或半凝固(即液、固两相共存)状态下，用冲头施以机械静压力，使其充满型腔，并产生少量塑性变形，从而获得组织致密、性能良好、尺寸精确的锻件的工艺方法。

目前，我国用液态模锻法生产的制件有：铝合金气动仪表零件、汽车活塞、弯头等；铜合金的光学镜架、高压阀体、齿轮、蜗轮和柱塞轴流泵体；碳钢电机端盖和法兰等。

3.6.4 摆动辗压

摆动辗压是指上模的轴线与被辗压工件(放在下模)的轴线倾斜一个角度，模具一面绕轴心旋转，一面对坯料进行压缩(每一瞬时仅压缩坯料横截面的一部分)的加工方法。

摆动辗压时，瞬时变形是在坯料上的某一小区域里进行的，而且整个坯料的变形是逐渐进行的。这种方法可以用较小的设备辗压出大锻件，而且噪声低、振动小，锻件质量高。摆动辗压主要用于制造具有回转体的轮盘类锻件，如齿轮毛坯和铣刀毛坯等。

进入 21 世纪，锻压工业的柔性自动化发展正不断加快，以适应“及时生产”的时代要求。若要更具柔性，就要求例如冲床在内的锻压设备的所有控制功能集成化，从而实现全套模具的菜单化管理，包括滑块行程调整、平衡器气压调整、气垫行程调整以及自动化控制系统等各个环节的参数设定；引入锻压模具 CAD/CAM 技术，提高设计效率，提高模具的加工精度，减轻劳动强度。

3.7 安全技术

ⅰ. 手锻操作前要检查大锤、锤头与锤柄连接是否牢固，打大锤时，先看四周，以免伤人。

ⅱ. 不得用手锤、大锤对砧面进行敲击，以免锤头反跳被击伤；且砧面上不得积存渣皮，清理时勿直接用手，要使用刷子等工具。

ⅲ. 操作时要密切配合，听从“轻打”、“打”、“重打”、“停止”等口号。

ⅳ. 加热时要严格控制锻造温度范围，在加热时不准猛开风门，以防火星或煤屑飞出伤人。

ⅴ. 下料和冲孔时，周围人员应避开，以免料头及冲头等飞出伤人。

ⅵ. 不准用手替代钳子直接拿工件，以防烫伤。

ⅶ. 未经允许不准擅自动用锻造设备，操作空气锤时只准一个人，严禁学生在旁边帮忙。

ⅷ. 不准用空气锤锻打未预热好的“冷铁”。

ⅸ. 空气锤在开始时不可“强打”，使用完毕将锤头提起，并用木块垫好。

ⅹ. 实习完毕，将锻炉熄火，并清理场地。

复习思考题

1. 锻压生产的基本特点如何？为什么会有这样的特点？
2. 锻造前加热的目的是什么？
3. 锻造温度范围是根据什么确定的？实践中怎样粗略判断锻造温度是否合适？
4. 加热时可能产生哪些缺陷？如何防止？
5. 自由锻的适用范围如何？理由何在？
6. 自由锻最基本的工序是什么？为什么？
7. 自由锻和模锻在坯料的成形上各有何特点？对生产过程有什么影响？
8. 板料冲压有哪些基本工序？进行冲压操作时应注意哪些事项？
9. 模锻和胎模锻有何异同？应用上有何区别？
10. 冲压生产有何特点？适于生产何类产品？

4 焊 接

4.1 概述

焊接是通过局部加热或加压（或两者并用），并且用（或不用）填充材料，使焊件形成原子或分子间结合的一种连接方法，被连接的焊件材料（即母材）可以是同种或异种金属、金属或非金属等。

焊接是现代工业中用来制造或修理各种金属结构和机械零件、部件的主要方法之一。作为一种永久性连接的加工方法，焊接工艺已基本取代铆接工艺；与铆接相比，焊接具有节省金属材料、生产率高、连接质量优良、劳动条件好等优点，同时还具有结构简单、密封性能好等优点，因而焊接广泛应用于航空航天、汽车、造船、冶金、电子、矿山机械等工业部门。

焊接的种类很多，按焊接过程的特点不同可分为熔焊、压焊和钎焊三大类。

① 熔焊　将焊件连接处局部加热到熔化状态，而后冷却凝固成为一体，并且不施加压力的焊接。熔焊焊接接头各部分名称、焊缝各部分名称如图 4-1、图 4-2 所示。

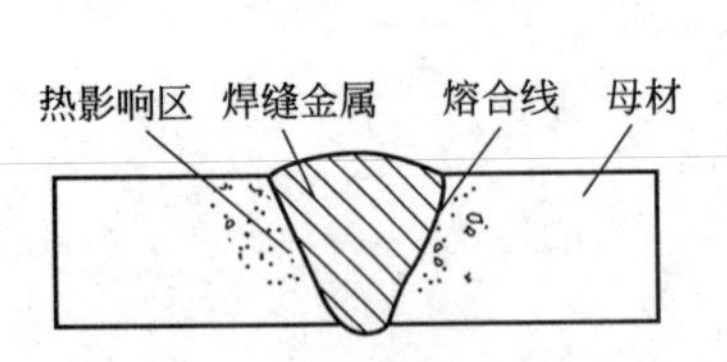

图 4-1　熔焊焊接接头简图

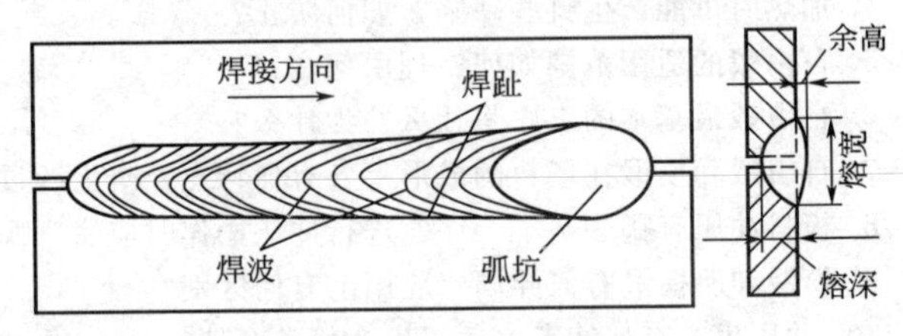

图 4-2　焊缝各部分的名称

② 压焊　对焊件施加压力完成焊接的方法（加热或不加热）。

③ 钎焊　采用比母材熔点低的填充金属作钎料，加热熔化后与固态焊件金属相互扩散实现连接的方法。

常用焊接方法具体分类：

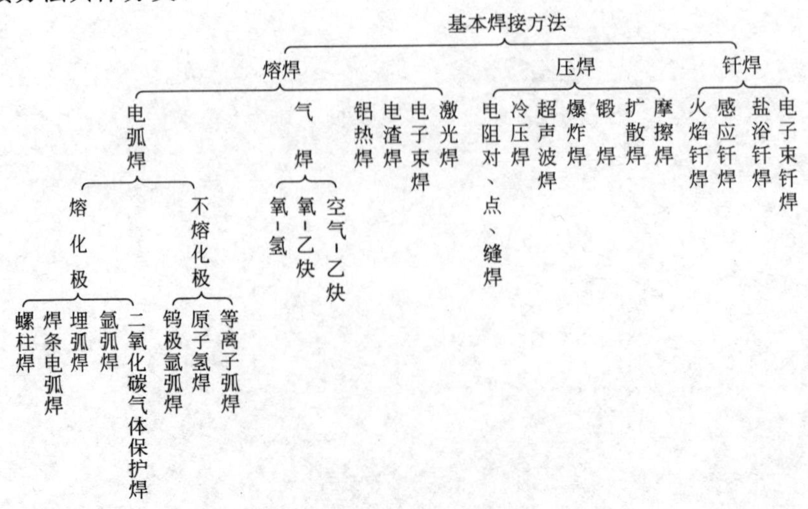

4.2　焊条电弧焊

焊条电弧焊（简称手工电弧焊）是利用焊条与焊件之间产生的电弧热量，将焊条和焊件熔化，从而获得牢固连接的一种手工操作方法。这种焊接属于熔焊，所需设备简单，操作方便、灵活，适于厚度 2mm 以上各种金属材料在各种条件下的焊接，特别适于机构形状复杂，焊缝短小、弯曲焊件的焊接。

4.2.1　焊条电弧焊过程

焊接过程如图 4-3 所示。焊接前，先将焊钳和焊件分别接到弧焊机的两极，并用焊钳夹持焊条，然后引燃电弧，焊条和焊件在电弧热的作用下同时熔化，形成金属熔池。随着电弧沿焊接方向前移，熔池金属迅速冷却，凝固形成焊缝。

4.2.2　焊接电弧

焊接电弧是发生在具有一定电压的两电极间，在局部气体介质中产生的强烈、持久的放电现象。引弧后，焊条与焊件间充满高热的气体与金属蒸气，由于离子的碰撞以及焊接电压的作用，高温金属从阴极表面发射出电子并撞击气体分子，使气体介质电离成正离子和负离子，正离子高速流向阴极，负离子和电子高速流向阳极，从而形成焊接电弧。焊接电弧的温度很高，并散发出大量紫外线和红外线，对人体有害。

焊接电弧分为阳极区、弧柱区和阴极区三部分，如图 4-4 所示。一般情况下，电弧热量在阳极区产生的较多，约占总热量的 43%，阴极区因放出大量电子，消耗了部分能量，因而产生的热量较少，约占总热量的 36%，弧柱区的温度一般较高，在 5000～50000K（随气体种类和电流大小变化）。如采用钢焊条焊接钢材，阴极区的温度约为 2400K，阳极区的温度约为 2600K。

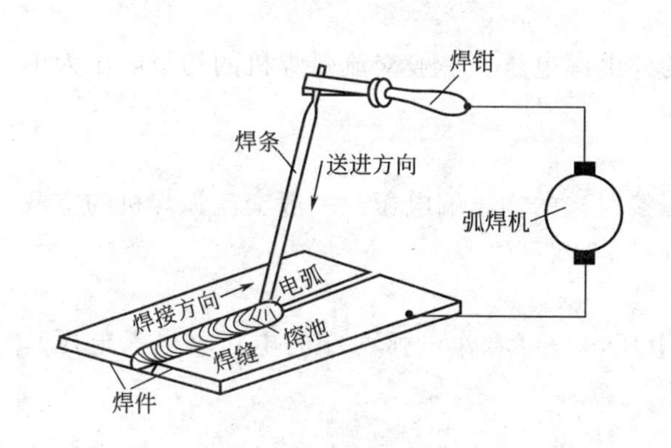

图 4-3　焊条电弧焊

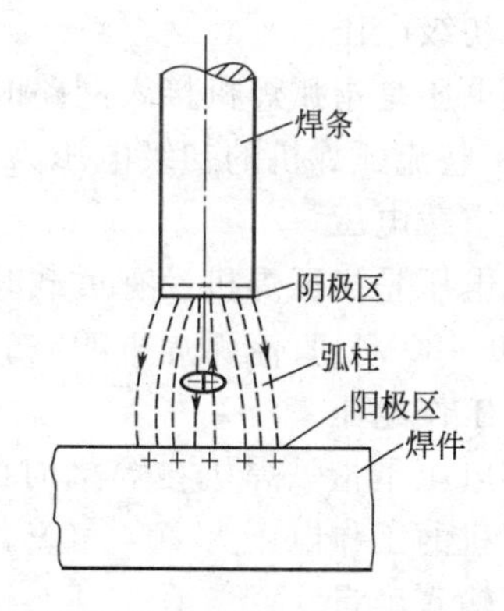

图 4-4　焊接电弧结构示意图

4.2.3　弧焊机

电弧焊所使用的专用焊接电源称为电弧焊机。焊条电弧焊所使用的焊接电源称为手弧焊机，简称弧焊机。弧焊机按其供应的焊接电流性质，可分为交流弧焊机和直流弧焊机两类。

① 交流弧焊机　它实际上是一种特殊的降压变压器，具有结构简单、噪声小、成本低、使用可靠、维修方便等优点，但电弧的稳定性较差。它是把 220V 或 380V 的电源电压降到 60～80V（即焊机空载电压），以满足引弧需要。图 4-5 所示是一种常见的交流弧焊机，型号为 BX1-250，其中“B”表示弧焊变压器，“X”表示下降外特性，“1”为品种序号，“250”表示额定电流为 250A。

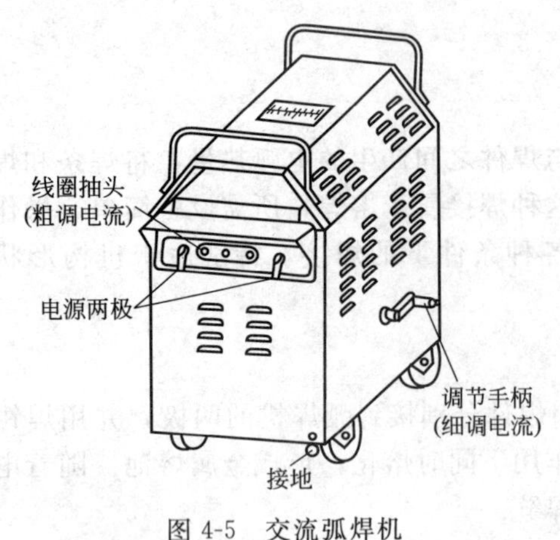

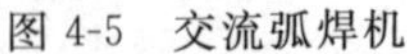

图 4-5 交流弧焊机

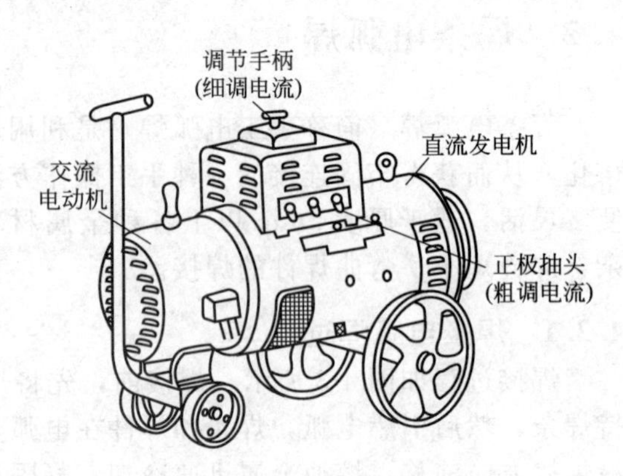

图 4-6 直流弧焊机

② 直流弧焊机 直流弧焊机所提供焊接电弧的电流为直流电，其特点是结构复杂、噪声大、耗电量大、价格高、不易维修；但焊接时焊接电流稳定，焊接质量好。直流弧焊机外形结构如图 4-6 所示。

使用直流弧焊电源焊接时，有正接和反接两种方法。将焊件接到直流弧焊机正极，焊条接负极的接法为正接；反之，将焊件接负极，焊条接正极，称为反接。焊接厚板时，一般用正接法，这时电弧热多集中在焊件上，有利于加快焊件熔化，保证较大熔深。焊接薄板时，为防止焊穿缺陷，多用反接。如使用碱性焊条，均采用直流反接，以保证电弧燃烧稳定。

4.2.4 弧焊机的主要技术参数

弧焊机的主要技术参数标在弧焊机的铭牌上，主要有初级电压、空载电压、工作电压、输入容量、电流调节范围和负载持续率等。

(1) 初级电压

初级电压是指弧焊机接入网路时所要求的外电源电压。一般交流弧焊机的初级电压为单相 380V，整流弧焊机的初级电压为三相 380V。

(2) 空载电压

空载电压是指弧焊机没有负载时（即未焊接时）的输出端电压。一般交流弧焊机的空载电压为 60～80V，直流弧焊机的空载电压为 50～90V。

(3) 工作电压

工作电压是指弧焊机在焊接时的输出端电压，也可看作电弧两端的电压（电弧电压）。一般弧焊机的工作电压为 20～40V。

(4) 输入容量

输入容量是指由网路输入到弧焊机的电压与电流的乘积，它表示弧焊变压器传递电功率的能力，单位为 kV·A。

(5) 电流调节范围

电流调节范围是指弧焊机在正常工作时可提供的焊接电流范围。GB/T 8118—1995 对弧焊机的电流调节范围作了明确的规定。

(6) 负载持续率

负载持续率是指规定工作周期内弧焊机有焊接电流的时间所占的平均百分率。国家标准规定焊条电弧焊的电源的工作周期为 5min，额定的负载持续率一般为 60%，轻型电源可取 35%。BX1-250 型弧焊机的主要技术参数见表 4-1。

表 4-1 BX1-250 型弧焊机的主要技术参数

初级电压/V	空载电压/V	工作电压/V	额定输入容量/kV·A	电流调节范围/A	额定负载持续率/%
380(单相)	70～78	22.5～32	20.5	62～300	60

4.2.5 焊条

焊条电弧焊所用的焊接材料是焊条，它由焊芯和药皮两部分组成，如图 4-7 所示。

(1) 焊芯

焊芯是焊条内的金属丝，其作用：一是作为导电电极，产生焊接电弧；二是熔化后作为填充焊缝的金属材料。一般焊芯由与焊接对象相近的材料组成。按国家标准，焊接用钢丝有 44 种，可分为碳素结构钢、合金结构钢、不锈钢三类。

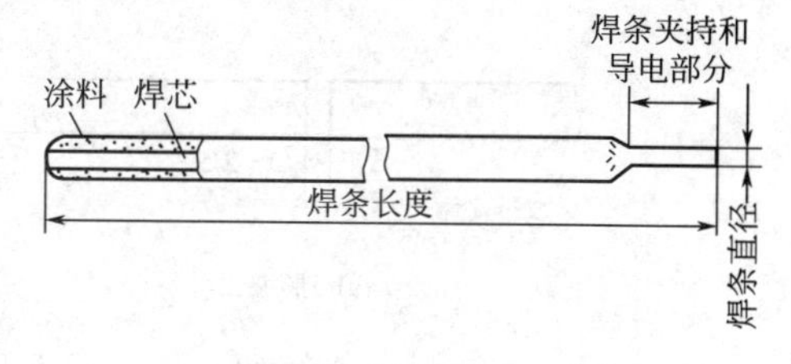

图 4-7 电焊条

(2) 药皮

药皮是压涂在焊芯表面的涂料层，它是由矿石粉、有机物粉、铁合金粉和黏结剂等原料按一定比例配制而成。这些原材料按其作用分为稳弧剂、脱氧剂、造渣剂、造气剂。

药皮的主要作用如下。

① 改善药皮的工艺性 使电弧易于引燃并保持稳定燃烧，容易脱渣，有利于焊缝成形。

② 机械保护作用 在电弧热作用下，药皮分解产生大量气体并形成熔渣，隔离空气和焊缝，防止金属烧损和氧化，对熔化金属起保护作用。

③ 冶金处理作用 通过药皮在熔池中的化学冶金作用去除有害杂质，增加有益的合金元素，改善焊缝质量。

(3) 焊条的分类

① 按用途 焊条分为结构钢焊条、不锈钢焊条、铸铁焊条、堆焊焊条、低温钢焊条、铝和铝合金焊条、特殊用途焊条等十大类。

② 按熔渣化学特性 焊条分为酸性和碱性两类。药皮熔化后形成的熔渣以酸性氧化物为主的焊条为酸性焊条，如 E4303、E5003 等；反之为碱性焊条，如 E4315、E5015 等。E4303 或 E4315 焊条适于焊接 Q235 钢和 20 钢；E5003 或 E5015 焊条适于焊接 16Mn 钢。

根据 GB/T 5117—1995 规定，碳钢焊条的型号用英文字母 E 的后面加四位数字来表示。如焊条 E4315 型号中："E"表示焊条；"43"表示熔敷金属最小抗拉强度为 $43kgf/mm^2$ (420MPa)；第三位数字"1"表示适于全位置焊接，"1"和"5"组合表示药皮类型和焊接电源种类，"15"表示低氢钠型药皮，直流反接焊接电源。

4.2.6 焊接接头形式和坡口形式

(1) 焊接接头形式

常用的焊接接头形式有对接接头、搭接接头、角接接头和 T 形接头等，如图 4-8 所示。

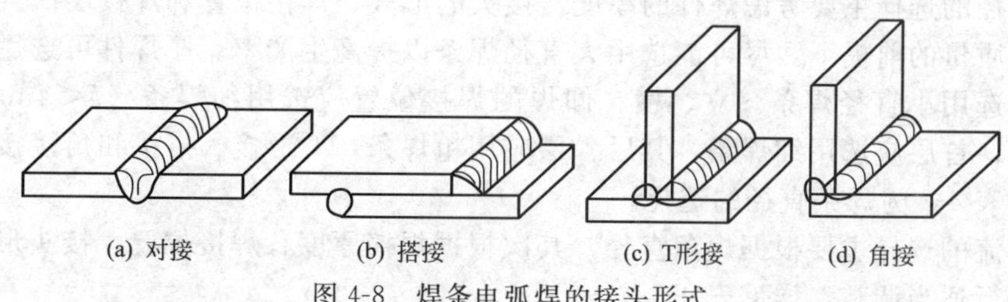

图 4-8 焊条电弧焊的接头形式

对接接头省材料，受力时应力分布均匀，因而应用最多。

(2) 坡口形式

坡口是为保证焊缝质量而在被焊处加工成的一定形状的沟槽。常用的对接接头坡口形式如图 4-9 所示，主要有 I 形坡口、Y 形坡口、双 Y 形坡口、带钝边 U 形坡口。焊件较薄时常采用单面焊；较厚时则多采用双面焊接，这样既可保证焊透，又能减小变形。

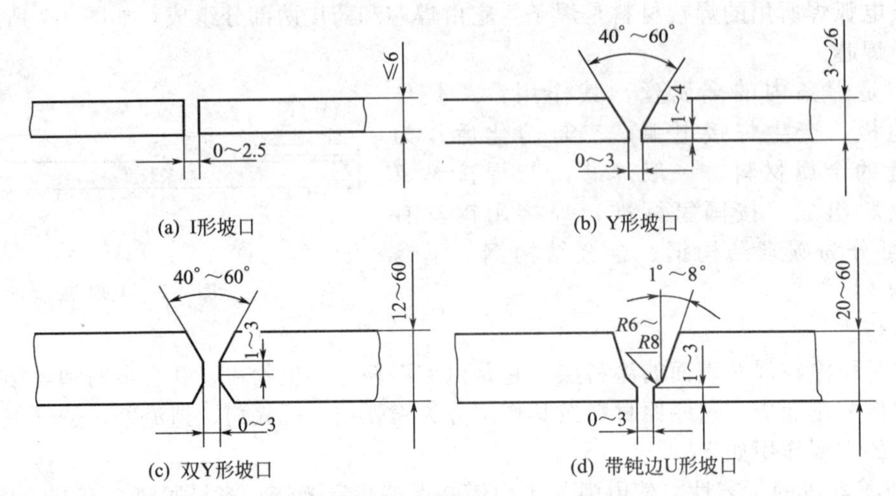

图 4-9 对接接头常用的坡口形式及适用的焊件厚度

4.2.7 焊接位置

按焊接时焊缝的空间位置不同，焊接可分为平焊、立焊、横焊和仰焊四种位置，如图 4-10 所示。平焊位置易于操作，劳动条件好，焊接质量容易保证，因而焊件应尽量采用平焊，立焊位置和横焊位置次之，仰焊位置最差。

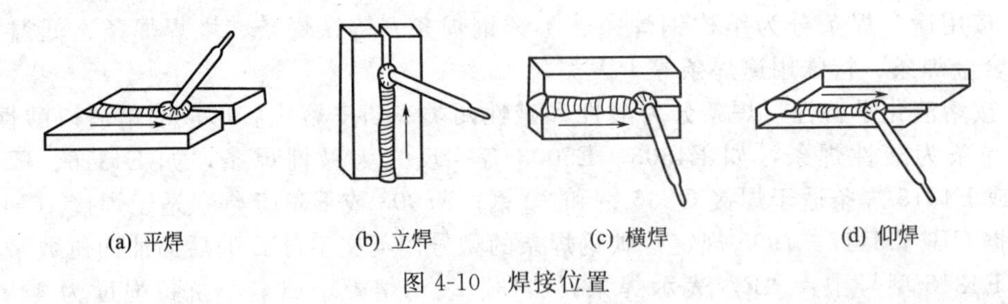

图 4-10 焊接位置

4.2.8 焊接工艺参数

焊条电弧焊焊接工艺参数主要包括焊接电源、焊条直径、焊接电流、电弧电压、焊接速度等。焊接工艺参数的选择对焊接质量、生产率有很大影响。

使用酸性焊条焊接时，通常选用交流弧焊电源；使用碱性焊条焊接时，一般选用直流弧焊电源；焊薄板时，采用直流电源反接。

焊条直径的选择主要考虑焊件的厚度、接头的形式、焊接位置和焊接层次等因素。通常在保证焊接质量的前提下，尽可能选用大直径焊条以提高生产率。厚焊件可选用大直径的焊条，薄焊件选用小直径焊条。立、横、仰焊的焊接位置应选用细焊条（$\phi<4$mm）；V 形坡口多层焊时，首层应选用细焊条，其后各层应用粗焊条，T 形接、搭接和角接接头焊时应选用粗焊条。表 4-2 为焊条直径的选择。

焊接电流的选择主要根据焊条直径，其次根据焊接厚度、焊接位置、接头形式、母材金属等因素进行适当调整，详见表 4-3。

表 4-2 焊条直径的选择 mm

焊件厚度	<4	4～7	8～12	>12
焊条直径	不超过焊件厚度	3.2～4.0	4.0～5.0	4.0～5.8

表 4-3 焊接电流与焊条直径的关系

焊条直径/mm	焊接电流/A	焊条直径/mm	焊接电流/A
1.6	25～40	4.0	150～200
2.0	40～70	5.0	180～260
2.5	50～80	5.8	220～300
3.2	80～120	—	—

实际工作时，焊接电流过大，熔宽和熔深增大，飞溅增多，焊条发红发热，使药皮失效，易造成气孔、焊瘤和烧穿等缺陷；焊接电流过小时，电弧不稳定，熔宽和熔深均减小，易造成未熔合、未焊透及夹渣等缺陷。选择焊接电流的原则是：在保证焊接质量的前提下，尽量采用较大的焊接电流，并配以较大的焊接速度，以提高生产率。

焊条电弧焊的电弧电压由弧长决定。电弧长，电弧电压高；电弧短，电弧电压低。电弧过长，燃烧不稳定，熔深减小，熔宽增大，易产生焊接缺陷。因此焊接时应力求用短弧焊接。

焊接速度由焊工根据工件厚度、材质来掌握，太快可能焊不透或成形不好，太慢可能产生焊瘤或烧穿。焊接中应保持适当的速度，以保证焊缝质量和外形美观。

4.2.9 焊条电弧焊的基本操作

（1）引弧

引弧是指使焊条和焊件之间产生稳定电弧。常用的引弧方法有敲击法和摩擦法两种。引弧时，先将焊条末端与焊件表面接触形成短路，而后迅速提起焊条 2～4mm 的距离，电弧即可引燃，如图 4-11 所示。

（2）运条

引弧后，需掌握好焊条与焊件之间的角度。平焊运条的基本运动及焊条角度如图 4-12 所示。基本运动为：焊条向下均匀送进，以保持弧长不变；焊条沿焊接方向逐渐向前移动；焊条作横向摆动，以获得适当的焊缝宽度。

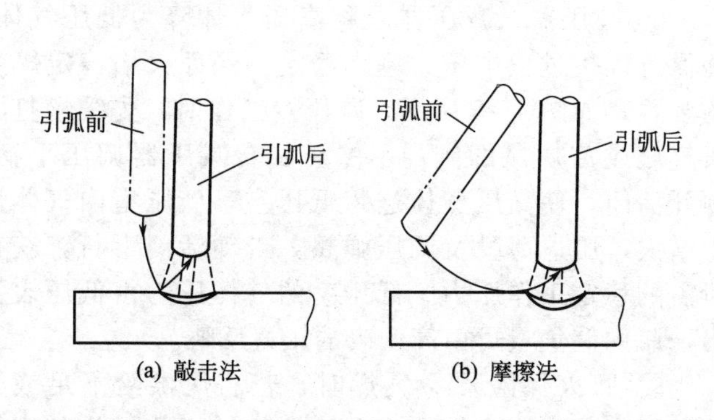

图 4-11 引弧

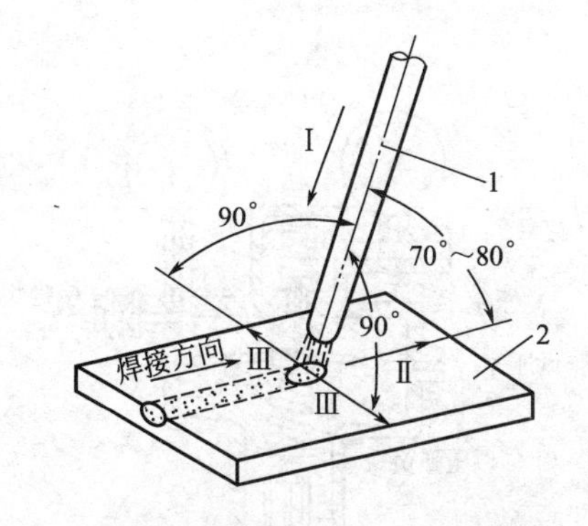

图 4-12 平焊运条的基本运动及焊条角度

Ⅰ—向下送进；Ⅱ—沿焊接方向移动；Ⅲ—横向摆动；1—焊条；2—焊件

（3）焊缝的收尾

焊缝收尾时，焊缝末尾的弧坑应填满。通常是将焊条压近弧坑，在其上方停留片刻，填满弧坑后，再逐渐抬高电弧，使熔池逐渐缩小，最后拉断电弧。

4.3 气焊与气割

4.3.1 气焊

气焊是利用可燃气体乙炔（C_2H_2）和氧气（O_2）混合燃烧，产生高温火焰使焊件和焊丝局部熔化，同时填充金属的一种焊接方法。焊接示意图如图 4-13 所示。

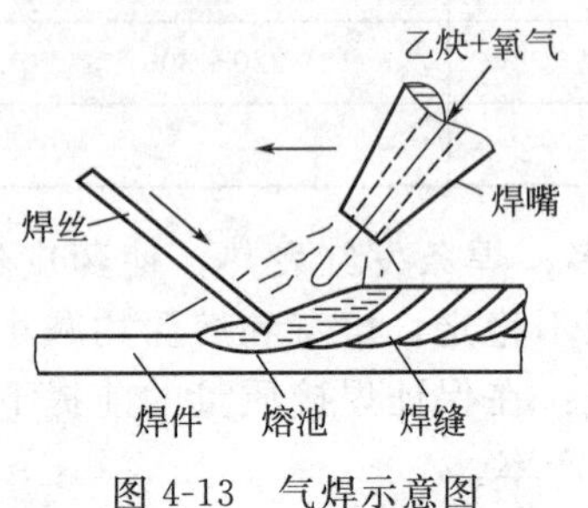

图 4-13 气焊示意图

乙炔和氧气混合燃烧形成氧-乙炔焰，温度可达 3150℃。焊接时，焊件和焊丝熔化形成熔池并填充金属，冷却凝固后形成焊缝；乙炔燃烧时产生大量 CO_2 和 CO 气体，包围熔池，对熔池起保护作用。

与焊条电弧焊相比，气焊不需要电源，火焰温度易于控制，设备简单，操作简便，移动方便，施工场地不限。但气焊热源温度低、热量分散、生产效率低、焊接变形大、焊接质量差。

气焊适于焊接厚度在 3mm 以下的低碳钢薄板，质量要求不高的铜、铝等非铁合金材料，低熔点材料以及补焊铸铁。

（1）气焊设备

气焊设备包括氧气瓶、乙炔瓶、减压器、回火保险器及焊炬等，如图 4-14 所示。

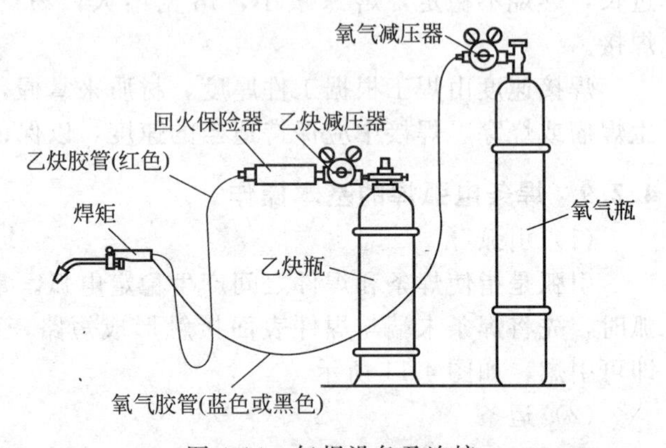

图 4-14 气焊设备及连接

① 氧气瓶 氧气瓶是运输和储存高压氧气的容器，常用氧气瓶容积为 40L，在 15MPa 工作压力下可储存 $6m^3$ 的氧气。

② 乙炔瓶 乙炔瓶是运输和储存乙炔的容器，容积为 40L，限压 1.52MPa。乙炔是易燃易爆的气体，要严格按要求正确保管和使用，注意瓶体的温度不能超过 30～40℃；乙炔瓶不能横躺卧放，只能直立；不得剧烈振动；存放乙炔瓶的场所应注意通风。

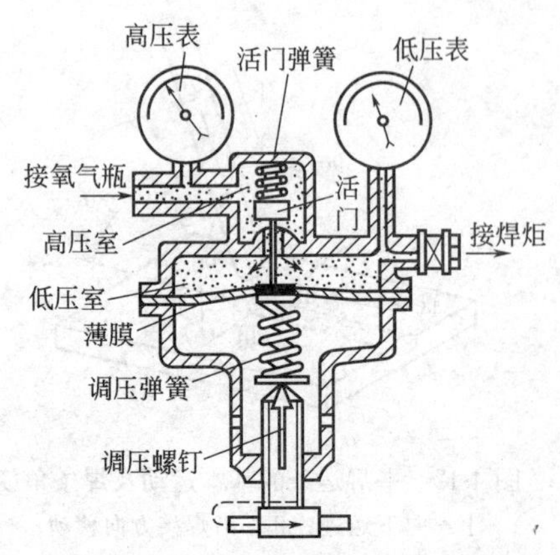

图 4-15 减压器构造和工作示意图

③ 减压器 减压器是将高压气体降为低压气体，并保持焊接过程中压力基本稳定，保证火焰稳定燃烧的装置，如图 4-15 所示。减压器工作时，先缓慢打开氧气瓶或乙炔瓶的阀门，然后旋转减压器调压手柄，顶开活门，使高压气体进入低压室，低压室内气体压力增大，压迫薄膜及调压弹簧，带动活门下行，获得所需的稳定工作压力。低压室的气体压力由低压表读出，瓶内储气量可由高压表的压力反映。

④ 回火保险器 气焊时，若乙炔供给不足或管路、焊嘴阻塞，火焰会沿着乙炔管道逆向燃烧的现象称为回火。回火保险器是装在乙炔瓶和焊炬之间的防止乙炔向乙炔瓶燃烧的安全装置。

⑤ 焊炬　焊炬是控制火焰进行焊接的工具，作用是将乙炔和氧气按一定比例均匀混合，同时控制两种气体混合流量，以获得稳定燃烧的焊接火焰。按可燃气体与氧气在焊炬中的混合方式分为射吸式和等压式两种，图 4-16 为常用的射吸式焊炬。焊炬常用的型号有 H01-2 和 H01-6 等，其中“H”表示焊炬，“0”表示手工操作，“1”表示射吸式，“2”或“6”表示可焊接低碳钢的最大厚度，单位为 mm。

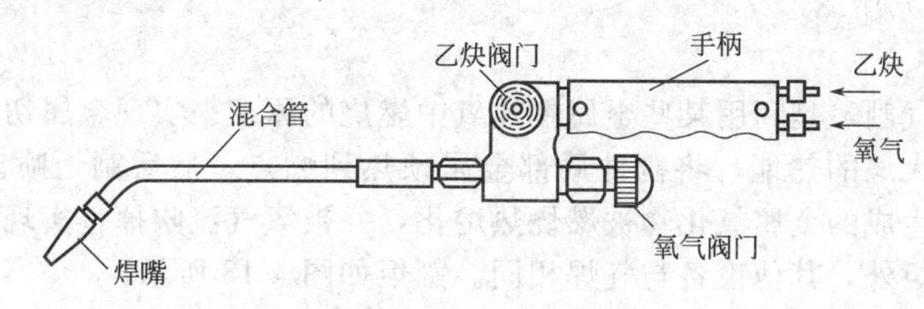

图 4-16　射吸式焊炬

(2) 焊丝和气焊熔剂

① 焊丝　焊丝是焊接时作为填充金属与熔化的母材形成焊缝金属的金属丝。通常焊丝要与所焊材料的化学成分相同或相近，这样可以防止产生气孔、夹渣等缺陷。焊丝表面光洁，无油脂、锈斑和油漆等污物；具有良好的工艺性能，流动性适中，飞溅小等。焊丝直径应根据焊件厚度来选择，一般为 2～4mm。

② 气焊熔剂　气焊熔剂（简称焊剂）是气焊助熔剂，相当于电焊条的药皮，作用是保护熔池金属，去除焊接过程中形成的氧化物等杂质，增加液态金属的流动性。我国气焊熔剂的牌号有 CJ101（用于焊接不锈钢、耐热钢）、CJ201（用于焊接铸铁）、CJ301（用于焊接铜合金）、CJ401（用于焊接铝合金）。

(3) 气焊火焰

气焊时，通过调整乙炔和氧气的混合比例，可以获得三种性质不同的火焰，即中性焰、碳化焰、氧化焰，如图 4-17 所示。

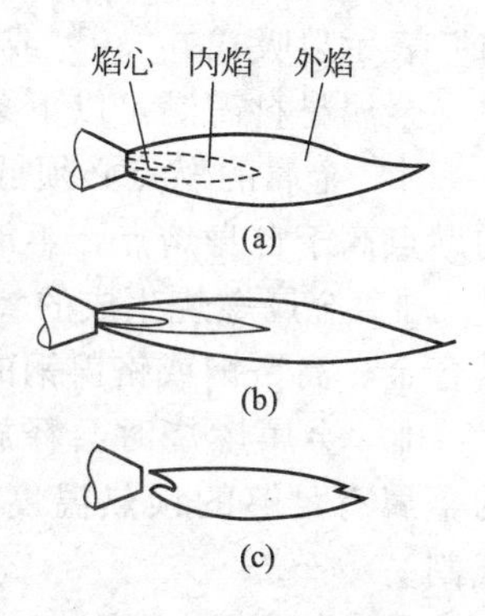

图 4-17　氧-乙炔焰

① 中性焰　当氧气和乙炔的混合比为 1.1～1.2 时，燃烧所形成的火焰称为中性焰，它由焰心、内焰和外焰三部分组成，靠近喷嘴处为焰心，呈白亮色，其外层颜色发暗的部分为内焰，最外层呈橙黄色的部分为外焰。中性焰乙炔燃烧充分，火焰温度高，最高温度位于焰心前端 2～4mm 的内焰区，温度为3050～3150℃。

中性焰适于焊接低碳钢、中碳钢、低合金钢、不锈钢、紫铜、铝及铝合金、镁合金等材料。

② 碳化焰　当氧气和乙炔混合比小于 1.1 时形成的火焰称为碳化焰。碳化焰也分内焰、外焰和焰心三部分，但比中性焰的火焰长，最高温度可达2700～3000℃。

碳化焰适于焊接高碳钢、高速钢、铸铁、硬质合金、碳化钨等材料。

③ 氧化焰　当氧气和乙炔混合比大于 1.2 时形成的火焰称为氧化焰，整个火焰比中性焰短，其结构分为焰心和外焰两部分。由于火焰中有过量的氧，具有氧化作用，故一般气焊不采用氧化焰。氧化焰的最高温度为 3100～3300℃。

在气焊黄铜、镀锌铁板时采用轻微氧化焰。

(4) 气焊操作

① 气焊点火、调整火焰和灭火　点火时，先微开氧气阀门，再开乙炔阀门，用明火点燃火焰，然后逐渐开大氧气阀门，调节火焰状态。灭火时应先关乙炔阀门，再关氧气阀门，防止火焰倒流和产生烟灰。若发生回火，应立即关闭氧气阀，再关乙炔阀。

② 平焊焊接　平焊时，右手握焊炬，左手握焊丝，两手配合，沿焊缝向左或向右焊接。开始焊接时，为尽快加热焊件形成熔池，焊炬倾角（指焊嘴与焊件的夹角）应大些；正常焊接时，焊炬倾角一般保持在30°～50°；焊接结束时，倾角应适当减小，以便更好地填充熔池和避免烧穿。

4.3.2　气割

(1) 氧气切割

氧气切割简称气割，是利用某些金属在纯氧中燃烧的原理来实现金属切割的方法。

气割利用气体火焰的热能，将割件局部金属预热到燃点，然后割炬喷出高速切割氧气流，使割件燃烧，生成的金属氧化物被燃烧热熔化，并被氧气流吹掉，实现连续切割。气割设备除割炬代替焊炬外，其他设备与气焊相同。割炬如图4-18所示。

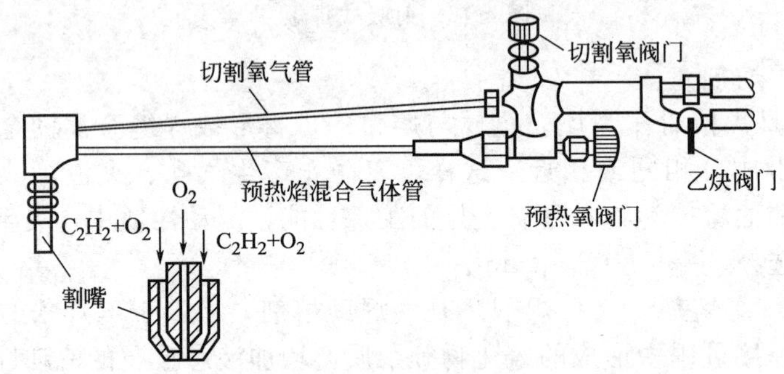

图4-18　割炬

常用的割炬型号有G01-30和G01-100等。其中“G”表示割炬，“0”表示手工操作，“1”表示射吸式，“30”或“100”表示切割低碳钢件的最大厚度，单位为mm。

金属材料需满足以下条件才能进行气割。

ⅰ. 金属的燃点必须低于其熔点才能保证金属在固体状态下燃烧，保证割口平整。铸铁的燃点高于自身熔点，不能进行气割。

ⅱ. 金属燃烧生成的氧化物（熔渣）的熔点应低于金属本身的熔点，且流动性好。铝及其合金、高铬钢或铬镍钢的氧化物熔点高于其金属自身的熔点，故不能进行气割。

ⅲ. 金属燃烧时会释放大量的热，而且金属本身的导热性要低。这样才能保证气割处的金属有足够的预热温度使气割过程能连续进行。铝、铜及其合金导热性好，不能进行气割。

(2) 等离子切割

等离子切割是利用等离子弧的热能实现金属材料熔化切割的方法。其切割原理（图4-19）

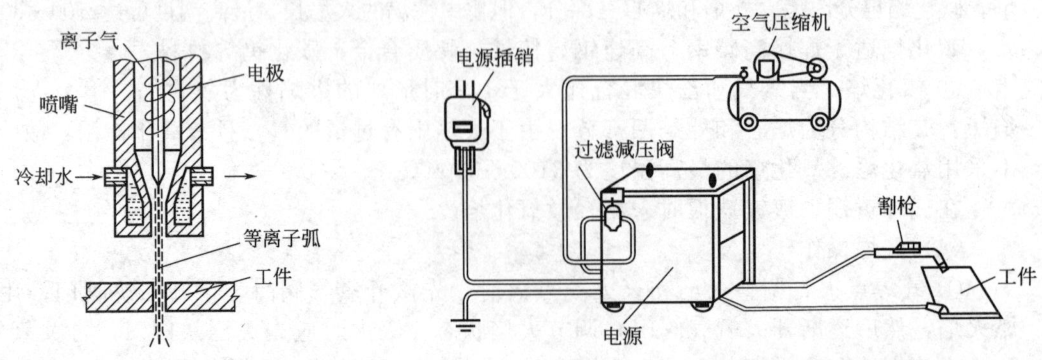

图4-19　等离子弧切割原理示意图　　图4-20　空气等离子弧切割系统示意图

是利用等离子弧高能量密度及冲力大的特点，将被切割件局部加热熔化并随即吹除，从而形成整齐的割口。切割等离子弧温度一般在10000～14000℃。等离子弧割切口窄、速度快，切割速率是氧-乙炔切割的1～3倍，可用于切割高碳钢、高合金钢、铸铁、铜及其合金、铝及其合金等，也可切割花岗岩、碳化硅混凝土等非金属材料。空气等离子弧切割系统如图4-20所示，主要由电源、供气系统和割枪等组成。

4.4 气体保护电弧焊

气体保护焊是用外加气体作为电弧介质并保护电弧和焊接区的一种电弧焊方法。常用的气体保护焊有二氧化碳气体保护焊和氩弧焊等。

4.4.1 二氧化碳气体保护焊

二氧化碳气体保护焊是利用CO_2气体作为保护气体的气体保护焊，简称CO_2焊。它用焊丝做电极兼做填充金属，以自动或半自动方式进行焊接。图4-21为CO_2焊焊接设备示意图。

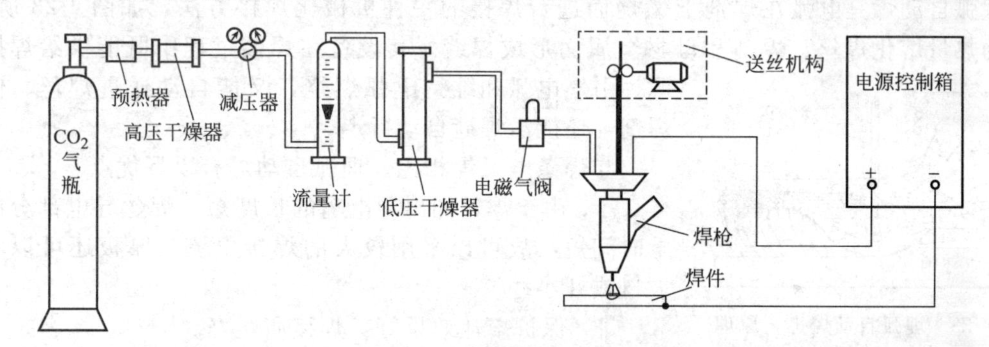

图4-21 CO_2焊焊接设备示意图

CO_2焊只能采用直流电源，主要有硅整流电源、晶闸整流电源、晶体管电源和逆变电源等。

CO_2焊的优点是操作灵活，生产成本低，电流密度大，熔深大，焊接速度快，生产效率高，焊接质量好，焊接变形小，适于各种空间焊接。缺点是设备复杂，焊缝成形差，飞溅大。

由于CO_2气体是一种氧化性气体，焊接过程中会使焊件金属元素氧化烧损，故CO_2焊不适于焊接非金属铁合金和高合金钢。CO_2焊主要用于焊接低碳钢和低合金结构钢等。

4.4.2 氩弧焊

利用氩气（Ar）作为保护气体的气体保护焊称为氩弧焊。按采用的电极不同，氩弧焊分为钨极氩弧焊和熔化极氩弧焊两类，如图4-22所示。钨极氩弧焊是利用钨极和焊件之间

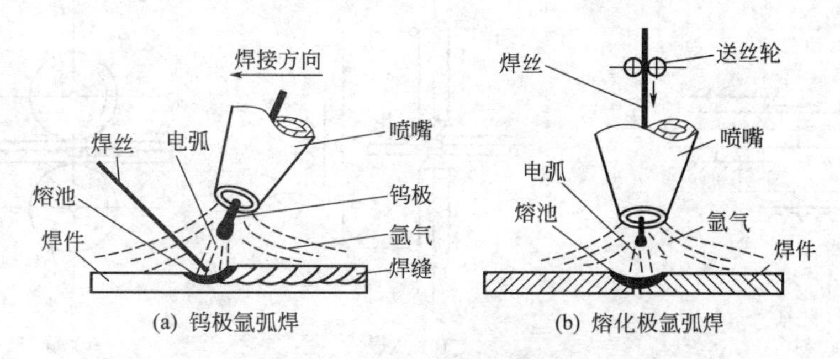

图4-22 氩弧焊示意图

产生的电弧进行加热，焊接时，钨极不熔化，填充金属从一侧送入，熔化填充焊缝，形成金属熔池。从喷嘴流出的氩气在电弧周围形成气体保护层隔绝空气，防止空气对钨极、电弧熔池及加热区的有害污染，进而保证焊缝质量。

氩弧焊具有以下特点。

ⅰ. 氩气是惰性气体，它既不能和熔池金属发生冶金反应，又能对电极、焊缝起保护作用。

ⅱ. 氩气的热导率小，且是单原子气体，高温时不分解吸热，电弧热量损失小。

ⅲ. 氩弧焊是明弧焊，焊后无需清理，便于观察，易于实现自动化。

ⅳ. 氩气价格贵，焊接成本高，所需设备复杂。

4.5 其他焊接方法

4.5.1 埋弧自动焊

埋弧自动焊是电弧在焊剂下燃烧而进行焊接的一种机械化焊接方法，如图 4-23 所示。电弧的热量熔化焊丝、焊剂和母材金属而形成焊缝。其设备在焊接过程中既能供给焊接电源、引燃电弧和维持电弧燃烧，又能自动送进焊丝、供给焊剂，还能沿焊缝自动行走。

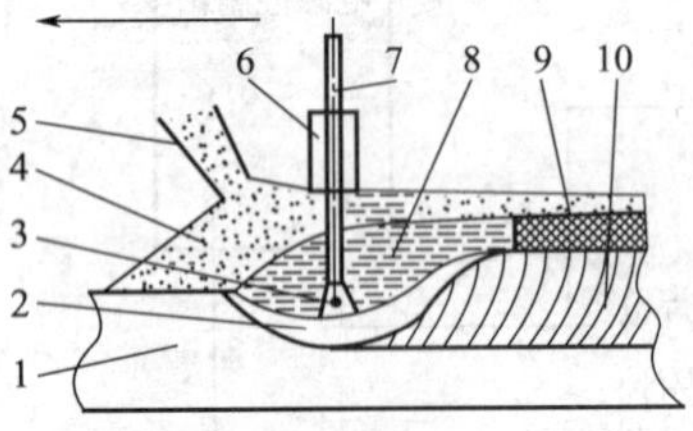

图 4-23 埋弧自动焊工艺原理

1—焊件；2—熔池；3—熔滴；4—焊剂；5—焊剂斗；6—导电嘴；7—焊丝；8—熔渣；9—渣壳；10—焊道

与焊条电弧焊相比，埋弧自动焊有以下优点。

ⅰ. 由于焊丝伸出导电嘴的长度短，焊丝导电部分的导电时间短，故可以采用较大的焊接电流，厚板还可以不开坡口或开小些。

ⅱ. 保护熔池效果好，焊接质量好。

ⅲ. 设备自动化控制，生产效率高，劳动强度低。

ⅳ. 电弧在焊剂层下燃烧，避免了弧光对人的伤害，改善劳动条件。

缺点是适应性差，设备费用高，只宜在水平位置焊接。

埋弧自动焊适于焊接低碳钢、低合金钢、不锈钢、铜、铝等金属材料的厚板的长直焊缝和较大直径的环焊缝。

4.5.2 电阻焊

电阻焊又称接触焊，是直接利用电阻热，在焊接处把母材金属熔化，并在压力下使两工件熔合的焊接方法。电阻焊的主要方法有对焊、点焊、缝焊等，如图 4-24 所示。

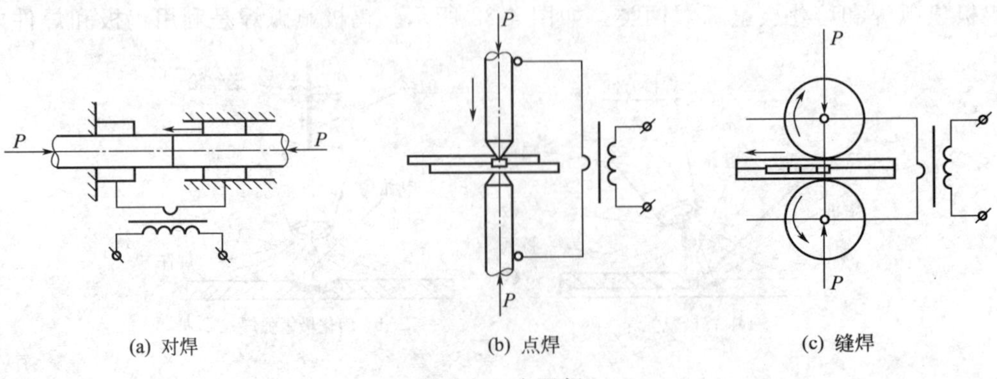

图 4-24 电阻焊

电阻焊的主要特点是：焊接电压很低（1～12V），焊接电流很大（几十安培至几千安培），完成一个焊点的焊接时间极短（0.01s 至几秒），故生产率高；电阻焊不需要填充金属，焊接变形小，操作简单，易于实现机械化和自动化。

（1）点焊

点焊是将焊件装配成搭接接头，并压紧在两电极之间，利用电阻热熔化母材金属，形成焊点的焊接方法。点焊时，待焊的薄板被压紧在两柱状电极之间，通电后使接触处温度迅速升高，将两焊件接触处的金属熔化而形成熔核，熔核周围的金属则处于塑性状态，然后断电，保持或增大电极压力。使熔核金属在压力下冷却凝固，形成组织致密的焊点。

点焊主要用于低碳钢，不锈钢，铜、铝合金等材料的薄板与薄板的焊接。

（2）缝焊

缝焊（滚焊）是利用旋转的盘状电极代替点焊机的柱状电极来压紧焊件，当盘状电极连续滚动时断续通电，使焊点相互重叠而形成连续致密的焊缝，其焊接原理与点焊相同。

缝焊主要用于有密封要求的薄壁容器和管道的焊接，材料可以是低碳钢、合金钢、铝及其合金等。

（3）对焊

对焊是将焊件装配成对接接头，使其端面紧密接触，利用电阻热加热至塑性状态，然后迅速施加顶锻力的方法。

对焊按操作方法不同分为电阻对焊和闪光对焊。电阻对焊操作简单，接头表面光滑，但接头内部易有夹杂物，焊接质量不高。闪光对焊在焊件未接触前先接通电源，然后使两焊件逐渐接触，焊件端面夹杂物少，接头质量好，应用广泛。

对焊广泛用于端面形状相同或相似的杆状类零件的焊接。

4.6 焊接质量

焊接质量一般包括焊缝的外形尺寸、焊缝的连续性和接头性能三个方面。

对焊缝外形和尺寸的要求：焊缝和母材金属之间应平滑过渡，以减少应力集中，避免烧穿、未焊透等焊接缺陷，同时焊缝的余高不应太大。

焊缝的连续性是指焊缝中是否有裂纹、气孔、夹渣、未熔合与未焊透等缺陷。

接头性能是指焊接接头的力学性能及其他性能（如耐蚀性）。

焊接质量的优劣直接影响焊接结构的安全使用，因此焊接生产中要高度重视焊接质量，并做好焊件质量的检验工作，采取措施防止出现焊接缺陷，避免因焊接质量问题发生事故。

影响焊接质量的因素主要有焊接应力引起的焊接变形以及各种焊接缺陷等。

4.6.1 焊接变形

焊接变形是由焊件局部受热不均、产生残余应力引起的，常见的变形有收缩变形、角变形、弯曲变形、波浪式变形和扭曲变形等，如图 4-25 所示。

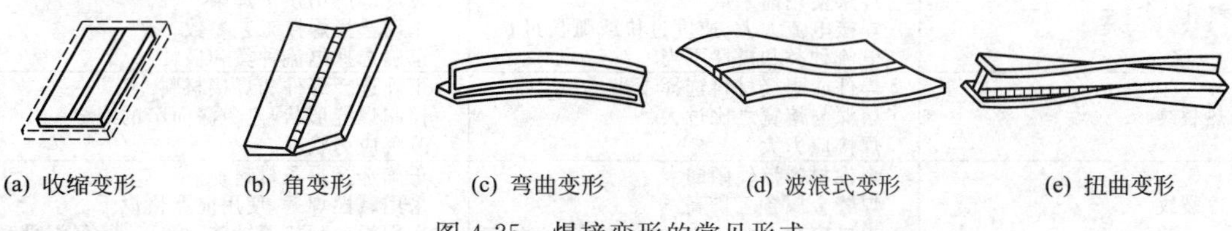
(a) 收缩变形 (b) 角变形 (c) 弯曲变形 (d) 波浪式变形 (e) 扭曲变形

图 4-25 焊接变形的常见形式

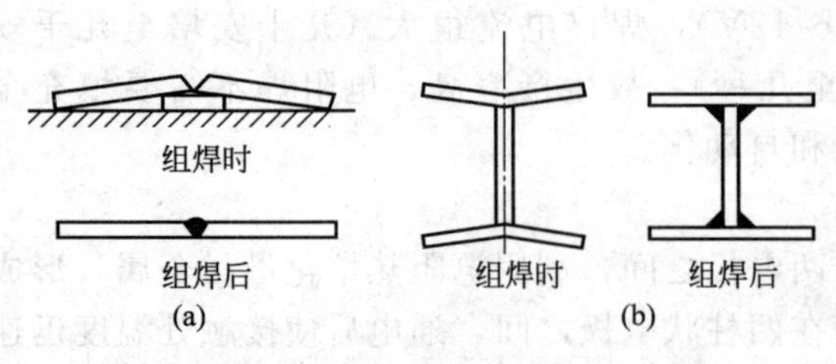

图 4-26 反变形措施

为防止焊接应力引起的焊接变形，在实际生产中主要采取以下措施。

ⅰ. 合理选择焊接结构，减少焊缝数量、长度及截面积。

ⅱ. 焊前预热，减小焊接应力。

ⅲ. 焊前组装采用反变形法（图 4-26）、刚性固定法。

ⅳ. 选择合理的焊接顺序。

ⅴ. 采用整体调温回火、机械拉伸、温度拉伸及振动法等消除内应力。

4.6.2 焊接缺陷及检验

（1）焊接缺陷

焊接接头中产生不符合设计或工艺要求的缺陷，称为焊接缺陷。熔焊常见的焊接缺陷有焊缝尺寸及形状不符合要求、咬边、焊瘤、未焊透、夹渣、气孔和裂纹等，如图4-27所示。焊接缺陷的存在，减小了焊缝的有效承载面积，直接影响焊接结构的安全。熔焊常见的焊接缺陷名称、产生原因和防止措施见表 4-4。

（2）焊接质量检验

常用的检验方法有破坏性检验和非破坏性检验。破坏性检验是指从焊件或试件上取样，破坏做试验，以检验试件各种力学性能、化学成分和金相组织的试验方法，包括焊缝金属及焊接接头力学性能试验、金相检验、断口分析、化学分析与试验。非破坏性检验是指不破坏焊件或试件的检验方法，包括外观检验、水压试验、致密性试验、无损检验等。其中无损检验又分为渗透探伤、磁粉探伤、射线探伤和超声波探伤等。

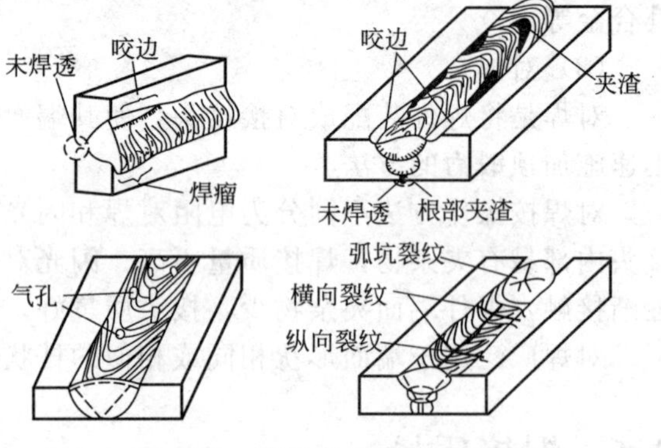

图 4-27 熔焊常见的焊接缺陷

表 4-4 常见的焊接缺陷名称、产生原因和防止措施

缺陷名称	产生原因	防止措施
焊缝表面尺寸不符合要求	坡口角度不正确或间隙不均匀 焊接速度不合适或运条方法不妥 焊条角度不合适	选择适当的坡口角度和间隙 正确选择焊接工艺参数 采用合适的运条方法和焊条角度
咬边	焊接电流太大 电弧过长 运条方法或焊条角度不适当	选择正确的焊接电流和焊接速度 采用短弧焊接 掌握合适的运条方法和焊条角度
焊瘤	焊接操作不熟练 运条角度不当	提高焊接操作技术水平 调整焊条角度
未焊透	坡口角度或间隙太小、钝边太大 焊接电流过小、速度过快或弧长过长 运条方法或焊条角度不合适	正确选择坡口尺寸和间隙 正确选择焊接工艺参数 掌握合适的运条方法和焊条角度
气孔	焊件或焊接材料有油、锈、水等杂质 焊条使用前未烘干 焊接电流太大、速度过快或弧长过长 电流种类和极性不当	焊前严格清理焊件和焊接材料 按规定严格烘干焊条 正确选择焊接工艺参数 正确选择电流种类和极性
热裂纹	焊件或焊接材料选择不当 熔深与焊宽之比过大 焊接应力大	正确选择焊件和焊接材料 控制焊缝形状，避免深而窄的焊缝 改善应力状况
冷裂纹	焊件材料淬硬倾向大 焊缝金属含氢量高 焊接应力大	正确选择焊条材料 采用碱性焊条，使用前严格烘干 采用焊前预热等措施，焊后进行保温处理

水压试验用来检查受压容器的强度和焊缝致密性，属于超载检查，试验要根据容器设计工作压力确定。当工作要求 $F=0.6\sim1.2\text{MPa}$ 时，试验压力 $F_1=F+0.3\text{MPa}$；当 $F>1.2\text{MPa}$ 时，$F_1=1.25F$。

致密性试验是指检查有无漏水、漏气、渗油、漏油等现象的试验。

渗透探伤是利用带有荧光粉或红色染剂的渗透剂来检查焊接接头表面微裂纹的方法。

磁粉探伤是利用磁粉在处于焊接接头处，磁场中的分布特征来检验磁铁性材料的表面微裂纹和近表面缺陷。

射线探伤和超声波探伤用来检查焊接接头的内部缺陷，如气孔、夹渣等。

4.7　典型焊接结构件制造工艺简介

下面以简单压力容器为例，介绍焊接结构的一般制造工艺过程。

制造卧式储罐，如图 4-28 所示，罐体长 3400mm，罐体壁厚 16mm，直径 ϕ1500mm，进口直径 450mm，进口管高 250mm，出口管为 ϕ120mm×10mm。

ⅰ. 分析储罐的工作条件、承受压力载荷状况，计算出储罐所需强度和其他性能要求。

ⅱ. 选择焊接结构材料，根据性能要求，选择制造储罐的材料为 16MnR，钢板壁厚为 16mm，钢板尺寸为 2000mm×5000mm×16mm。

ⅲ. 选择焊接方法，筒体纵缝、环缝采用埋弧焊，进、出管采用焊条电弧焊。

ⅳ. 焊缝布置，筒体用钢板冷卷，筒体纵焊缝为避免焊缝密集，相互错开 180°，封头采用热压成形，与筒体连接处可用 30～50mm 的直锻，使焊缝躲开转角应力集中位置。进口管采用加热卷制。筒体的环焊缝可设计成图 4-28(a)、(b) 所示两套方案，图 4-28(b) 方案合理。

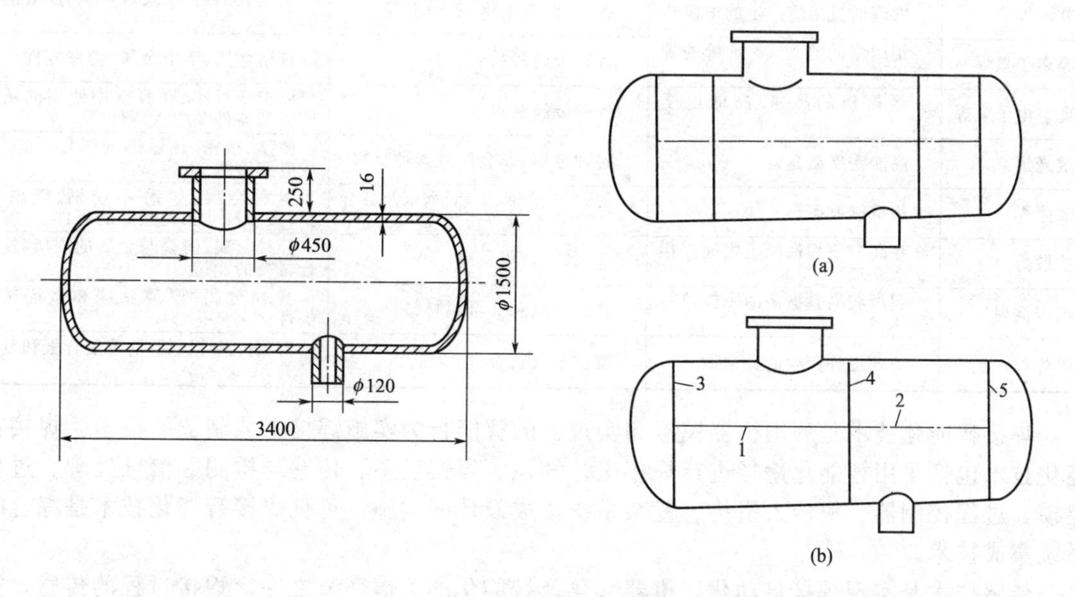

图 4-28　储罐结构及焊接图

ⅴ. 接头形式，筒体为确保质量采用对接，进、出口管环缝采用 T 形接头，而进口管纵焊缝采用对接接头。具体工艺设计见表 4-5。

表 4-5 储罐焊接工艺设计

焊缝名称	焊接方法及焊接工艺	接头形式及坡口形状	焊接材料
筒体纵焊缝 1、2	因储罐质量要求高，选用埋弧焊双面焊，先内而外，材料为 16MnR，室内焊接	对接接头，I 形坡口	焊丝：H08MnA 焊剂：HJ431 焊条：J507
筒体环缝 3、4、5	采用埋弧焊，顺次焊 3、4、5，装配后先在内部用焊条电弧焊封底，再用埋弧焊焊外环缝	对接接头，I 形坡口	焊丝：H08MnA 焊剂：HJ431 焊条：J507
进口管纵焊缝	板厚 16mm，焊缝短，选用焊条电弧焊	对接接头，V 形坡口	焊条：J507
进口管环焊缝	平焊位置，采用焊条电弧焊，单面坡口，双面焊	角接接头，单边 V 形坡口	焊条：J507
出口管焊缝	管壁为 16mm，角焊缝插入式装配，采用焊条电弧焊	角接接头，I 形坡口	焊条：J507

4.8 焊接和切割技术的新发展

4.8.1 焊接新技术

由于焊接技术是基于多学科交叉融合的产物，随着现代科学技术的发展，必将推动焊接技术的更新发展。除了物理、化学、材料、力学、冶金、机械、电子等学科的新发展会推动焊接新材料、新工艺（表 4-6 为几种先进的焊接方法）不断出现外，计算机、控制理论、人工智能等信息科学领域的进步也将焊接工艺实现的手段推进到自动化、机器人化和智能化的新阶段。

表 4-6 几种先进的焊接方法

焊接方法	热源	适合材料	应用
电渣焊	电流通过熔渣产生的电阻热	碳钢、低合金钢、不锈钢等	制造大型铸-焊或锻-焊联合结构的工件
等离子弧焊	用压缩的高温、高能量的等离子弧	各种金属材料	难熔金属、活泼金属、薄壁零件
真空电子束焊	经聚焦的高速、高能电子束	各种金属材料	要求变形小、在真空中使用的精密微型器件及厚大焊件
激光焊	高能密度激光束	各种金属、非金属或异种材料	微型、精密、热敏感的焊件，如集成电路接线、电容器等
摩擦焊	用机械摩擦热并加压	碳钢、合金钢、不锈钢、铜及其合金、铝及其合金等塑性较好的材料	异种金属，如铜-不锈钢、碳钢-铝，截面尺寸相差悬殊的焊件
扩散焊	在高温下焊件原子之间互相扩散并加压	金属、非金属材料	异种金属、陶瓷与金属的焊接，复合材料的制造
超声波焊	超声波高频振荡的摩擦热并加压	各种金属和非金属材料	异种金属、厚薄悬殊和微连接焊件
爆炸焊	炸药爆炸产生的冲击波	贵重金属合金	钢-铜、钢-铝、钛-钢等复合板和复合管

焊接智能化技术是利用机器模拟和实现人的智能行为实施焊接工艺制造的技术。焊接智能化技术包括采用智能化途径进行焊接工艺知识、焊接设备、传感与检测、信息处理、过程建模、过程控制器、机器人机构、复杂系统集成设计的实施，可见焊接智能化技术是综合的系统集成技术。

传感技术是实现焊接自动化、机器人化及智能化的关键环节之一。焊接过程的传感，能实现焊接过程质量控制的监控；焊接传感器按其使用目的可分为测量和检测操作环境、检测和监控焊接过程两大类。在传感原理方面，主要分为声学传感、力学传感、电弧传感、光学传感等。

现代焊接技术多使用计算机软件，对焊接动态过程进行建模，实现焊接动态过程的智能控制，同时采用焊接工艺专家系统和智能质量检测，引入机器人智能化技术与遥控焊接技术，提高焊缝质量和焊接生产率，降低劳动强度，改善工作环境，提高焊接自动化水平。

4.8.2 切割新技术

传统切割下料生产多使用锯床、剪板机、钣金气割和数控切割机等设备；其中数控切割机生产效率高，切割精度高，劳动强度低，是主要的切割下料设备。但目前很多企业不是没有套料软件，就是套料软件版本低，或是继续沿用传统的CAD画图和手动排料，手工编程，只能进行单个零件切割或局部切割，不能对整板和余料板进行套料切割，造成材料利用率低、浪费严重的现象，不能发挥数控切割机大批量、高效率的生产特性。

现代切割技术有别于传统的手工切割技术，它是基于现代计算机信息技术，针对不同的切割下料设备，对传统切割技术加以改进提升，以有效提高原材料的综合利用率、切割效率和切割质量。

下面简单介绍几种应用于切割技术的软件。

FastCUT套料软件应用于锯床和剪床，其核心技术是计算机优化套料计算，改变了传统的简单按顺序切割的下料方式，有效减少了边角余料，提高了材料的利用率。

FastSHAPES钣金展开软件的核心技术是把美国、欧洲、澳洲等的焊接标准和多种切割焊接方式写入钣金展开软件，把几何的空间展开与切割焊接工艺相结合，使钣金展开不再是简单的几何展开，而是根据焊接标准和切割焊接工艺计算展开。FastSHAPES钣金展开软件的普及改变了传统手工钣金放样和气割下料生产方式。

FastCAM套料软件应用于数控机床，该软件系统稳定，功能齐全，是火焰、等离子、激光和水射流数控切割机必备的数控切割套料软件。

这几种软件非常典型实用，把每台切割下料设备和每个切割生产、管理环节分别管理好，并有序、有机地联系起来，有效提高了切割效率、切割质量。

其他切割新技术还有氧气切割、等离子切割、电火花切割、激光切割和水射流切割等。

4.9 安全技术

ⅰ. 电机应平稳安放在通风良好、干燥的地方，周围不准有易燃易爆物品。使用前检查电线是否完好。

ⅱ. 焊接时必须戴防护面罩、手套、鞋盖等防护用具，不准用眼睛直接看弧光。

ⅲ. 推闸门开关时，人体应倾斜站立，并需一次推到位。焊接时，绝对禁止调节电流大小，以免烧毁电焊机。

ⅳ. 焊钳不准放于工作台上，以免短路烧毁。

ⅴ. 在敲击熔渣时，注意保护眼睛。

ⅵ. 气焊、气割操作前应检查氧气和乙炔气路接头是否有漏气现象，回火防止器是否完好，以免引起意外事故。

ⅶ. 氧气瓶、乙炔瓶应避免碰撞和剧烈振动，防止暴晒、冻结，不得靠近热源和用火烤，防止爆炸；乙炔瓶严禁在地上卧放并直接使用，必须竖直放稳。

ⅷ. 安装减压表时，人应斜立，瓶上阀门缓缓打开，以免被气流击伤。

ⅸ. 严禁让油脂或带油脂的棉纱、手套等与焊炬、割炬、氧气瓶、减压器接触。

ⅹ. 气焊、气割时，应注意不要把火焰喷到身上和胶管上，不要用手触及刚焊好或气割好的工件，防止烫伤。

ⅺ. 气焊操作时，先开乙炔，然后稍开些氧气，点火调整，如发现火焰突然回缩并听到哧哧声，应立即关闭焊炬的乙炔及氧气阀门，这是危险的“回火”现象。

ⅻ. 点焊、气焊、气割操作完毕，及时关闭各开关及气阀，清理场地。

复习思考题

1. 常用焊接方法有哪几种？怎么区分？
2. 弧焊机有哪几种？说明其型号和主要技术参数。
3. 焊条由几部分组成？各部分作用是什么？
4. 解释焊条牌号 E4303 的含义。
5. 焊条电弧焊常用的接头形式和坡口形式有哪些？
6. 氧-乙炔焰有哪几种？各适合焊接什么材料？
7. 焊炬和割炬有什么区别？
8. 氧气切割原理是什么？氧气切割条件主要有哪些？
9. 焊接缺陷有哪些？
10. 焊接变形有几种基本形式？

5 切削加工基础知识

5.1 概述

5.1.1 切削加工的实质和分类

切削加工是利用切削刀具或工具将坯料或工件上多余的材料切除，获得符合图样技术要求的零件的加工方法。在国民经济领域中，使用着大量的机器和设备，组成这些机器和设备不可拆分的最小单元就是机械零件。由于现代机器和设备的精度及性能要求较高，所以对组成机器和设备的大部分机械零件的加工质量也提出了较高的要求，不仅有尺寸和形状的要求，还有表面粗糙度的要求。为了满足这些要求，除了较少的一部分零件是采用精密铸造或精密锻造等其他方法直接获得外，绝大部分零件都要经过切削加工的方法获得。在机械制造行业，切削加工所担负的加工量约占机器制造总工作量的40%～60%。由此可看出，切削加工在机械制造过程中具有举足轻重的地位。切削加工之所以能够得到广泛的应用，是因为与其他加工方法相比较，它具有如下突出的优点：切削加工可获得相当高的尺寸精度和较小的表面粗糙度参数值。磨削外圆精度可达IT6～IT5，表面粗糙度 Ra 为0.8～0.1μm，镜面磨削的表面粗糙度 Ra 甚至可达0.006μm，最精密的压力铸造只能达到IT10～IT9，Ra 为3.2～1.6μm。切削加工几乎不受零件的材料、尺寸和重量的限制。目前尚未发现不能切削加工的金属材料，就连橡胶、塑料、木材等非金属材料也都可以进行切削加工。其加工尺寸小至不到0.1mm，大至数十米，重量可达数百吨，并且可获得相当高的尺寸精度和较小的表面粗糙度参数值。切削加工分为钳工和机械加工（简称机工）两大部分。钳工一般是由工人手持工具对工件进行切削加工，其主要内容包括划线、錾削、锯削、锉削、刮削、研磨、钻孔、扩孔、铰孔、攻螺纹、套螺纹、机械装配和修理等。机工是由工人操纵机床对工件进行切削加工的，其主要方式有车削、钻削、铣削、刨削和磨削等，如图5-1所示，所使用的机床相应为车床、钻床、铣床、刨床和磨床等。

5.1.2 机床的切削运动

无论在何种机床上进行切削加工，刀具与工件之间都必须有适当的相对运动，根据在切削过程中所起的作用不同，切削运动分为主运动和进给运动。

（1）主运动

主运动是提供切削可能性的运动。也就是说，没有这个运动，就无法切下切屑。它的特点是在切削过程中速度最高、消耗机床动力最大。例如，在图5-1中，车削时工件的旋转，钻削时钻头的旋转，铣削时铣刀的旋转，牛头刨床刨削时刨刀的往复直线移动，磨削时砂轮的旋转均为主运动。

（2）进给运动

进给运动是提供继续切削可能性的运动。也就是说，没有这个运动，当主运动进行一个循环后新的材料层不能投入切削，而使切削无法继续进行。例如，在图5-1中，车刀、钻头及铣削时工件的移动，牛头刨床刨削水平面时工件的间歇移动，磨削外圆时工件的旋转和往复轴向移动及砂轮周期性横向移动均为进给运动。在机械加工中，主运动只有一个，进给运

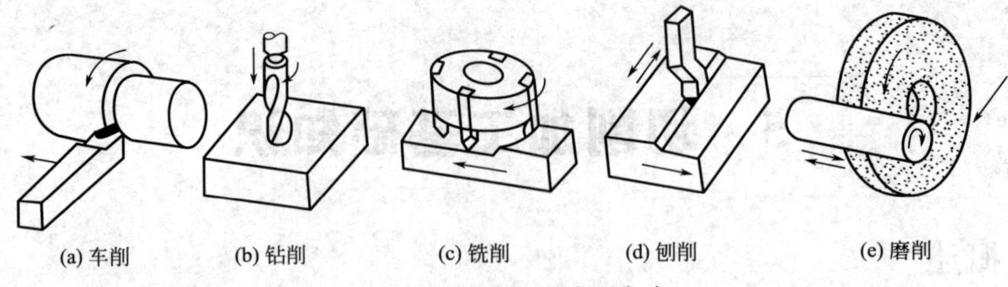

图 5-1 机械加工的主要方式

动则可能是一个或几个。

5.1.3 切削用量三要素

在机械加工过程中，工件上形成三个表面：待加工表面、已加工表面和过渡表面，如图 5-2 所示。

切削用量三要素是指切削速度 v_c、进给量 f 和背吃刀量 a_p。车削外圆、铣削平面和刨削平面时的切削用量三要素如图 5-2 所示。切削加工时，要根据加工条件合理选用 v_c、f、a_p 的具体数值。

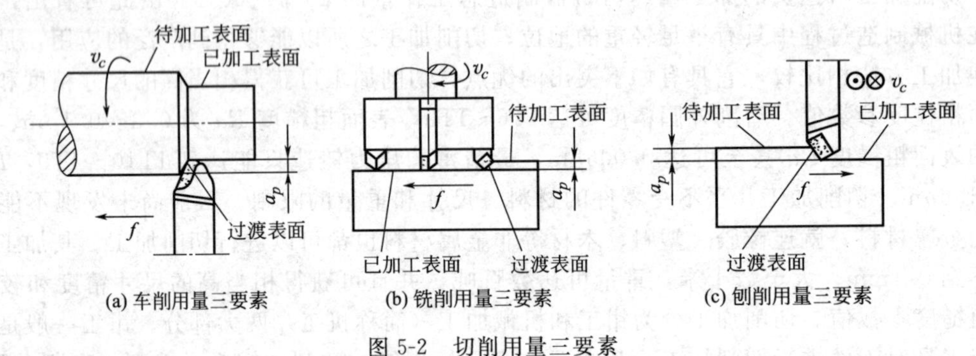

图 5-2 切削用量三要素

(1) 切削速度

在单位时间内工件与刀具沿主运动方向相对移动的距离（m/min 或 m/s），即工件过渡表面相对刀具的线速度。车削、钻削、铣削和磨削的切削速度计算公式为：

$$v_c=\frac{\pi dn}{1000}(\text{m/min}) \qquad \text{或} \qquad v_c=\frac{\pi dn}{1000\times 60}(\text{m/s})$$

式中 d——工件过渡表面或刀具切削处的最大直径，mm；

n——工件或刀具的转速，r/min。

牛头刨床刨削时切削速度的近似计算公式为：

$$v_c\approx\frac{2Ln_r}{1000}(\text{m/min})$$

式中 L——刨刀作往复直线运动的行程长度，mm；

n_r——刨刀每分钟往复次数，str/min。

(2) 进给量

在主运动中的一个循环或单位时间内，刀具与工件之间沿进给运动方向相对移动的距离称为进给量。车削时进给量为工件每转一转，车刀沿进给方向移动的距离（mm/r）；铣削时常用的进给量为工件每分钟沿进给方向移动的距离（mm/min）；刨削时进给量为刨刀每往复一次，工件或刨刀沿进给方向间歇移动的距离（mm/str）。

(3) 背吃刀量

在通过切削刃基点并垂直于工作平面方向上测量的吃刀量，也就是工件待加工表面与已加工表面之间的垂直距离，习惯也称为切削深度。通常用 a_p 表示，单位为 mm。

外圆车削时：

$$a_p=\frac{D-d}{2}$$

式中 D——工件待加工表面的直径，mm；

d——工件已加工表面的直径，mm。

在铣削加工中，a_p 是沿铣刀轴线方向测量的刀具切入工件的深度，通常称为铣削深度。

(4) 切削用量各要素的选择原则

加工时，首先选取尽可能大的背吃刀量，其次根据机床动力、刚性限制条件和表面粗糙度的加工要求，选取尽可能大的进给量，最后利用切削用量手册选取或者用公式计算确定切削速度。

① 背吃刀量

ⅰ. 在留下精加工及半精加工的余量后，粗加工应尽可能将剩下的余量一刀切除，以减少走刀次数。

ⅱ. 如果工件余量过大或机床动力不足而不能将粗切余量一次切除，则应将第一次走刀的切削深度尽可能取大些。

ⅲ. 当冲击负荷较大（如断续切削时）或工艺系统刚性较差时，应适当减小切削深度。

ⅳ. 一般精切（Ra 1.25～2.5μm）时，可取 a_p＝0.05～0.8mm；半精切（Ra 5.0～10.0μm）时，可取 a_p＝1.0～3.0mm。

② 进给量

ⅰ. 粗切时，加工表面粗糙度要求不高，进给量主要受刀杆、刀片、工件及机床的强度和刚度所能承受的切削力的限制。

ⅱ. 半精切及精切时，进给量主要受表面粗糙度要求的限制，刀具的副偏角 κ_r' 愈小，刀尖圆弧半径越大，切削速度越高，工件材料的强度越大，则进给量越大。

③ 切削速度

ⅰ. 刀具材料的耐热性好，切削速度可高些。

ⅱ. 工件材料的强度、硬度高，塑性太大和太小，切削速度均应取低些。

ⅲ. 加工带外皮的工件时，应适当降低切削速度。

ⅳ. 要求得到较小的表面粗糙度值时，切削速度应避开积屑瘤的生成速度范围，对硬质合金刀具，可取较高的切削速度；对高速钢刀具，宜采用较低的切削速度。

ⅴ. 断续切削时，应取较低的切削速度。

ⅵ. 工艺系统刚性较差时，切削速度应适当减小。

ⅶ. 在切削速度最后确定前，须验算机床电动机功率 P_E 是否足够，公式为：

$$P_E \geqslant \frac{F_c v_c}{6120\eta}$$

式中，η 为机床的传动效率。若验算发现超载，则应适当减小切削速度。

5.2 零件的技术要求

切削加工的目的在于加工出符合设计要求的机械零件。设计零件时，为了保证机械设备的精度和使用寿命，应根据零件的不同作用提出合理的要求，这些要求通称为零件的技术要求。零件的技术要求包括表面粗糙度、尺寸精度、形状精度、位置精度以及零件的材料、热处理和表面修饰（如电镀、发蓝）等。前四项均由切削加工来保证。

5.2.1 表面粗糙度

无论用何种加工方法，零件表面加工后总会留下微细的凸凹不平的刀痕，出现交错起伏的峰谷现象，粗加工后的表面用眼就能看到，精加工后的表面用放大镜或显微镜也能观察到。这种已加工表面具有的较小间距和微小峰谷的不平度，称为表面粗糙度，过去曾用表面光洁度来衡量这一指标。

表面粗糙度与零件的配合性质、耐磨性和抗腐蚀性等有着密切的关系，它影响机器或仪器的使用性能和寿命。为了保证零件的使用性能，要限制表面粗糙度的范围，GB/T 1301—1995 规定了表面粗糙度的评定参数及其数值。表 5-1 列出了轮廓算术平均偏差 Ra（表面粗糙度评定参数之一）值与原光洁度级别的对应关系。

表 5-1 Ra 值与原光洁度级别的对应关系

$Ra/\mu m$ ≤	50	25	12.5	6.3	3.2	1.6	0.8	0.4	0.2	0.1	0.05	0.025	0.012	0.008
原光洁度级别	▽1	▽2	▽3	▽4	▽5	▽6	▽7	▽8	▽9	▽10	▽11	▽12	▽13	▽14

在设计零件时，要根据具体条件合理选择 Ra 的允许值。Ra 值愈小，加工愈困难，成本愈高。表 5-2 为表面粗糙度 Ra 允许值及其对应的表面特征。

表 5-2 表面粗糙度 Ra 允许值及其对应的表面特征

表面加工要求	表面特征	$Ra/\mu m$	旧国标光洁度级别代号
粗加工	明显可见刀纹	50	▽1
	可见刀纹	25	▽2
	微见刀纹	12.5	▽3
半精加工	可见加工痕迹	6.3	▽4
	微见加工痕迹	3.2	▽5
	不见加工痕迹	1.6	▽6
精加工	可辨加工痕迹方向	0.8	▽7
	微辨加工痕迹方向	0.4	▽8
	不辨加工痕迹方向	0.2	▽9
精密加工(或光整加工)	暗光泽面	0.1	▽10
	亮光泽面	0.05	▽11
	镜状光泽面	0.025	▽12
	雾状光泽面	0.012	▽13
	镜面	<0.012	▽14

5.2.2 尺寸精度

尺寸精度是指零件的实际尺寸相对于理想尺寸的准确程度。尺寸精度是用尺寸公差来控制的，尺寸公差是切削加工中零件尺寸允许的变动量，在基本尺寸相同的情况下，尺寸公差愈小，则尺寸精度愈高。如图 5-3 所示，尺寸公差等于最大极限尺寸与最小极限尺寸之差，或等于上偏差与下偏差之差。

例如：$\phi60^{+0.025}_{-0.025}$，其中 $\phi60$ 为基本尺寸，+0.025 为上偏差，−0.025 为下偏差。

最大极限尺寸：60+0.025=60.025(mm)

最小极限尺寸：60−0.025=59.975(mm)

尺寸公差＝最大极限尺寸－最小极限尺寸

＝60.025－59.975

＝0.05(mm)

或

尺寸公差＝上偏差－下偏差

＝0.025－(－0.025)

＝0.05(mm)

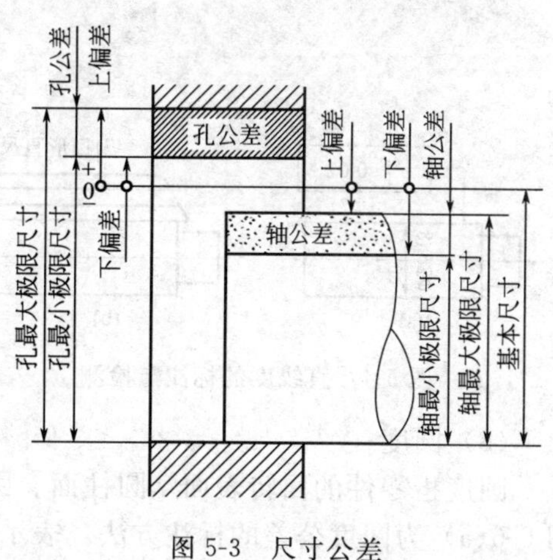

图 5-3 尺寸公差

GB/T 1800～1804—79 规定，标准公差分 20 级，即 IT01、IT0 和 IT1～IT18，IT 表示标准公差。数字越大，精度越低。IT01～IT13 用于配合尺寸，其余用于非配合尺寸。切削加工所获得的尺寸精度一般与所使用的设备、刀具和切削条件等密切相关。在一般情况下，若尺寸精度愈高，则零件工艺过程愈复杂，加工成本也愈高。因此在设计零件时，在保证零件使用性能的前提下，应尽量选用较低的尺寸精度。

5.2.3 形状精度

形状精度是指零件上的线、面要素的实际形状相对于理想形状的准确程度。零件在加工过程中，由于机床、夹具、刀具系统存在几何误差，以及加工中出现受力变形、热变形、振动和磨损等，使被加工零件的几何要素不可避免地产生误差。这些误差对形状精度将产生影响，形状精度对零件的使用功能有较大的影响。例如，孔与轴的结合，由于存在形状误差，在间隙配合中，会使间隙分布不均匀，加快局部磨损，从而降低零件的工作寿命；在过盈配合中，则使过盈量各处不一致，影响连接强度。总之，零件的形状误差对机器或仪器的工作精度、寿命等均有较大影响，对精密、高速、重载、高温、高压下工作的机器或仪器影响更为突出，因此，为了满足零件装配后的功能要求，保证零件的互换性和经济性，必须对零件的形状误差予以限制。GB 1182～1184—80 规定了 6 项形状公差，见表 5-3。下面简介其中的直线度、平面度、圆度、圆柱度公差的标注及其误差常用的检测方法。

表 5-3 形状公差的名称及符号

名称	直线度	平面度	圆度	圆柱度	线轮廓度	面轮廓度
符号	—	▱	○	⌭	⌒	⌓

(1) 直线度

直线度指零件被测要素线（如轴线、弧线、平面的交线、平面内的直线）直的程度。图 5-4(a) 为直线度公差的标注方法，表示箭头所指的圆柱表面上任一母线的直线度公差为 0.02mm，图 5-4(b) 为小型零件直线度误差的一种检测方法，将刀口形直尺（或平尺）与被测直线直接接触，并使两者之间最大间隙为最小，此时最大缝隙值即为直线度误差。误差值根据缝隙测定，当缝隙较小时按标准光隙估读，当缝隙较大时可用塞尺测量。

(2) 平面度

平面度指零件被测平面要素平的程度。图 5-5(a) 为平面度公差的标注方法，表示箭头所指平面的平面度公差为 0.01mm；图 5-5(b) 为小型零件平面度误差的一种检测方法，将刀口形直尺的刀口与被测平面直接接触，在各个不同方向上进行检测，其中最大缝隙值即为平面度误差，其缝隙值的确定方法与刀口形直尺检测直线度误差相同。

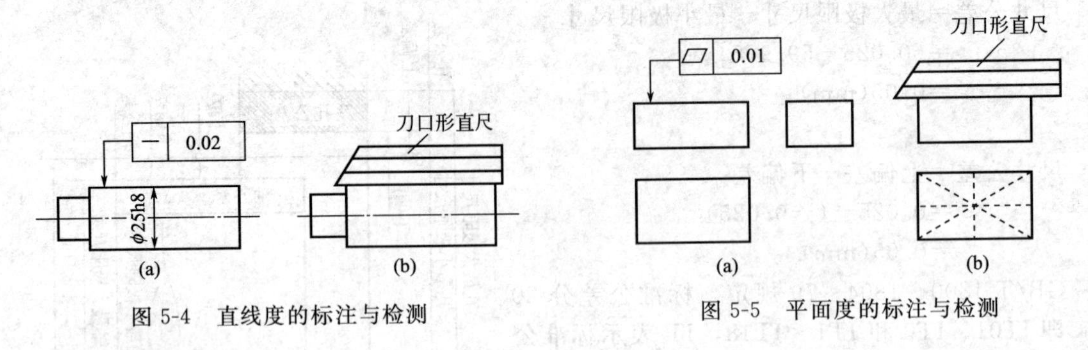

图 5-4　直线度的标注与检测　　　　图 5-5　平面度的标注与检测

（3）圆度

圆度指零件的回转表面（圆柱面、圆锥面、球面等）横剖面上的实际轮廓线圆的程度。图 5-6(a) 为圆度公差的标注方法，表示箭头所指圆柱面的圆度公差为 0.007mm。图 5-6(b) 为圆度误差的一种检测方法，将被测零件放置在圆度仪工作台上，并将被测表面的轴线调整到与圆度仪的回转轴线重合，测量头每回转一周，圆度仪即可显示出该测量截面的圆度误差。测量若干个截面，其中最大的圆度误差值即为被测表面的圆度误差。圆度误差值 Δ 实际上是包容实际轮廓线的两个半径差为最小的同心圆的半径差值，如图 5-6(c) 所示。

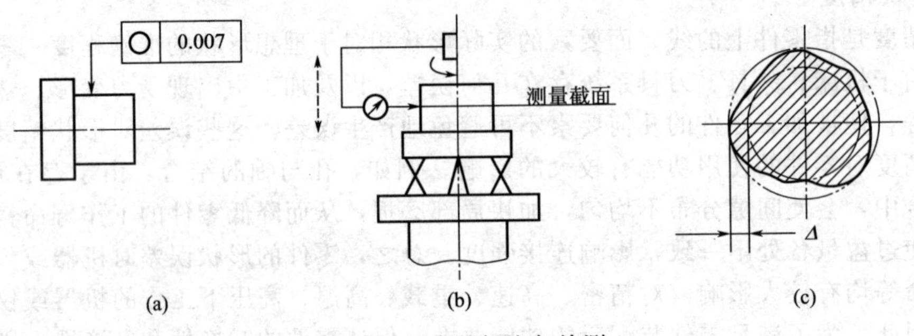

图 5-6　圆度的标注与检测

（4）圆柱度

圆柱度指零件上被测圆柱轮廓表面的实际形状相对理想圆柱相差的程度。圆柱度公差的标注如图 5-7(a) 所示，箭头所指圆柱度的公差为 0.005mm，图 5-7(b) 为圆柱度误差的检测，其检测方法与圆度误差的检测方法大致相同，不同的是，测量头一边回转，一边沿工件轴向移动。圆柱度误差值 Δ 实际上是包容实际轮廓面的两个半径差为最小的同心圆柱的半径差值，如图 5-7(c) 所示。

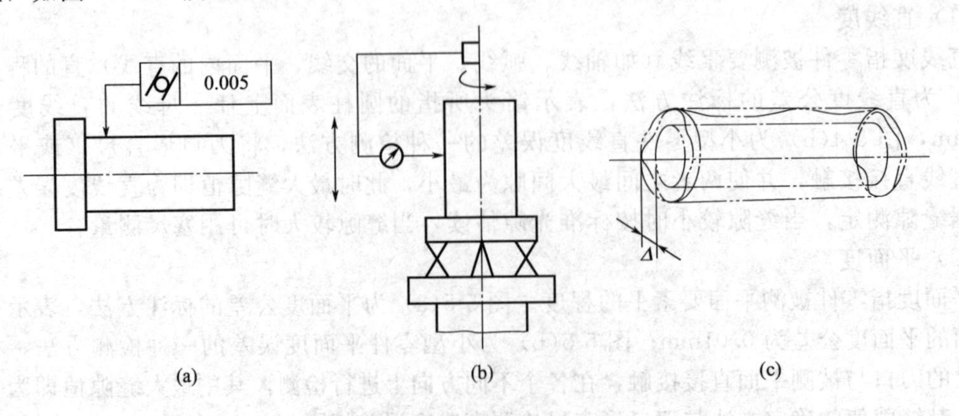

图 5-7　圆柱度的标注与检测

5.2.4　位置精度

位置精度是指零件上点、线、面要素的实际位置相对于理想位置的准确程度。位置精度是用位置公差来控制的。GB 1182～1184—80 规定了 8 项位置公差，见表 5-4。下面仅简单介绍平行度、垂直度、同轴度和圆跳动公差的标注及其常用的误差检测方法。

表 5-4　位置公差的名称及符号

项目	平行度	垂直度	倾斜度	位置度	同轴度	对称度	圆跳动	全跳动
符号	//	⊥	∠	⌖	◎	═	↗	⌰

(1) 平行度

平行度指零件上被测要素（面或直线）相对于基准要素（面或直线）平行的程度。图 5-8(a) 为平行度公差的标注方法，表示箭头所指平面相对于基准平面 A 的平行度公差为 0.02mm；图 5-8(b) 为平行度误差的一种检测方法，将被测零件的基准面放在平板上，移动百分表或工件，在整个被测平面上进行测量，百分表最大与最小读数的差值即为平行度误差。

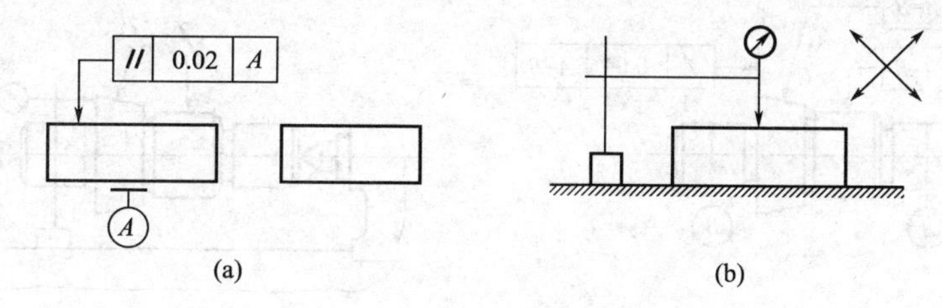

图 5-8　平行度的标注与检测

(2) 垂直度

垂直度指零件上被测要素（面或直线）相对于基准要素（面或直线）垂直的程度。图 5-9(a) 为垂直度公差的标注方法，表示箭头所指平面相对于基准平面 A 的垂直度公差为 0.03mm；图 5-9(b) 为垂直度误差的一种检测方法，其缝隙值用光隙法或用塞尺读出。

(3) 同轴度

同轴度指零件上被测回转表面的轴线相对基准轴线同轴的程度。图 5-10(a) 为同轴度公差的标注方法，表示箭头所指圆柱面的轴线相对于基准轴线 A、B 的同轴度公差为 0.03mm。图 5-10(b) 为同轴度误差的一种检测方法，将基准轴线 A、B 的轮廓表面的中间截面放置在两个等高的刃口状的 V 形架上。首先在轴向测量，取上、下两个百分表在垂直基准轴线的正截面上测得的各对应点的读数差 $|M_a - M_b|$ 作为该截面上的同轴度误差，再转动零件，按上述方法测量若干个截面，取各截面测得的读数差中的最大值（绝对值）作为该零件的同轴度误差。这种方法适用于测量表面形状误差较小的零件。

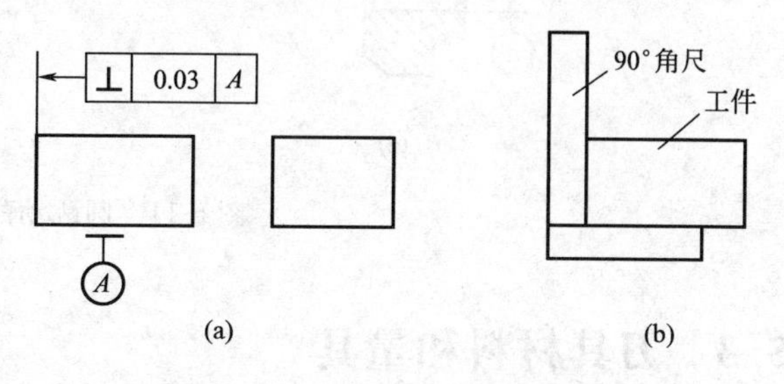

图 5-9　垂直度的标注与检测

(4) 圆跳动

圆跳动指零件上被测回转表面相对于以基准轴线为轴线的理论回转面的偏离程度。按照测量方向不同，有端面、径向和斜向圆跳动之分。图 5-11(a)、(c) 为圆跳动公差的标注方法。图 5-11(a) 表示箭头所指的表面相对于基准轴线 A、B 的端面、径向、斜向圆跳动公差为 0.04mm、0.03mm、0.03mm。图 5-11(c) 表示箭头所指的表面相对于基准轴线 A 的端面、径向、斜向圆跳动公差为 0.03mm、0.04mm、0.04mm。图 5-11(b)、(d) 为圆跳动误差的检测方法。对于轴类零件，支承在偏摆仪两顶尖之间用百分表测量；对于盘套类零件，先将零件安装在锥度心轴上，然后支承在偏摆仪两顶尖之间用百分表测量。

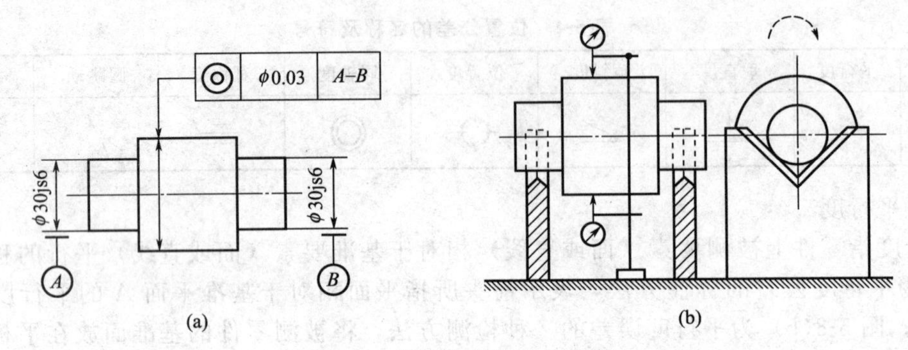

图 5-10　同轴度的标注与检测

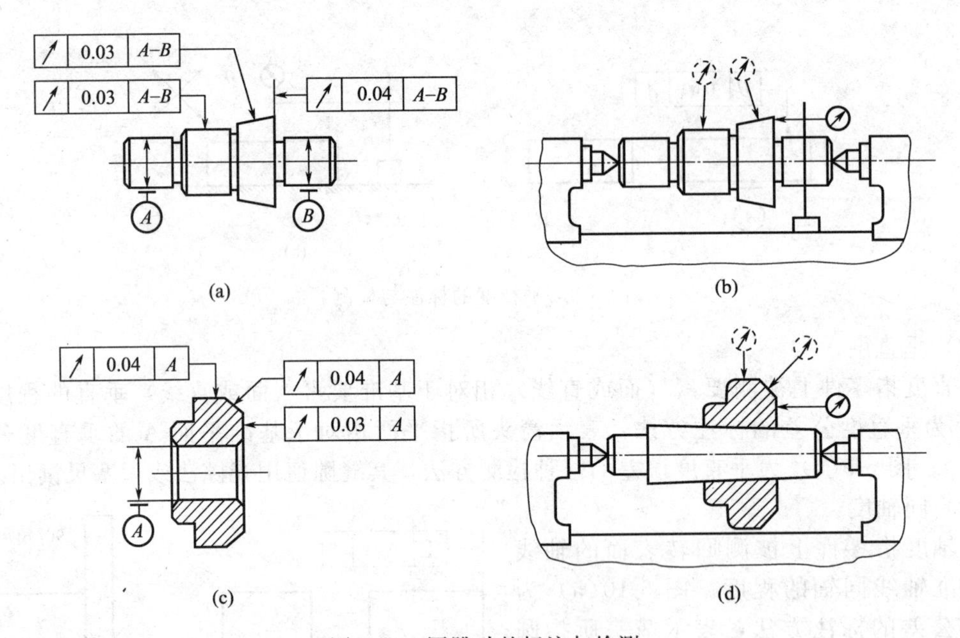

图 5-11　圆跳动的标注与检测

5.3　刀具材料和量具

5.3.1　刀具材料

刀具由切削部分和刀柄部分组成。切削部分（即刀头）直接参加切削工作，而刀柄用于把刀具装夹在机床上。刀柄一般选用优质碳素结构钢制成，切削部分必须由专门的刀具材料制成。

(1) 刀具切削部分材料的性能

在切削加工过程中，刀具的切削部分在极其恶劣的条件下工作，因此刀具材料必须具有高的硬度和耐磨性、足够的强度和韧性、高的耐热性以及一定的工艺性能等。

① 高的硬度和耐磨性　硬度是指材料抵抗其他物体压入其表面的能力，耐磨性是指材

料抵抗磨损的能力。刀具材料只有具备高的硬度和耐磨性，才能切入工件，并承受剧烈的摩擦。一般说，材料的硬度愈高，耐磨性也愈好。刀具材料的硬度必须高于工件材料的硬度，常温硬度一般要求在60HRC以上。

② 足够的强度和韧性　常用抗弯强度 σ_{bb} 和冲击韧性 a_k 来评定刀具材料的强度和韧性。刀具材料只有具备足够的强度和韧性，才能承受切削力以及切削时产生的冲击和振动，以避免刀具脆性断裂和崩刃。

③ 高的耐热性　耐热性是指刀具材料在高温下仍能保持其硬度、强度、韧性和耐磨性等的性能，常用其维持切削性能的最高温度（又称红硬温度）来评定。

④ 一定的工艺性能　为便于刀具本身的制造，刀具材料还应具备一定的工艺性能，如切削性能、磨削性能、焊接性能及热处理性能等。

（2）常用刀具材料的特点及选用

① 碳素工具钢　碳素工具钢淬火后硬度可达59～64HRC。但是，其耐热性差。当切削温度达到200～250℃时，材料的硬度明显下降。另外，其热处理工艺性能也差，容易出现淬火变形和裂纹。碳素工具钢用于制造简单手工刀具，如锉刀、刮刀、手锯等。常用的碳素工具钢牌号有T10A、T12A等。

② 合金工具钢　用于制造丝锥和板牙等形状复杂的刀具。常用的量具刃具钢牌号有CrWMn、9SiCr等。

③ 高速钢　高速钢含有W、Cr、V、Mo等主要合金元素。热处理后，其硬度可达到62～67HRC，耐热性也明显高于碳素工具钢。高速钢具有较高的抗弯强度和较好的冲击韧度，具有一定的切削加工性和热处理工艺性。因此高速钢适用于制造形状复杂的刀具，如钻头、成形车刀、铣刀、拉刀、齿轮刀具等。常用的高速钢牌号有W18Cr4V、W6Mo5Cr4V2等。

④ 硬质合金　硬质合金的硬度可达89～93HRA，相当于74～82HRC，具有良好的耐磨性。硬质合金的耐热性优良，其工作温度可达850～1000℃。它允许的切削速度可达到1.7～5m/s。但是，硬质合金的抗弯强度低，冲击韧性差，多制成各种形状的刀片，夹固或焊接在刀柄上。硬质合金分为钨钴类（YG）和钨钛钴类（YT）两大类。

YG类硬质合金塑性较好，但切削塑性材料时，耐磨性较差，因此它适于加工铸铁、青铜等脆性材料。常用的牌号有YG3、YG6、YG8等。其中数字表示Co含量的百分率。Co含量少者，较脆、较耐磨。

YT类硬质合金比YG类硬度高、耐热性好，并且在切削韧性材料时较耐磨，但韧性较小，适于加工钢件。常用的牌号有YT5、YT15、YT30等，其中数字表示TiC含量的百分率。TiC含量越多，韧性越小，而耐磨性和耐热性越高。

⑤ 涂层刀具材料　涂层刀具材料是在硬质合金或高速钢的机体上，涂一层几微米厚的高硬度、高耐磨性的金属化合物（TiC、TiN、Al_2O_3等）而构成的。涂层硬质合金刀具的耐用度比不涂层的至少可提高1～3倍，涂层的高速钢刀具的耐用度比不涂层的可提高2～10倍。国内涂层硬质合金刀片有CN、CA、YB等系列。

⑥ 陶瓷　陶瓷刀具材料的主要成分是Al_2O_3，陶瓷刀具有很高的硬度、耐磨性及耐热性。它的主要缺点是抗弯强度低，冲击韧度差。陶瓷材料可做成各种刀片，主要用于冷硬铸铁、高硬钢和高强度钢等难加工材料的半精加工和精加工。

⑦ 人造聚晶金刚石（PCD）　人造聚晶金刚石硬度极高，仅次于天然金刚石，耐磨性极好。但其韧性和抗弯强度很差，热稳定性也很差，当切削温度达到700～800℃时，就会失去其硬度，因而不能在高温下切削；与铁亲和力很强，一般不适宜加工黑色金属。人造聚晶

金刚石可制成各种车刀、镗刀、铣刀的刀片，主要用于精加工有色金属及非金属，如铝、铜及其合金，陶瓷，合成纤维，强化塑料和硬橡胶等。近年来，为提高金刚石刀片的强度和韧性，常把聚晶金刚石与硬质合金结合起来做成复合刀片，其综合切削性能好，实际生产中应用较多。

⑧ 立方氮化硼（CBN） 立方氮化硼硬度仅次于金刚石，达7000～8000HV，耐磨性很好，耐热性比金刚石高得多，可达1200℃，可承受很高的切削温度。立方氮化硼可制成整体刀片，也可与硬质合金制成复合刀片。目前主要用于淬硬钢、耐磨铸铁、高温合金等难加工材料的半精加工和精加工。

5.3.2 量具

零件在加工过程中和加工之后，为了保证其尺寸精度、形状精度和位置精度，就需要测量。根据不同的测量要求，所用的测量工具也不同。下面介绍最常用的几种。

(1) 游标卡尺

游标卡尺是一种测量精度较高的量具，可直接测量工件的外径、内径、宽度、深度尺寸等，如图5-12所示，其读数准确度有0.1mm、0.02mm和0.05mm三种。下面以0.02mm（即1/50）游标卡尺为例，说明其刻线原理、读数方法、测量方法及其注意事项。

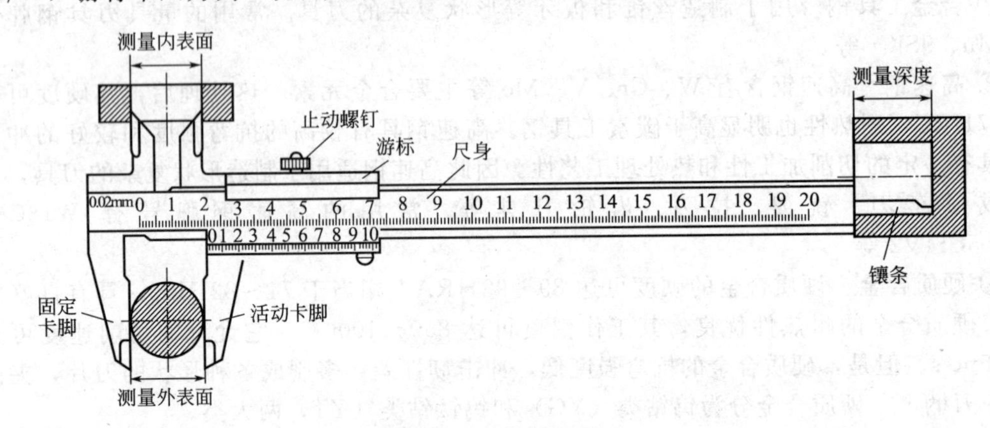

图 5-12 游标卡尺

① 刻线原理 如图5-13(a) 所示，主尺和副尺（又叫游标尺）的卡脚贴合时，两尺零线对齐，副尺上10格长度刚好与主尺上9格长度相等，主尺每一小格为1mm，则副尺每一小格长度为9/10=0.9（mm），主、副两尺每小格之差为1-0.9=0.1（mm）。数值0.1mm即称为该游标卡尺的刻度值或精度值。

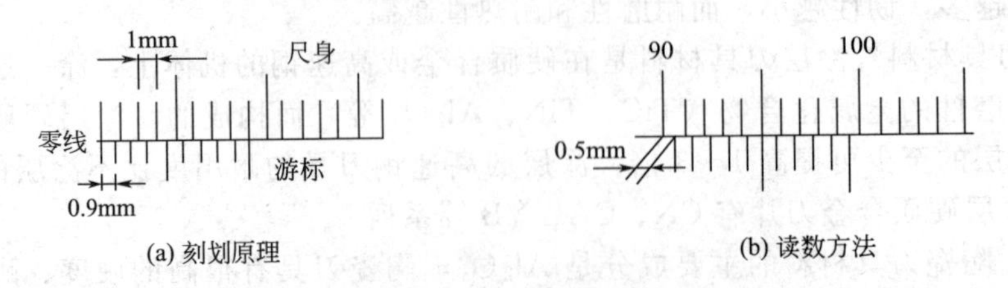

(a) 刻划原理 (b) 读数方法

图 5-13 游标卡尺的刻线原理和读数方法

② 读数方法 测量时，游标上"0"刻线所指示的尺身上，左侧刻线为毫米整数，从游标上"0"刻线右边算起，到第几条刻线与尺身某一条刻线对准，则游标这一段刻线的条数乘以精度值即为毫米小数部分，然后将整数和小数相加，得被测工件的尺寸。如图5-13(b) 所示，整数部分为90mm，小数部分为5×0.1=0.5（mm），工件尺寸值=90+0.5=90.5

(mm)。其计算公式可表示为：被测工件尺寸＝游标零线以左的尺身数（取整数）＋游标与尺身重合格数×刻度值（为尺寸的小数部分）。

③ 检查零位　使用前推合两卡脚的两测量面，游标和尺身的零位应重合，否则要对测量读数进行修正。

④ 测量尺寸　测量时，卡脚测量面必须与工件的表面平行或垂直，不得歪斜。测量内径尺寸时，应轻轻地前后摆动，以便找出最大值。

⑤ 测量力要适当　测量用力不能过大，以免尺框倾斜，产生测量误差。测量力太小，则卡脚与工件接触不良，使测量尺寸不准确。

⑥ 注意事项　测量工件应在静态下进行。游标卡尺用完后，应擦净、抹上防护油，平放在盒内，以防生锈或弯曲。

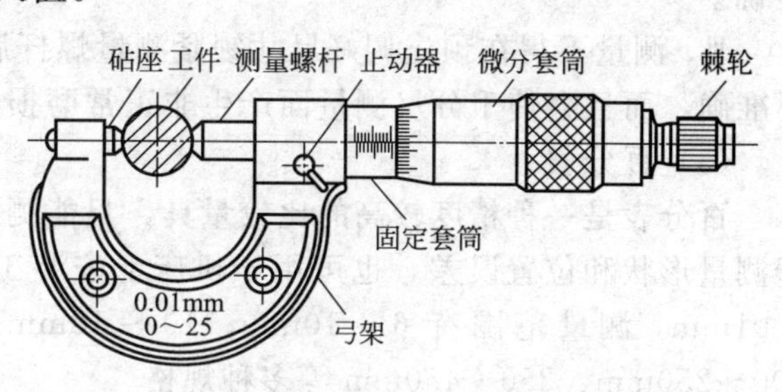

图 5-14　外径千分尺结构

(2) 千分尺

千分尺是一种应用螺旋副传动原理，将回转运动变为直线运动的量具，主要用于外径和长度尺寸的测量。其测量精度比游标卡尺高，精度值为 0.01mm。测量范围有 0～25mm、25～50mm、50～75mm、75～100mm 等多种规格。按用途来分，有外径千分尺、内径千分尺、螺纹千分尺等。图 5-14 所示为外径千分尺。

① 刻线原理　千分尺的读数机构由固定套筒和微分套筒组成（相当于游标卡尺的尺体和游标），如图 5-15 所示。固定套筒在轴线方向上刻有一条中线，中线的上、下方各刻一排刻线，刻线每小格间距均为 1mm，上、下刻线相互错开 0.5mm，在微分套筒左端圆周上有 50 等分的刻度线。因测量螺杆的螺距为 0.5mm，即测量螺杆每转一周，轴向移动 0.5mm，故微分套筒上每一小格的读数值为 0.5/50＝0.01（mm）。当千分尺的测量螺杆左端面与砧座表面接触时，微分套筒左端的边缘与轴向刻度的零线重合；同时圆周上的零线应与中线对准。

② 读数方法　千分尺的读数方法如图 5-15 所示，可分为三步。

第一步：读出固定套筒上露出刻线的毫米数和半毫米数。

第二步：读出微分套筒上小于 0.5mm 的小数部分。

第三步：将上面两部分读数相加即为总尺寸。

③ 测量方法　千分尺的测量方法如图 5-16 所示，其中图 5-16(a) 是测量小零件外径的方法，图 5-16 (b) 是在机床上测量工件外径的方法。

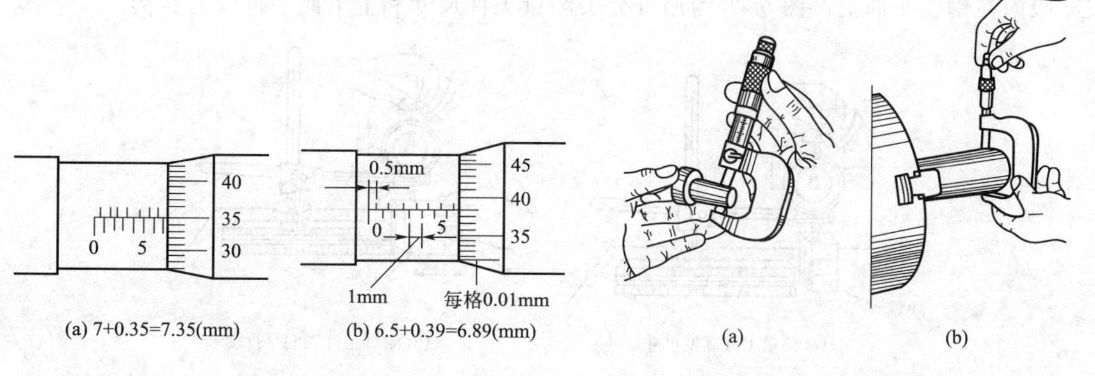

图 5-15　千分尺的刻线原理和读数方法　　图 5-16　千分尺的测量方法

④ 注意事项　使用千分尺时应注意下列事项。

ⅰ. 保持千分尺的清洁，尤其是测量面必须擦拭干净，使用前应先校对零点，若零点未对齐，应记住此数值，在测量时根据原始误差修正读数。

ⅱ. 当测量螺杆快要接近工件时，必须拧动端部棘轮，当棘轮发出“嘎嘎”打滑声时，表示压力合适，停止拧动，严禁拧动微分套筒，以防用力过度致使测量不准确。

ⅲ. 测量不得在预先调好尺寸锁紧测量螺杆后用力卡过工件。这样用力过大，不仅测量不准确，而且会使千分尺测量面产生非正常磨损。

(3) 百分表

百分表是一种精度较高的比较量具，只能测出相对数值，不能测出绝对数值。它主要用于测量形状和位置误差，也可用于机床上安装工件时的精密找正。百分表的读数精确度为0.01mm，测量范围有6～10mm、10～18mm、18～35mm、35～50mm、50～160mm、100～250mm、250～450mm等多种规格。

① 结构原理　如图5-17所示。测量时，使测量杆上下移动，通过齿轮传动系统带动指示表的大、小指针摆动，在刻度盘上小指针转过一格为1mm，大指针转过一格为0.01mm，指针读数的变动量即为尺寸变化量，刻度盘可以转动，以便测量时调整大指针对准零刻线。

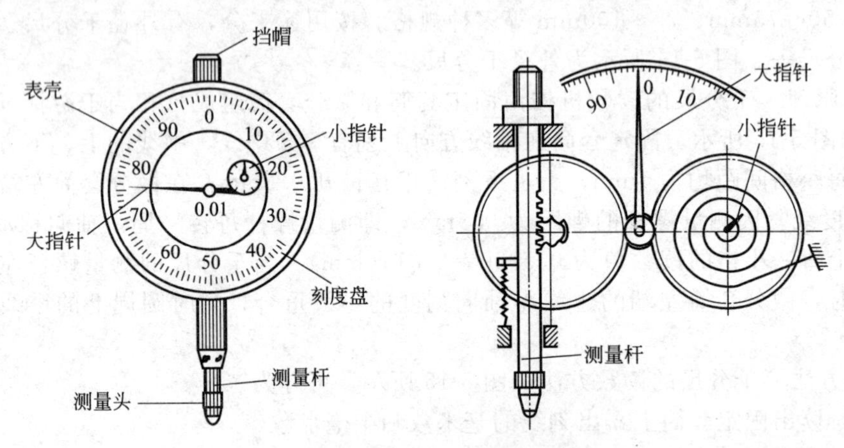

图5-17　百分表及其结构原理

② 读数方法　先读小指针所转过的刻度线（即毫米整数），再读大指针转过的刻度线数并乘以0.01（即小数部分），然后两者相加，即得到所测量的数值。

③ 测量方法　百分表一般需要和专用表架配套使用，表架底部有磁性，可以牢固地把表架吸附在钢铁平面上。图5-18为用百分表测量工件尺寸和上下面平行度的实例。

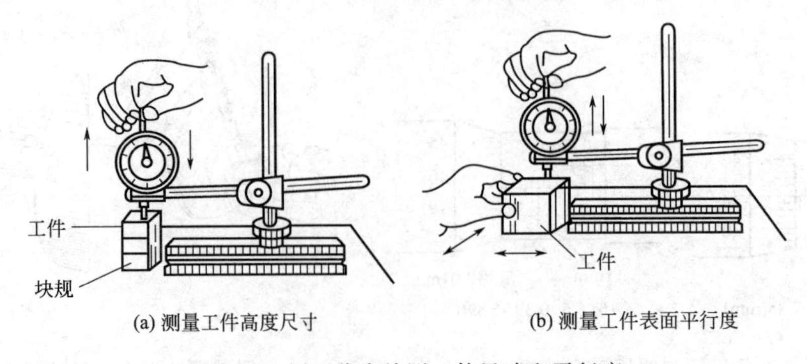

(a) 测量工件高度尺寸　(b) 测量工件表面平行度

图5-18　用百分表检测工件尺寸和平行度

（4）万能角度尺

万能角度尺是一种调节和指示角度的测量工具，主要由主尺、游标、基尺、扇形板、角尺和直尺等组成，如图 5-19 所示。使用时，先根据被测工件角度的大小，确定基尺与角尺或与直尺的组合，见表 5-5。测量时，使被测量角度的一个面与基尺吻合，另一个面与角尺或直尺吻合（可通过透光检查确定），然后拧紧固定螺钉，将工件拿开，从主尺和游标上读出其角度值。

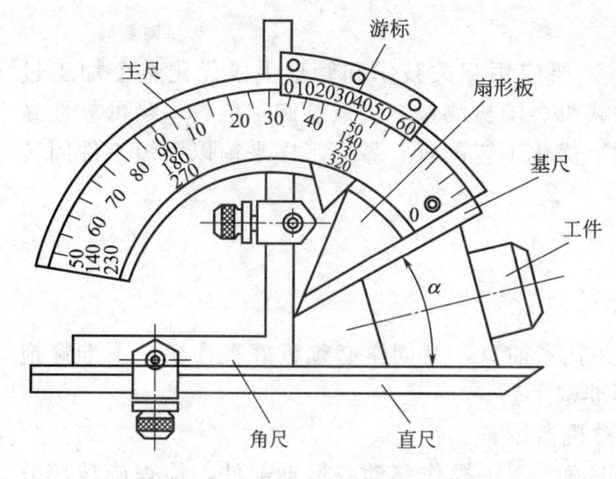

图 5-19 万能角度尺的结构

表 5-5 测量范围与尺子的组合

测量范围/(°)	组合件
0～50	基尺与直尺
50～140	基尺与直尺或角尺
140～230	基尺与角尺
230～320	基尺与扇形板

5.4 切削加工技术的新发展

5.4.1 高速切削

切削加工的发展方向是高速切削加工，在数控技术和刀具技术的共同推动下，切削加工已进入了高速切削的阶段，在发达国家，它正成为切削加工的主流。近 20 年切削速度提高了 5～10 倍，切削速度高达 8000m/min，切削加工效率提高了至少 50%。切削速度提高到一定数值后，随着切削速度的增加，切削力反而下降，在更高的切削速度下，工件的温升也随之降低。各种材料的高速切削加工，包括干切削、重切削和硬切削加工，有效地提高了加工效率和产品质量。高速切削加工是提高生产率的众多途径之一。目前国外在高速切削加工方面除了进行工艺研究外，还着重开展研制、发展和提供能够适应于高速切削加工用的高质量、高性能、高可靠性的加工设备和装置。与高速切削加工设备和装置相关的新技术包括：机床结构改进、主轴结构改进、坐标轴驱动技术、导轨设计、刀具材料研究、刀具夹持装置、冷却处理技术、精密位置测量技术、排屑技术以及能适应于高速切削加工设备控制的 CNC 控制系统及软件等。

5.4.2 先进刀具

先进刀具有三大技术基础：材料、涂层和结构创新。目前我国的刀具材料和涂层技术与国外相比还有较大差距，在使用常规加工设备的场合下，注重刀具的结构创新同样是提高切削效率的有效和更为可行的手段。刀具材料的选择是切削加工成功的基础。与硬质合金相比，PCD 刀具速度可达 4000m/min，而硬质合金只有其 1/4。从寿命上看，PCD 刀具一般能提高 20 倍。从加工出的表面质量看，PCD 的效果比硬质合金要好 30%～40%。此外，CBN（立方氮化硼）超硬材料刀具的发展对推动切削加工技术的进步也功不可没。涂层处理是大幅度提高刀具性能的重要手段。目前，在硬质合金（超细晶粒硬质合金）基体表面涂覆碳化物、氧化铝、氮化物的刀具使用已相当广泛。日立工具公司纳米涂层技术的最新成果是开发出 TiSiN 和 CrSiN 涂层立铣刀，两种涂层材料的粒径均为 5nm，前者可高速加工 50～70HRC 的高硬度钢，后者可高速高精度加工 43HRC 的软钢及预淬硬钢。两种涂层的硬度和抗氧化性能均优于其他涂层，在延长刀具寿命、缩短加工周期等方面，有着突出的效果。刀具结构的创新和优化切削参数，对提高刀具加工效率、降低工件整体成本有着很大的作用。

5.4.3 先进管理

在采用先进刀具实现高速切削的同时，还要应用相关技术和管理手段优化整个加工过程，减少非切削时间，如机外调刀、自动装载机、随机测量、设置装卸工位、采购可靠性高的设备、减少维修停机时间等，在管理手段上优化工艺配置、做好工序平衡以缩短工件周转和等待时间都是有效的方法。

5.5 安全技术

ⅰ. 进入车间实习前必须穿好工作服，并扎紧袖口，女同学必须戴好工作帽；不准穿拖鞋、凉鞋和高跟鞋进入车间，操作机床时不准戴手套。

ⅱ. 进入车间后，未经同意不得私自乱动机器设备。

ⅲ. 开动机床前必须检查手柄位置是否正确，用手操作移动各运动部件，检查旋转部分有无碰撞或不正常现象，并对机床加油润滑。

ⅳ. 工件、刀具和夹具必须装夹牢固及正确。

ⅴ. 加工过程中思想要集中，不得任意改变切削用量，不能离开机床，不做与实习无关的事。

ⅵ. 机床开动时，不能测量正在加工的工件或用手去摸工件，不能用手直接去清除切屑，应该用钩子或刷子进行清除。

ⅶ. 在机床变速、装卸工件、紧固螺钉、测量工件时，必须先停车。

ⅷ. 发现机床运转有不正常现象，应立即停车，关闭开关，报告指导老师。

ⅸ. 工作结束后，应清理机床并在导轨面上加润滑油，认真擦拭工具、量具和其他辅具，清扫工作地面，关闭电源。

ⅹ. 两人操作一台机床时，一定要注意配合，一人操作为主，严禁两人同时操作，以防意外。

ⅺ. 发生事故后，立即停车切断电源，保护好现场，及时向有关人员汇报，以便分析原因，总结经验教训。

复习思考题

1. 什么是切削用量三要素？试用简图表示车外圆和钻孔的切削用量三要素。

2. 机械加工的主运动和进给运动指的是什么？在平面磨床的多个运动中如何判断哪个是主运动？

3. 常用什么参数来评定表面粗糙度？它的含义是什么？

4. 形状公差和位置公差分别包括哪些项目？如何标注？如何检测？

5. 刀具材料应具备哪些性能？硬质合金的耐热性远高于高速钢，为什么不能完全取而代之？

6. 加工低碳钢和 HT200 铸铁时，各选用哪种牌号的车刀？

7. 你在实习中所用的刀具材料是什么？性能如何？

8. 常用的量具有哪几种？试选择测量下列尺寸的量具：锻件外圆 ϕ50mm，车削后 $\phi(55\pm0.2)$mm 外圆，磨削后 $\phi(60\pm0.01)$mm 外圆。

9. 游标卡尺和千分尺的测量准确度各是多少？怎样正确使用？千分尺能否测量铸件毛坯？

10. 试说明读数准确度为 0.02mm 的游标卡尺的读数方法，使用游标卡尺应注意什么问题？

6 车 工

6.1 概述

6.1.1 车削加工在机械加工中的地位和作用

车削加工是指利用工件的旋转和刀具相对于工件的移动来加工工件的一种切削加工方法，用以改变毛坯尺寸和形状等，使之成为合格零件。切削加工时工件的旋转运动为主运动，车刀相对工件的移动为进给运动。车削是切削加工方法中应用最为广泛的一种，尤其是所得到加工面表面粗糙度的范围最广，粗糙度 Ra 值从 25～0.8μm 都可产生。车床在机械制造业中应用广泛，需要量很大。无论是在大批大量生产中，还是在单件小批生产以及机械维护修理方面，车削加工都占有重要地位。车床占机床总数的一半左右，故在机械加工中具有重要的地位和作用，在金属材料制造业中被称为“金工之王”。

6.1.2 车床加工范围及种类

车床加工范围很广，主要用来加工各种回转表面，如内外圆柱面、内外圆锥面、端面、内外沟槽、内外螺纹、内外成形表面、丝杠、钻孔、扩孔、铰孔、镗孔、攻螺纹及滚花等，如图 6-1 所示。机器中带有回转表面的零件很多，适宜在车床上加工的零件如图 6-2 所示。车床的种类很多，常见的有卧式车床、转塔车床、立式车床、自动及半自动车床、数控车床等，其中卧式车床应用最广。

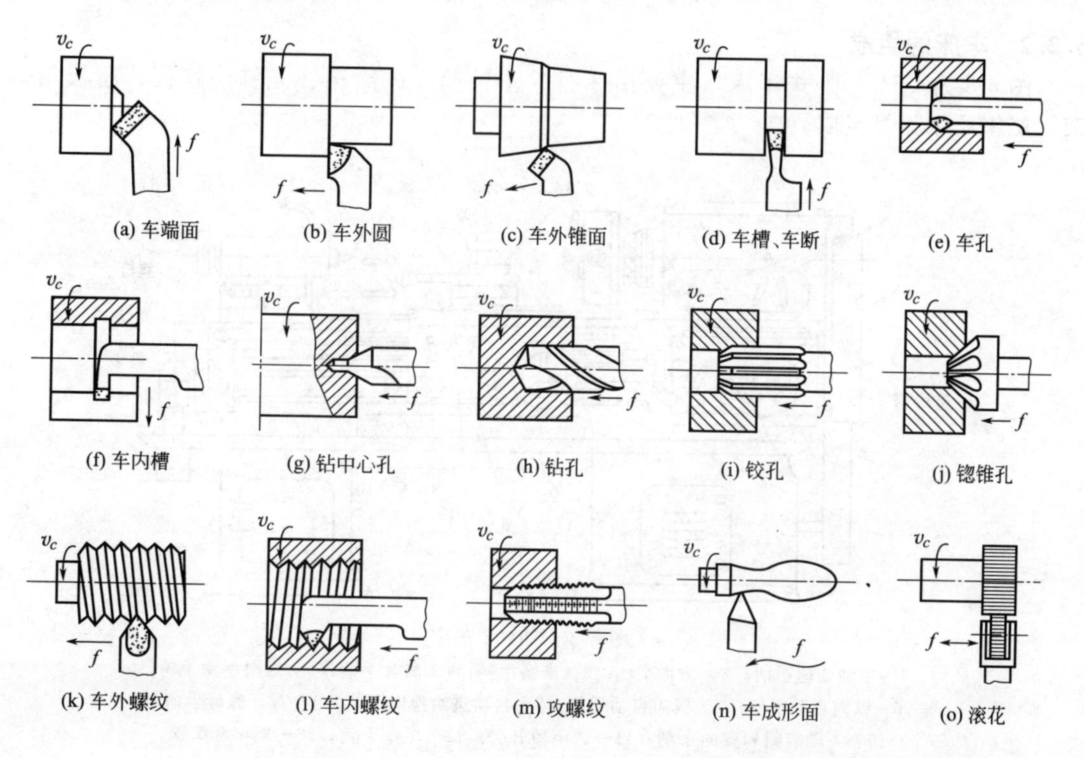

图 6-1 车床加工范围

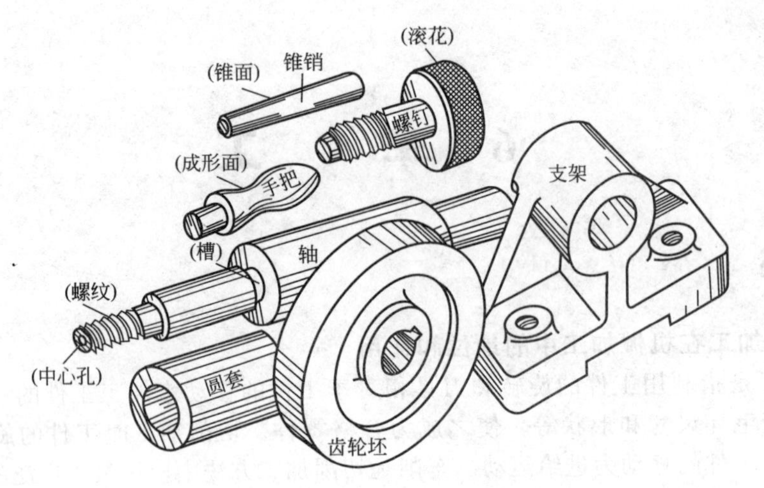

图 6-2　车床加工零件举例

6.1.3　车削加工的特点

车削加工具有加工范围广泛，适应性强，能够对不同材料、不同精度要求的工件加工，生产效率较高，工艺性强，操作难度大，危险系数高等特点。

6.2　车床

6.2.1　车床的型号

C6136 中：C 表示车床类；6 表示组别；1 表示类别；61 表示卧式车床；36 表示床身上最大工件回转直径的 1/10，即 360mm。

6.2.2　车床的组成

图 6-3 为 C6136 卧式车床，主要由床身、主轴箱、进给箱、光杠、丝杠、溜板箱、刀架、尾座及床腿等组成。

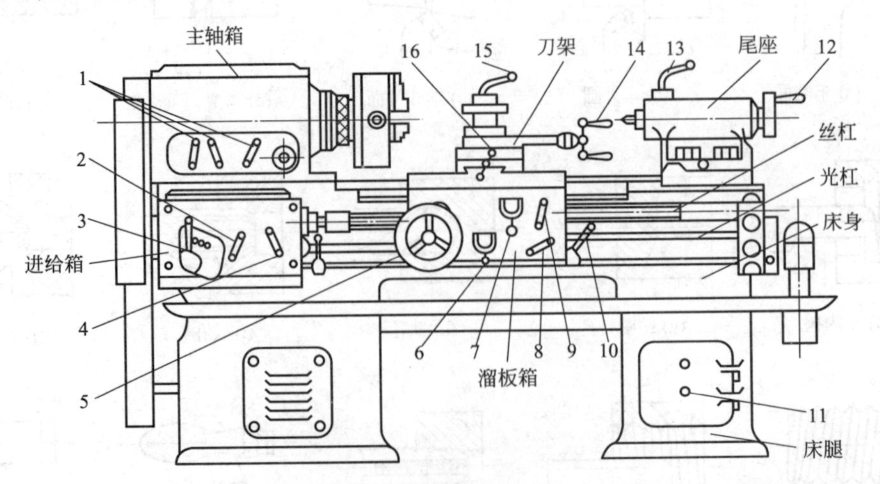

图 6-3　C6136 车床

1—主轴变速手柄；2—倍增手柄；3—诺顿手柄；4—离合手柄；5—纵向手动手轮；6—纵向自动手柄；7—横向自动手柄；8—自动进给换向手柄；9—对开螺母手柄；10—主轴启闭和变向手柄；11—总电源开关；12—尾座手轮；13—尾座套筒锁紧手柄；14—小滑板手柄；15—方刀架锁紧手柄；16—横向手动手柄

(1) 床身

床身是车床的基础零件，用于连接各主要部件并保证各个部件之间有正确的相对位置。床身上的导轨用以引导刀架和尾座相对于主轴箱进行正确的移动。

(2) 主轴箱

主轴箱用以支承主轴并通过变速齿轮而使之可作多种速度的旋转运动，同时主轴通过主轴箱内的另一些齿轮将运动传入进给箱。主轴右端有外螺纹，用以连接卡盘、拨盘等附件；主轴内有锥孔，用以安装顶尖。主轴为空心件，以便细长棒料穿入上料和用顶杆卸下顶尖。

(3) 进给箱

进给箱内装进给系统的变速机构，可按所需要的进给量或螺距调整变速机构以改变进给速度。

(4) 光杠、丝杠

光杠、丝杠将进给箱的运动传给溜板箱。光杠用于自动走刀时车削除螺纹以外的表面，丝杠只用于车削螺纹。

(5) 溜板箱

溜板箱是车床进给运动的操纵箱。它可将光杠传来的旋转运动变为车刀的纵向或横向的直线移动，也可通过对开螺母将丝杠的旋转运动直接转变为刀架的纵向移动以车削螺纹。

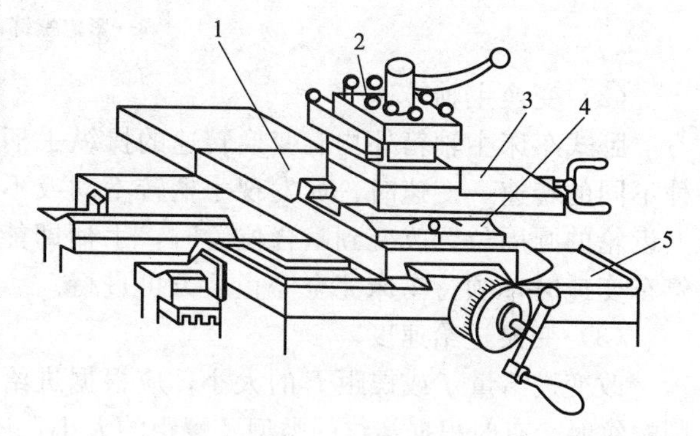

图 6-4 刀架的组成

1—中滑板；2—刀台；3—小滑板；4—转盘；5—大拖板

(6) 刀架

刀架是用来夹持车刀并使其作纵、横向或斜向进给的装置，如图 6-4 所示，刀架为多层结构，它包括以下几部分。

① 大拖板 大拖板（又称纵滑板）与溜板箱连接，可沿床身作纵向移动，它上面装有中滑板。

② 中滑板 中滑板（又称横滑板）由一对燕尾导轨副组成，其中静导轨连接大拖板，动导轨作横向移动。

③ 转盘 它的底座用螺钉与中滑板台面连接，松开螺钉便可在水平面内调整小滑板角度。

④ 小滑板 它可利用其燕尾导轨副相对转盘作短距离移动。将转盘偏转若干角度后，小滑板则作斜向进给，以车削短圆锥面。

⑤ 刀台 它固定在小滑板 3 上，可装 4 把车刀，松开手柄，转动方刀架，可把所需要的车刀转到工作位置。加工时，必须把手柄扳紧，这样就可用 4 把车刀依次对工件进行加工。

(7) 尾座

尾座安装在车床导轨上并可沿导轨移动，在尾座的套筒内安装顶尖可支承工件，也可安装钻头、铰刀等刀具，在工件上进行孔加工。

(8) 床腿

床腿用来支承床身并与地基连接，其内部分别装有电动机和切削液循环系统。

6.2.3 车床的操作

6.2.3.1 车床的手动操作

(1) 操作前的准备

ⅰ. 切断车床的电源，以防止因动作不熟练造成失误而损坏车床。

ⅱ. 调整中、小滑板塞铁间隙。图6-5为调整中、小滑板塞铁间隙的方法。调整时，如塞铁间隙过大，可将塞铁2的小端紧定螺钉1松开，将大端处紧定螺钉3向里旋紧，使塞铁大端向里，间隙变小，反之，则间隙变大。调整后应试摇滑板手柄几次，以手感灵活、轻便、无明显间隙为宜。

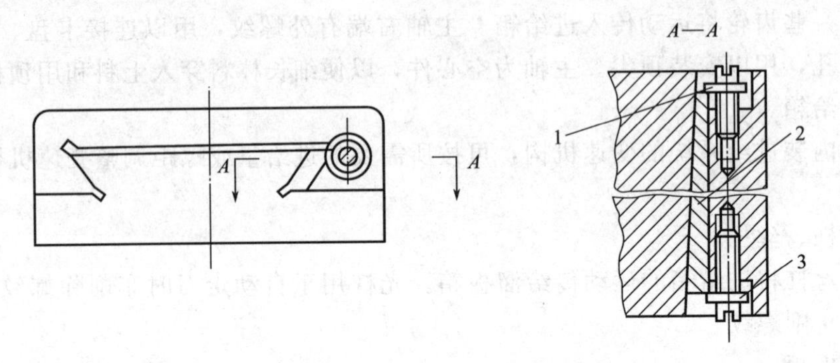

图6-5 中、小滑板塞铁间隙的调整
1,3—紧定螺钉；2—塞铁

(2) 变换主轴转速

卧式车床主轴箱外均有变换转速的操纵手柄，根据转速标牌，改变手柄位置即可得到各种不同的转速。变速时，如发现手柄转不动或不到位，可手拨卡盘使主轴稍转动一下，待轴上齿轮的圆周位置改变到啮合位置时，手柄即能扳动。车床在启动后，禁止变换主轴转速，停车变速时，须待车床完全停止后方可进行。

(3) 变换进给速度

改变进给量 f 或螺距 P 的大小，应根据进给量标牌的指示，变换进给箱外手柄位置。车削螺纹时，有时根据螺纹的类型及螺距的大小，还须同时变换挂轮箱内的交换齿轮。如发现手柄转不动或不到位，可用手转动卡盘，扳转卡盘时，为转动轻便，主轴速度应调整在高速位。

(4) 溜板箱外各操作手柄的用途及工作位置

一般都用标牌标明。变换各手柄位置，可使刀架作纵向或横向运动。车螺纹时，应将对开螺母手柄向下按到“合”位置，手动或机动进给时，对开螺母于“开”位置。

(5) 纵、横向进给和进、退刀动作

① 纵、横向手动进给　摇动大拖板手轮，可使大拖板纵向移动，手轮上的刻度盘表示大拖板移动的距离。通常刻度每转过一小格，大拖板移动1mm（0.5mm），其刻度的零位线可通过紧定螺钉调整。向主轴箱方向移动为纵向正进给。摇动中滑板手柄，可使中滑板横向进给，中滑板刻度盘上的刻度表示中滑板沿垂直于主轴轴线方向移动的距离，滑板手柄带着刻度盘转动一周时，丝杠也转一周，这时螺母带着中滑板移动一个螺距。中滑板移动的距离可根据刻度盘上的格数来计算：

$$\text{刻度盘每转1格中滑板移动的距离}=\frac{\text{丝杠螺距}}{\text{刻度盘格数}}\ (\text{mm})$$

例如，C6136卧式车床中滑板丝杠螺距为4mm，中滑板的刻度盘等分200格，故每转1格中滑板移动的距离为4/200＝0.02(mm)。车刀是在旋转的工件上切削的，当中滑板刻度盘每进1格时，工件直径的切削量是背吃刀量（切深）的两倍，即0.04mm。回转表面的加工余量都是对直径而言的，测量工件的尺寸也是看其直径的变化，所以用中滑板刻度盘进刀切削时，通常要将每格读作0.04mm。加工外表面时，车刀向工件中心移动为进刀，远离中心为退刀，加工内表面时，则相反。由于丝杠与螺母之间有间隙，进刻度时必须慢慢地将刻度盘转到所需要的格数，如图 6-6(a) 所示；如果发现刻度盘手柄摇过了头而需将车刀退回时，绝不能直接退回，如图 6-6(b) 所示，而必须向相反方向摇动半周左右，消除丝杠螺母间隙，再摇到所需要的格数，如图 6-6(c) 所示。

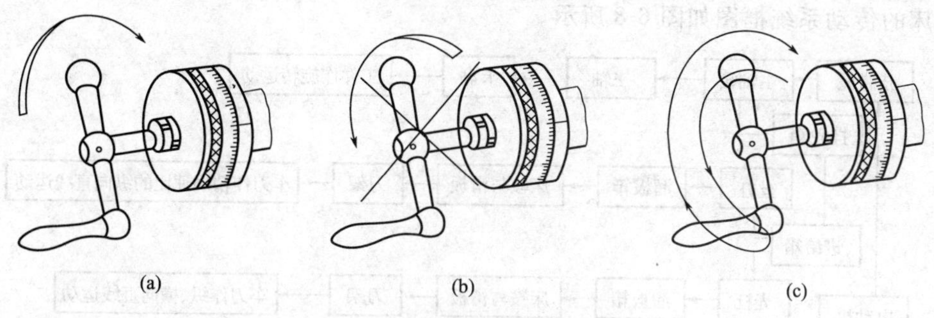

图 6-6　中滑板手轮进刻度的方法

② 小滑板手动进给　摇动小滑板手柄，可使小滑板沿着其导轨作前后移动，移动距离由刻度盘上刻线表示，通常每格表示移动 0.05mm。小滑板导轨下有转盘，松开其紧定螺钉，可在水平面内转动角度。

③ 引刀（纵、横向进、退刀）操作　操作方法是左手摇大拖板手柄，右手摇中滑板手柄，双手同时作均匀移动。进、退刀动作必须十分熟练，否则，车削过程中一旦失误，会造成工件报废或事故。

④ 尾座的操作　尾座的移动与锁紧如图 6-7 所示。尾座通过底压板与床身导轨锁紧，松开锁紧螺母 5 或松开尾座锁紧手柄 3 就可使尾座沿导轨移动。摇动手轮 4 可使套筒前后移动，扳紧套筒锁紧手柄 2 即可锁紧套筒。尾座套筒不宜伸出过长，以防止套筒内啮合的丝杠螺母脱开。

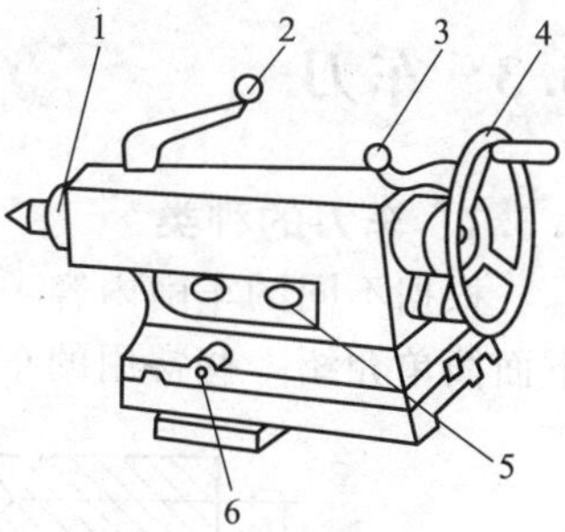

图 6-7　车床尾座
1—尾座套筒；2—套筒锁紧手柄；3—尾座锁紧手柄；4—手轮；5—尾座锁紧螺母；6—尾座横向调整螺钉

6.2.3.2　车床的机动操作

① 操作前的准备　将主轴转速调整到 100r/min 左右，调整进给箱手柄位置，使进给量 f 为 0.2mm/r 左右，摇动大拖板到床身的中间位置。用手扳动卡盘一周，检查机床有无碰撞之处，并检查各手柄是否在正常位置。

② 车床的启动、停止方法　接通电源，使车床电源开关置于“合”的位置，按启动按钮，启动电动机。此时，由于操纵杆在中间的空挡位置，所以主轴尚未转动。向上提起操纵杆，主轴作正转，置操纵杆于中间位置，主轴停止转动，此时电动机仍在转动；操纵杆向下，主轴作倒转，除车螺纹外，一般主轴不使用倒转。在车削过程中，因测量工件需作短暂停止时应利用操纵杆停车，不要按停止按钮。因为电动机频繁启动，容易损坏。这时为防止停车时操纵杆失灵导致主轴转动，可将主轴变速手柄置于空挡位置。变换主轴转速，一定要先停车后变速。

③ 纵向机动进给方法　将大拖板摇到床身中间位置后，启动机床，将机动进给手柄调整至“纵向”位置，操纵进给手柄向主轴箱方向为自动进给，如需方向相反，要停车后变换换向手柄。注意进给过程中的极限位置，确保大拖板不与卡盘相碰。

④ 横向机动进给方法　摇动中滑板手柄，使刀架靠近车床主轴内侧的平面，离卡盘中心约 100mm，启动机床。将进给手柄调到“横向”位置，操纵机动进给手柄，使中滑板向卡盘中心方向进给。注意：中滑板向前正向进给时，刀架前侧平面不能超过主轴中心线，防止滑板丝杠与螺母脱开；向后反向进给时，刀架不能与刻度盘等凸台相碰。

6.2.4 车床的传动

电动机输出的动力，经皮带传给主轴箱，经主轴箱变速机构使主轴得到各种不同的转速。主轴通过卡盘等夹具带动工件作旋转运动。同时，主轴的旋转运动由挂轮箱，经进给箱，通过光杠或丝杠传递给溜板箱，使溜板带动安装于刀架上的刀具作进给运动或车螺纹运动。车床的传动系统框图如图 6-8 所示。

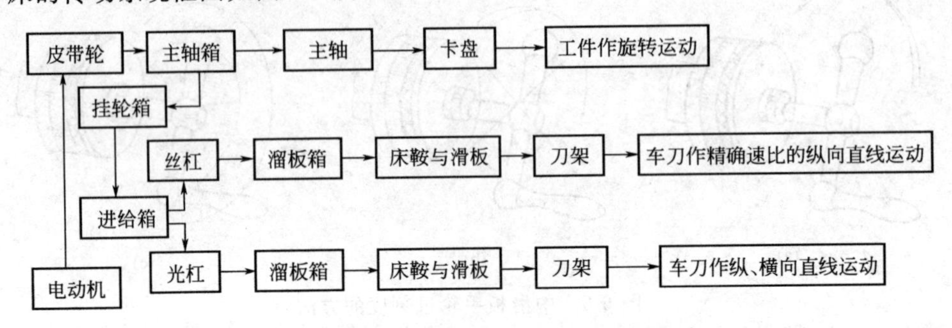

图 6-8 车床的传动系统框图

6.3 车刀

6.3.1 车刀的种类

根据不同的车削内容，需要有不同种类的车刀。常用车刀及其应用情况如图 6-9 所示。下面简单介绍一些常用的车刀。

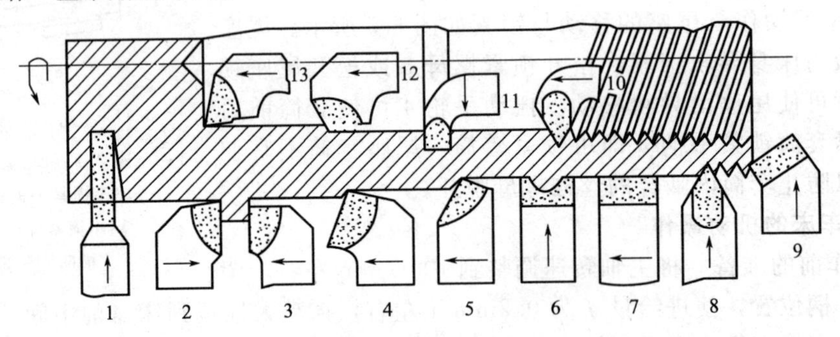

图 6-9 常用车刀及应用情况

1—切断刀；2—90°左偏刀；3—90°右偏刀；4—弯头车刀；5—尖头车刀；6—成形车刀；7—宽刃槽车刀；8—外螺纹车刀；9—端面车刀；10—内螺纹车刀；11—内切槽刀；12—通孔车刀；13—盲孔车刀

(1) 外圆车刀

常用的外圆车刀有 45°弯头刀、75°和 90°偏刀，如图 6-10 所示。45°弯头刀用于车外圆、端面和倒角；75°偏刀用于粗车外圆；90°偏刀用于车台阶外圆与细长轴等。

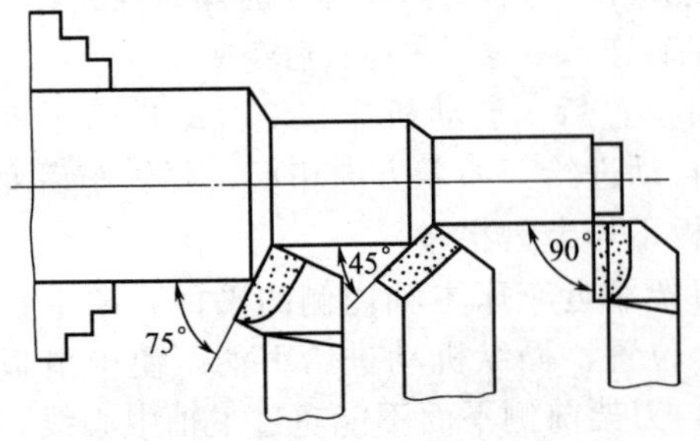

图 6-10 外圆车刀及应用情况

(2) 端面车刀

端面车刀专门用来加工工件端面。车端面时，用中滑板横向走刀，走刀次数根据加工余量而定，可采用自外向中心走刀，也可采用自中心向外走刀的方法。常用端面车削时的几种情况如图 6-11 所示。

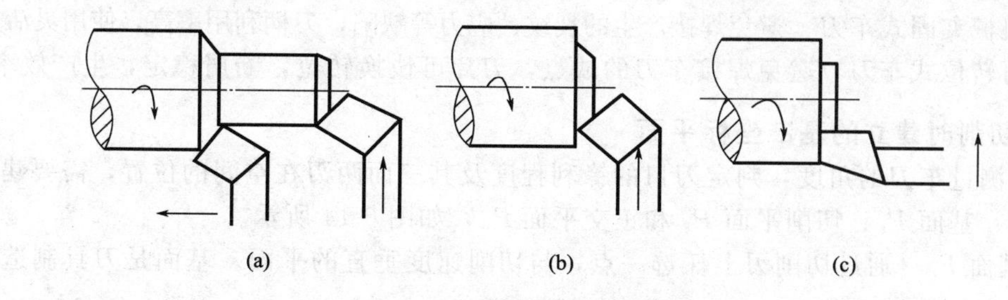

图 6-11 端面车刀及应用情况

(3) 切断刀

切断刀是专门用来切断工件的，车削条件比外圆车刀或端面车刀更为苛刻。为了能完全切断工件，切断刀的刀头要制造得长而窄，这就导致其刚性差，工作时切屑也不易排出。

(4) 成形车刀

成形车刀是用刀刃形状直接加工出回转体、成形表面的专用刀具，是通过前刀面的刃形促成工件形状。采用成形车刀加工工件时，加工质量可不受操作者水平的限制，刀刃刃形及其质量决定工件廓形，所以可获得稳定的质量。其加工精度一般可达 IT9～IT10，表面粗糙度 Ra 可达 6.3～3.2μm。

(5) 其他车刀

圆头刀可用于加工工件上的成形面；内孔车刀可车削工件内孔；螺纹车刀则用于车削螺纹；硬质合金可转位（不重磨）车刀是近年来国内外大力发展和广泛应用的先进刀具之一，刀片用机械夹固方式装夹在刀柄上，当一个刀刃磨钝后，只需将刀片转过一个角度，即可继续车削，从而大大缩短换刀和磨刀的时间，提高刀柄的利用率。

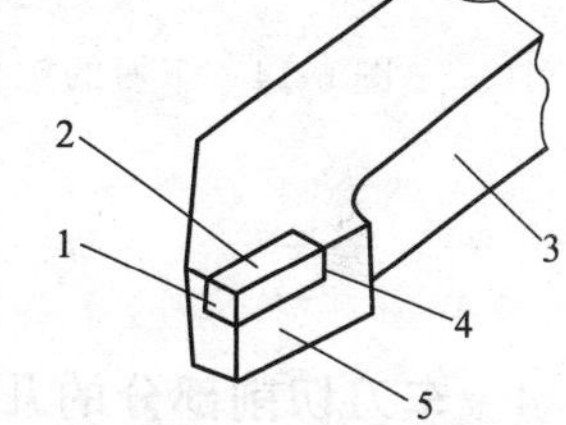

图 6-12 车刀的组成
1—副后刀面；2—前刀面；3—刀柄；4—刀头；5—主后刀面

6.3.2 车刀的结构

车刀由刀头和刀柄两部分组成。刀头是车刀的车削部分；刀柄用于安装车刀，是车刀的夹持部分，如图 6-12 所示。

车刀在结构上可分为 4 种形式，如图 6-13 所示。

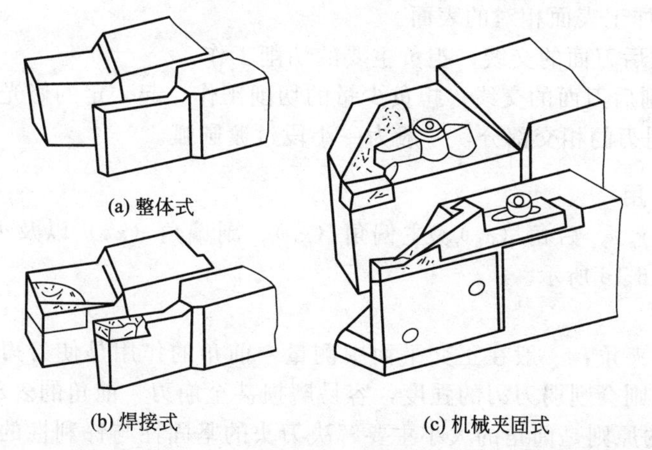

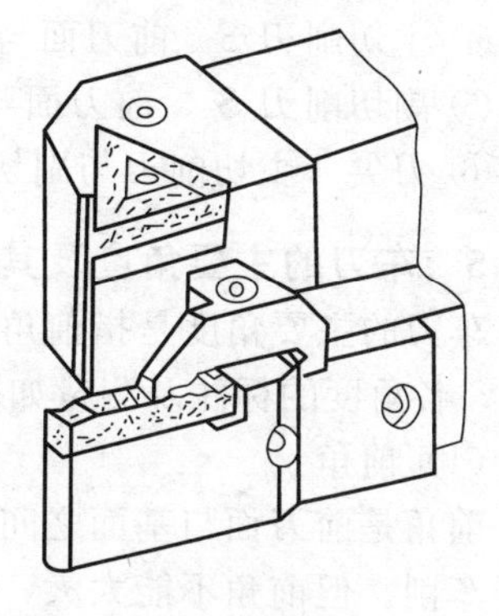

图 6-13 车刀的结构形式

① 整体式车刀 特点是刃口可磨得较锋利，用整体高速钢制造。

② 焊接式车刀 特点是焊接硬质合金或高速钢刀片，使用灵活，结构紧凑。

③ 机械夹固式车刀　避免焊接产生的裂纹、应力等缺陷，刀柄利用率高，使用灵活方便。

④ 可转位式车刀　避免焊接车刀的缺点，刀片可快换转位，断屑稳定，生产效率高。

6.3.3 切削时建立的基准坐标平面

为了测量车刀的角度，判定刀口的锋利程度及其三面两刃在空间的位置，需要建立三个参考平面：基面 P_r、切削平面 P_s 和正交平面 P_o，如图 6-14 所示。

① 基面 P_r　通过切削刃上任选一点，与切削速度垂直的平面。基面是刀具制造、刃磨的基准面。

② 切削平面 P_s　通过切削刃上选定点，与切削刃相切，且垂直于基面的平面。

③ 正交平面 P_o　通过切削刃上选定点，且垂直于基面和切削平面的平面。

可见这 3 个坐标平面相互垂直，构成一个空间直角坐标系。

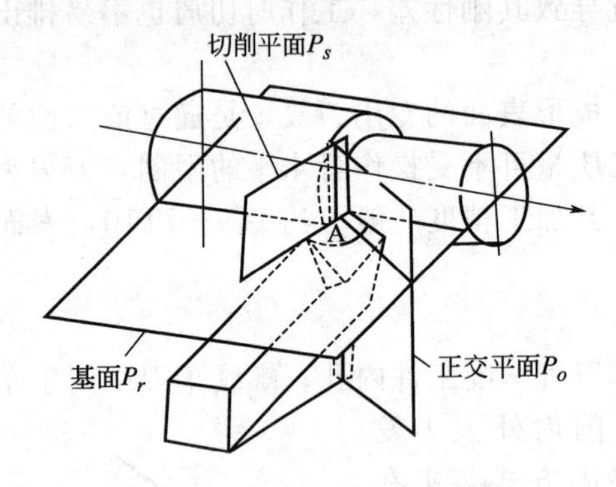

图 6-14　车刀的三个参考平面

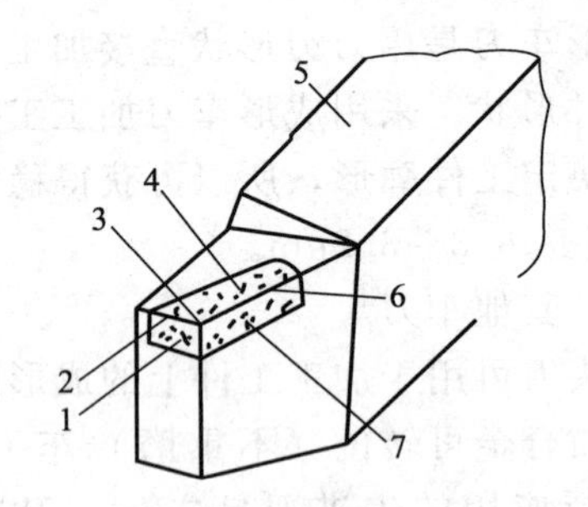

图 6-15　车刀切削部分的几何要素

1—副后刀面；2—副切削刃；3—刀尖；4—前刀面；5—刀杆；6—主切削刃；7—主后刀面

6.3.4 车刀切削部分的几何要素

刀头一般由三面、两刃和一尖组成，如图 6-15 所示。

① 前刀面 A_γ　切屑流出经过的表面，又称为前面。

② 主后刀面 A_α　与工件切削表面相对的表面。

③ 副后刀面 A'_γ　与工件已加工表面相对的表面。

④ 主切削刃 S　前刀面与主后刀面的交线，担负主要的切削工作。

⑤ 副切削刃 S'　前刀面与副后刀面的交线，担负少量的切削工作，起一定的修光作用。

⑥ 刀尖　主切削刃与副切削刃的相交部分，一般为一小段过渡圆弧。

6.3.5 车刀的主要角度及其作用

车刀的主要角度是指前角（γ_o）、后角（α_o）、主偏角（κ_r）、副偏角（κ'_r）以及刃倾角（λ_s），各角度的标注及测量如图 6-16 所示。

（1）前角 γ_o

前角是前刀面与基面之间的夹角，一般在正交平面中测量。前角的作用是使刀刃锋利，便于车削。但前角不能太大，否则会削弱刀刃的强度，容易磨损甚至崩刃。前角的表示及其测量如图 6-16 所示。前角选择的原则是前角的大小主要解决刀头的坚固性与锋利性的矛盾。因此首先要根据加工材料的硬度来选择前角。被加工材料的硬度高，前角取小值，反之取大值；其次要根据加工性质来考虑前角的大小，粗加工时前角要取小值，精加工时前角应取大值。硬质合金车刀车削钢件时，取 5°～20°的前角。

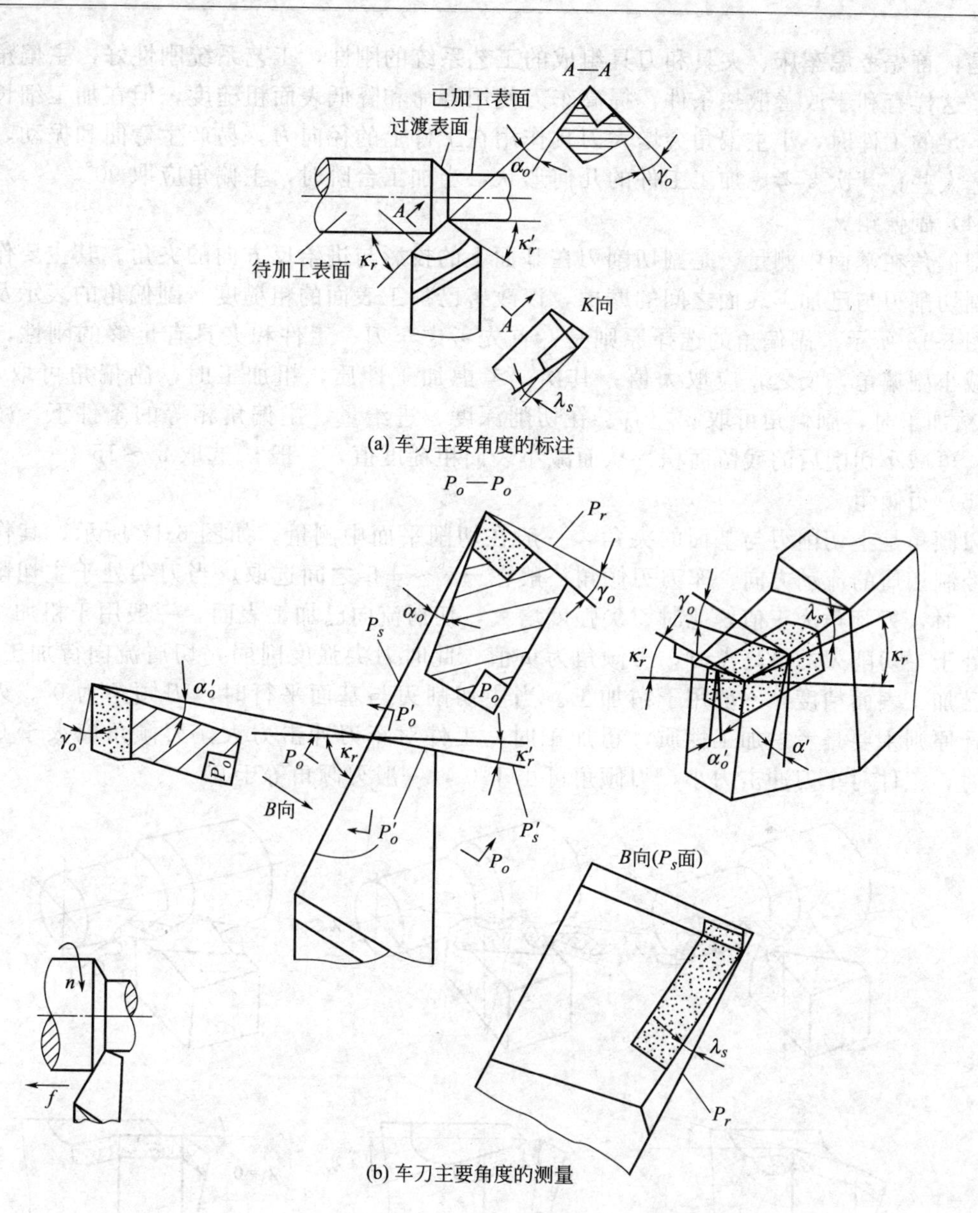

(a) 车刀主要角度的标注

(b) 车刀主要角度的测量

图 6-16　车刀的主要角度

(2) 后角 α_o

后角是主后刀面与切削平面之间的夹角。后角的作用是减小车削时主后刀面与工件的摩擦。一般在 6°～12°之间选取。在一般情况下，后角变化不大，但必须有一个合理的数值，以利于提高刀具的耐用度。后角的表示及其测量如图 6-16 所示。后角选择的原则是：首先考虑加工性质，粗加工时后角取小值，精加工时后角取大值；其次考虑加工材料的硬度，加工材料硬度低，后角取大值，以增强刀刃的锋利程度，但削弱了刀头的强度，反之，后角应取小值。

(3) 主偏角 κ_r

主偏角是主切削刃在基面的投影与进给方向的夹角，一般在基面中测量。车刀常用的主偏角有 45°、60°、75°、90°等几种，其中 90°居多。主偏角的表示及其测量如图 6-16 所示。主偏角可改变主切削刃参加切削的长度，影响刀具寿命和径向切削力的大小。主偏角的选择原则是：首先考虑车床、夹具和刀具组成的工艺系统的刚性，工艺系统刚性好，主偏角应取小值，这样有利于改善散热条件，提高车刀使用寿命和降低表面粗糙度，但在加工细长轴等刚度不足的工件时，小主偏角会增大刀具作用在工件上的径向力，易产生弯曲和振动，主偏角应选大些；其次要考虑加工工件的几何形状，当加工台阶时，主偏角应取 90°。

（4）副偏角 κ_r'

副偏角在基面中测量，是副切削刃在基面上的投影与进给反方向的夹角。其主要作用是减小副切削刃与已加工表面之间的摩擦，以改善已加工表面的粗糙度。副偏角的表示及其测量如图 6-16 所示。副偏角的选择原则是：首先考虑车刀、工件和夹具有足够的刚性，这样才能减小副偏角，反之，应取大值；其次，考虑加工性质，粗加工时，副偏角可取 10°～15°，精加工时，副偏角可取 5°左右。在切削深度、进给量、主偏角相等的条件下，减小副偏角，可减小切削后的残留面积，从而减小表面粗糙度值，一般 κ_r' 选取 5°～15°。

（5）刃倾角 λ_s

刃倾角是主切削刃与基面的夹角，一般在切削平面中测量。如图 6-17 所示，其作用主要是控制切屑的流动方向。车刀刃倾角一般在－5°～＋5°之间选取。当刀尖处于主切削刃的最低点时，刃倾角为正值，此时刀尖强度增大，切屑流向已加工表面，一般用于粗加工；当刀尖处于主切削刃的最高点时，刃倾角为负值，此时刀尖强度削弱，切屑流向待加工表面，提高已加工表面精度，一般用于精加工。当主切削刃与基面平行时，刃倾角为 0°。刃倾角的选择原则主要是考虑加工性质，粗加工时，工件对车刀冲击力大，刃倾角应大于 0°，精加工时，工件对车刀冲击力小，刃倾角可小于 0°，一般刃倾角等于 0°。

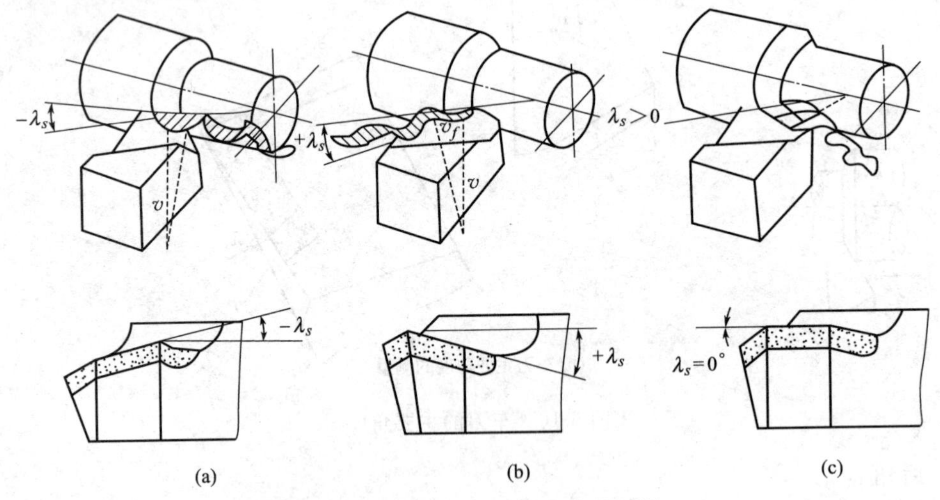

图 6-17 刃倾角在切削平面中的测量

6.3.6 车刀的选择、安装、刃磨

（1）车刀的选择

车刀选择包括车刀种类、刀片材料、几何参数、刀杆及刀槽的选择等几个方面。车刀种类主要根据被加工工件形状、加工性质、生产批量及所使用机床类型等条件进行选择；刀片材料应根据被加工工件的材料、加工要求等条件选择与之适应的材料；几何参数也应与加工条件以及选好的刀片材料相适应。刀片的长度一般为切削宽度的 1.5～2 倍，切槽刀刃宽不应大于工件槽宽；车刀刀杆有方形和矩形，一般选择矩形刀杆，孔加工刀具则可选择圆形刀杆；刀槽的形式则根据车刀形式和选好的刀片形式来选择。

（2）车刀的安装

车刀必须正确牢固地安装在刀架上，如图 6-18 所示。安装车刀应注意以下几点。

ⅰ. 刀尖应与车床主轴中心线等高。车刀装得太高，后角减小，后刀面与工件摩擦加剧；装得太低，前角减小，切削不顺利，会使刀尖崩碎。刀尖的高低可根据尾架顶尖来调整。

ⅱ. 刀头不宜伸出太长，否则切削时容易产生振动，影响工件加工精度和表面粗糙度。一般刀头伸出长度不超过刀杆厚度的两倍，能看见刀尖切削即可。

ⅲ. 车刀底面的垫片要平整，并尽可能用厚垫片，以减少垫片数量。调整好刀尖高低后，至少要用两个螺钉交替将车刀拧紧。

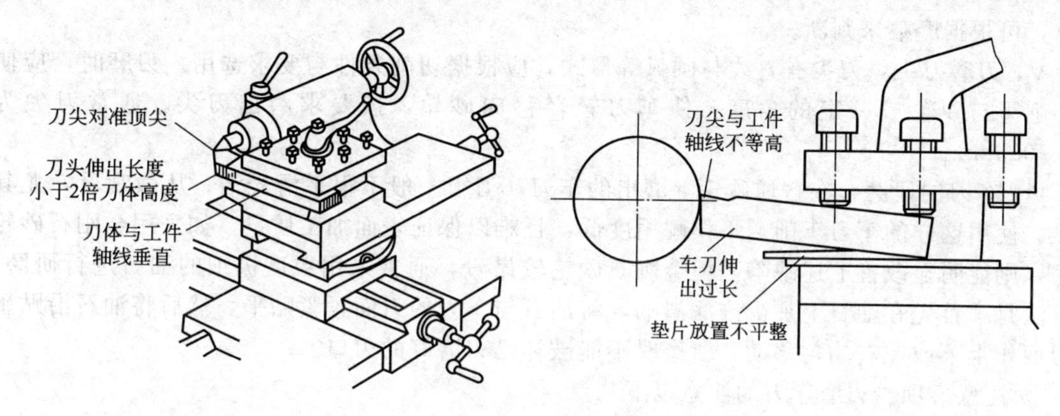

图 6-18 车刀的安装

(3) 车刀的刃磨

正确刃磨车刀是车工必须掌握的基本功之一。刃磨车刀必须选择合适的砂轮，掌握刃磨的步骤与方法。

① 砂轮的选择　刃磨高速钢车刀或碳素工具钢刀具应选择白色或紫黑色的氧化铝砂轮；刃磨硬质合金车刀应选择绿色的碳化硅砂轮。粗磨时应取小粒度且较软的砂轮；精磨时应取大粒度且较硬的砂轮。刃磨车刀前，如砂轮不平或砂轮有跳动，必须用砂轮修整器修整。

② 车刀的刃磨方法与步骤　车刀虽然有各种类型，但刃磨方法大体相同，其中以 90°硬质合金焊接式车刀最为典型，其刃磨步骤与要领如下。

ⅰ. 粗磨主后刀面时，如图 6-19(a) 所示，双手握住刀柄，使主切削刃与砂轮外圆平行，并使刀柄底部向砂轮稍稍倾斜，倾斜角度应等于后角，慢慢地使车刀与砂轮接触，然后在砂轮上左右移动。刃磨时，应注意控制主偏角及后角。刃磨后，如刀刃不直、刀面不平、角度不准，则应重新修磨，直至达到要求。

ⅱ. 粗磨副后刀面，要控制副偏角和副后角两个角度，车刀握法如图 6-19(b) 所示，刃磨方法同上。

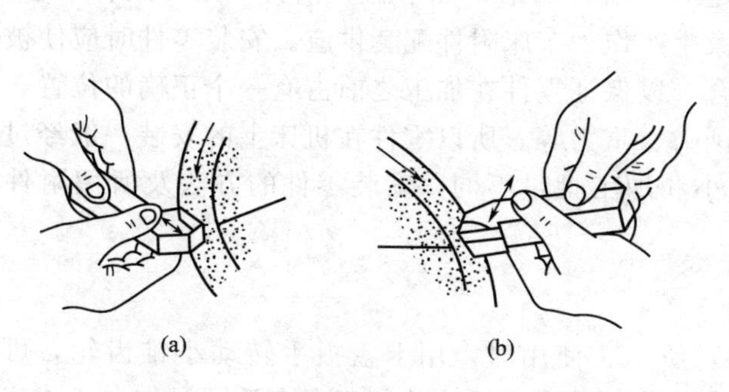

图 6-19 粗磨主后刀面、副后刀面

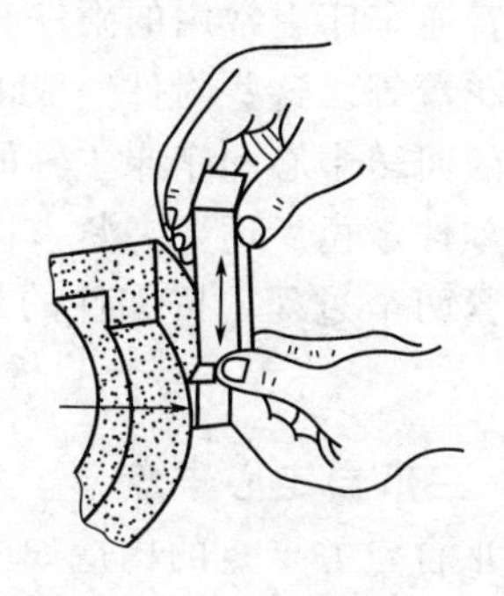

图 6-20 粗磨前刀面

ⅲ. 粗磨前刀面，要控制前角及刃倾角，通常刀坯上的前角已制出，稍加修整即可，车刀的握法如图 6-20 所示。

ⅳ. 精磨前刀面、后刀面与副后刀面，一般要选用粒度细的绿色碳化硅砂轮，对于带托架的砂轮机，应调整砂轮托架，使其倾斜角度为 6°～8°。精磨的步骤为：精磨前刀面，如不需磨出断屑槽，只需轻轻修磨前刀面即可，保证前角与刃倾角；如要磨出断屑槽，则应根据不同的切削条件，利用砂轮外圆一角刃磨出各种形式的断屑槽。精磨主后刀面与副后刀面，只要在粗磨好的刀面上按照角度大小的要求，在刃口处磨去 1～2mm 即可。车刀各刃是否磨出，可根据磨痕来判断。

ⅴ. 刃磨刀尖，刀尖有直线与圆弧等形式，应根据切削条件与要求选用。刃磨时，应使主切削刃与砂轮成一定的角度，使车刀轻轻移向砂轮，按要求磨出刀尖。通常刀尖为 0.2～0.5mm。

ⅵ. 车刀的研磨，在普通砂轮上磨出的车刀，刀刃一般不很平滑光洁，从微观看，尤其明显。使用这样的车刀车削，不仅耐用度低，且难以保证表面加工质量。如采用金刚石砂轮研磨，则能明显改善上述缺陷。但金刚石砂轮较昂贵，通常采用粒度极细的油石进行研磨。其方法是：首先在油石上加少许润滑油，将油石与车刀的刀面紧紧贴平，然后将油石沿贴平的刀面作上下或左右均匀移动，研磨时不能破坏已刃磨好的刃口。

③ 注意事项　刃磨车刀的注意以下几点。

ⅰ. 刃磨车刀必须戴防护眼镜，不能戴手套或用纱布等裹着车刀刃磨。

ⅱ. 无防护罩的砂轮不能使用。刃磨过程中，如发现砂轮松动，应立即停车检修。

ⅲ. 应根据刀具材料正确选用砂轮。

ⅳ. 启动砂轮机前，应用手转动砂轮，检查是否有异常或砂轮是否松动。

ⅴ. 应经常调整砂轮机托架，使间隙在 2～3mm。

ⅵ. 一片砂轮不可两人同时使用，应避免在砂轮侧面刃磨。

ⅶ. 刃磨高速钢车刀，要用水及时冷却，防止烧焦。刃磨硬质合金车刀，为避免因水骤冷而使刀片产生裂纹，可将刀柄部分入水冷却。

ⅷ. 刃磨时，双手握刀用力适当且均匀，并在砂轮上左右移动，不能用力过猛，不能停留在砂轮表面不动，使砂轮出现凹槽。

ⅸ. 砂轮表面应经常修整。

ⅹ. 刃磨结束时应及时关闭电源。

6.4 车床附件和工件安装

在普通车床上常用的附件有三爪自定心卡盘、四爪单动卡盘、顶尖、跟刀架、中心架、心轴、花盘等。这些附件一般由专业厂家生产作为车床附件配套供应。安装零件时应使被加工表面的回转中心和车床主轴的轴线重合，以保证零件在加工之前占有一个正确的位置，即定位。零件定位后还要夹紧，以承受切削力、重力等。所以零件在机床上的安装一般经过定位和夹紧两个过程。按零件的形状、大小和加工批量不同，安装零件的方法及所用附件也不同。

6.4.1 三爪自定心卡盘

三爪自定心卡盘的构造如图 6-21(b) 所示。使用时，用卡盘扳手转动小锥齿轮，可使与其相啮合的大锥齿轮随之转动，大锥齿轮背面的平面螺纹就使三个卡爪同时作向心或离心

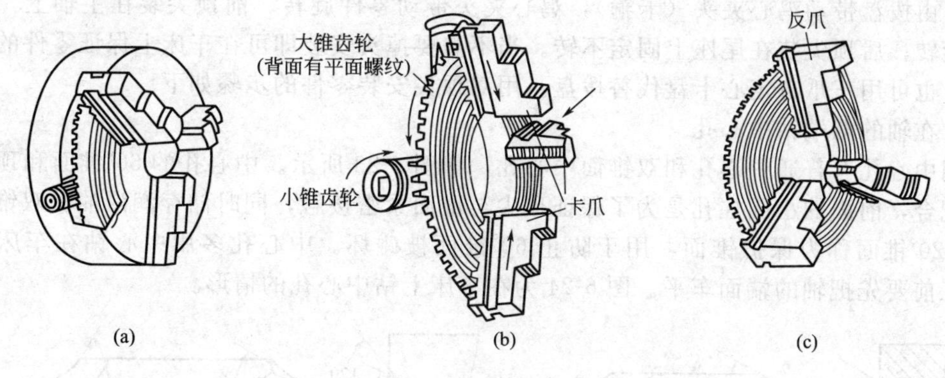

图 6-21 三爪自定心卡盘

移动，以夹紧或松开零件。当零件直径较大时，可换上反爪进行装夹。虽然定心精度不高，一般为 0.05～0.15mm，而且夹紧力较小，仅适于夹持表面光滑的圆柱形或六角形等零件；而不适于单独安装重量大或形状复杂的零件；但由于三个卡爪是同时移动的，装夹零件时能自动定心、可省去许多校正零件的时间。因此，三爪自定心卡盘仍然是车床最常用的通用夹具。图 6-21(a) 是用三爪自定心卡盘的正爪安装小直径工件，安装时先轻轻拧紧卡爪，低速开车，观察工件端面是否摆动，然后牢牢地夹紧工件，安装过程中需注意在满足加工要求的情况下，尽量减小伸出量。图 6-21(c) 是用三爪自定心卡盘的反爪安装直径较大的工件，安装过程中需用小锤轻敲工件，使其贴紧卡爪的台阶面。

6.4.2 四爪单动卡盘

四爪单动卡盘也是常见的通用夹具，如图 6-22(a) 所示。它的四个卡爪的径向位移由四个螺杆单独调整，不能自动定心，因此在安装零件时找正时间较长，要求技术水平高。用四爪单动卡盘安装零件时卡紧力大，既适于装夹圆形零件，还可装夹方形、长方形、椭圆形、内外圆偏心零件或其他形状不规则的零件。四爪单动卡盘只适用于单件、小批量生产。四爪单动卡盘安装零件时，当要求定位精度达到 0.02～0.05mm 时，一般用划线盘按零件外圆或内孔进行找正，也可按事先划出的加工界线用划线盘进行划线找正，如图 6-22(b) 所示，当要求定位精度达到 0.01mm 时，还可用百分表找正，如图 6-22(c) 所示。四爪单动卡盘的卡爪可独立移动，且夹紧力大，适用于装夹形状不规则的工件以及较大的圆盘形工件，四爪单动卡盘也可装成正爪和反爪。反爪用于装夹较大的工件。

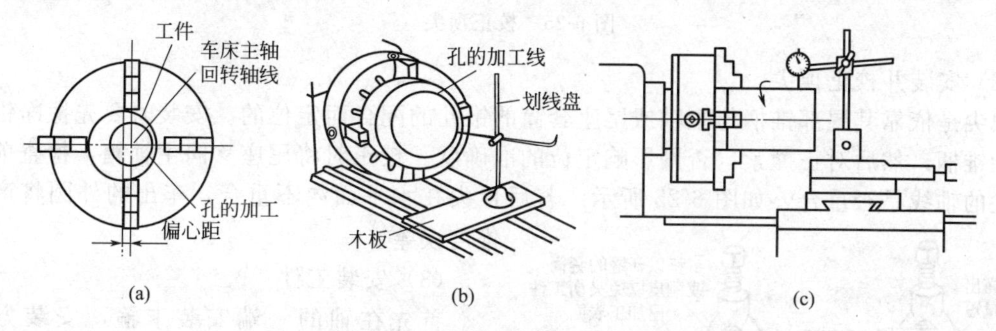

图 6-22 四爪单动卡盘及其找正

6.4.3 顶尖

常用的顶尖有死顶尖和活顶尖两种，前顶尖采用死顶尖，后顶尖易磨损，在高速切削时常采用活顶尖。较长或加工工序较多的轴类零件，常采用两顶尖安装，零件装夹在前、后顶尖之间，由拨盘带动鸡心夹头（卡箍），鸡心夹头带动零件旋转。前顶尖装在主轴上，和主轴一起旋转；后顶尖装在尾座上固定不转。当不需要掉头安装即可在车床上保证零件的加工精度时，也可用三爪自定心卡盘代替拨盘。用双顶尖安装零件的步骤如下。

（1）在轴的两端钻中心孔

常用中心孔有普通中心孔和双锥面中心孔，如图 6-23 所示。中心孔的 60°锥面和顶尖的锥面相配合，前面的小圆柱孔是为了保证顶尖与锥面紧密接触，同时储存润滑油。双锥面中心孔的 120°锥面称为保护锥面，用于防止 60°锥面被碰坏。中心孔多用中心钻在车床上钻出，加工前要先把轴的端面车平。图 6-24 为在车床上钻中心孔的情形。

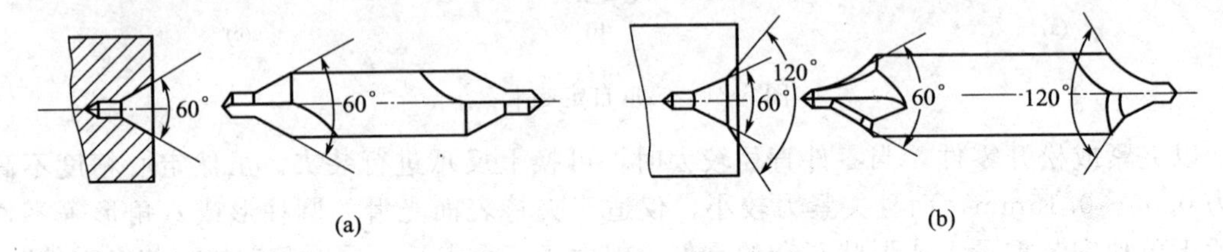

图 6-23 中心孔和中心钻

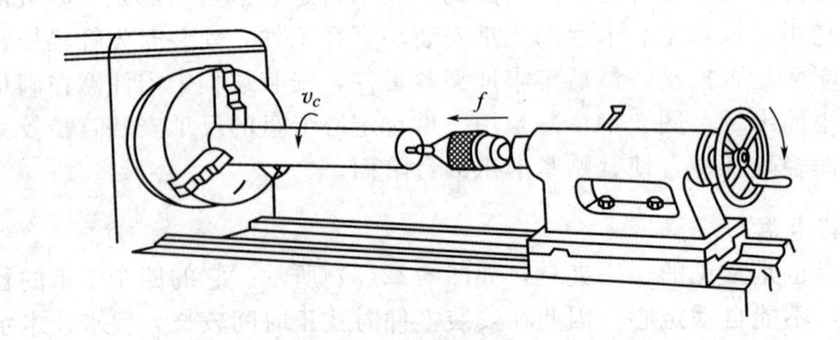

图 6-24 在车床上钻中心孔

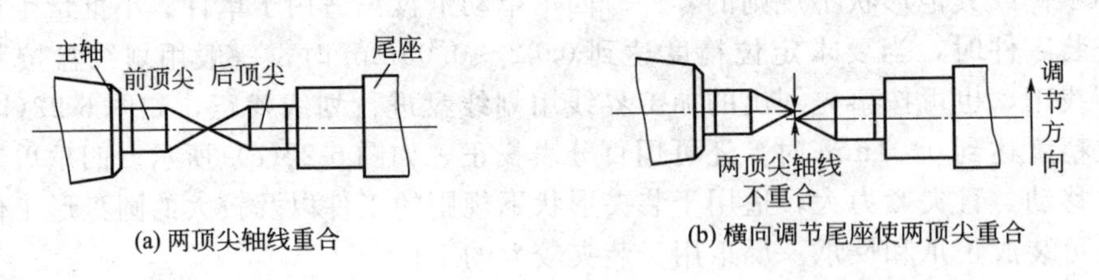

图 6-25 校正顶尖

（2）安装并校正顶尖

顶尖是依靠其尾部锥柄与主轴或尾座套筒的锥孔的配合而定位的。安装时要先擦净锥孔和顶尖锥柄，然后对正撞紧，否则影响定位的准确度。校正时将尾座移向主轴箱，检查前后两顶尖的轴线是否重合，如图 6-25 所示。若后顶尖在水平面内不重合，车出的外圆将产生锥度误差。

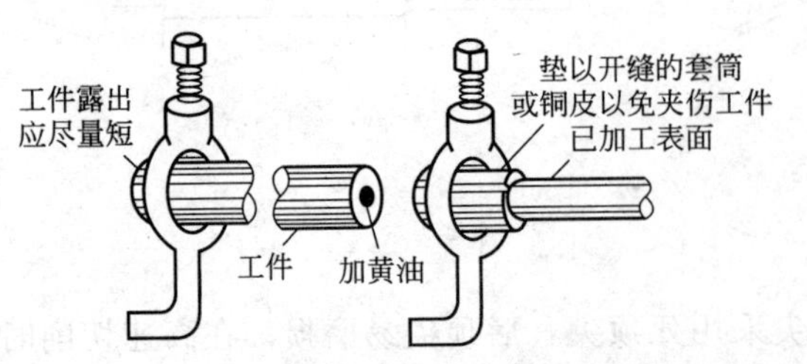

图 6-26 在轴类工件上安装卡箍

（3）安装工件

首先在轴的一端安装卡箍，安装方法如图 6-26 所示。若夹在已精加工过的表面上，则应垫上开缝的小套或薄铜皮以免夹伤工件。在轴的另一端中心孔里加黄油，若用活顶尖则不必涂黄油。将卡箍的尾部插入拨盘的槽中，在双顶尖上安装轴工件的方法如图 6-27 所示。用顶尖安装轴类工件，由于两端都是锥面定位，故定位的准确度比较高。即使多次装卸与调头，工件的轴线始终是两端锥孔中心的连线，即保持了工件的轴线位置不变。因此，能保证轴类工件在多次安装中所加工出的各个圆柱面有较高的同轴度，各个轴肩端面对轴线有较高的垂直度。

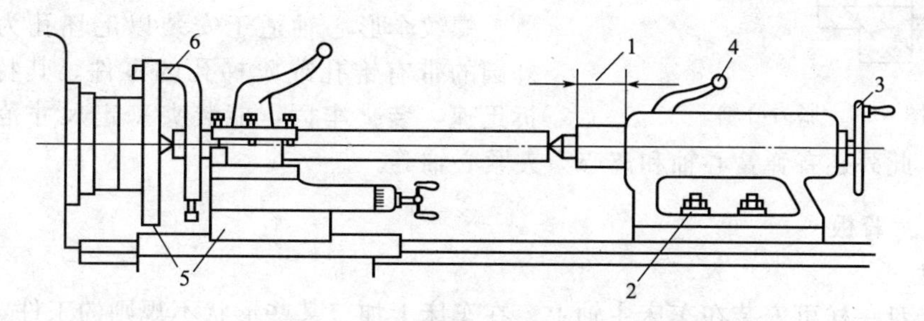

图 6-27 在双顶尖上安装轴类工件

1—调整套筒伸出长度；2—将尾座固定；3—调节工件与顶尖松紧程度；4—锁紧套筒；5—刀架移至拨盘处，用手转动拨盘，检查是否相碰；6—拧紧卡箍

6.4.4 心轴

形状复杂或同轴度要求较高的盘套类零件，常用心轴安装加工，以保证零件外圆与内孔的同轴度及端面与内孔轴线的垂直度等要求。用心轴安装零件，应先对零件的孔进行精加工（达 IT8～IT7），然后以孔定位。心轴常用双顶尖安装在车床上，以加工端面和外圆。安装时，根据零件的形状、尺寸、精度要求和加工数量的不同，采用不同结构的心轴。

（1）圆柱心轴

当零件长径比小于 1 时，应使用带螺母压紧的圆柱心轴，如图 6-28 所示。零件左端靠紧心轴的台阶，由螺母及垫圈将零件压紧在心轴上。为保证内外圆同心，孔与心轴之间的配合间隙应尽可能小些，否则其定心精度将随之降低。一般情况下，当零件孔与心轴采用 H7/h6 配合时，同轴度误差不超过 0.02～0.03mm。

（2）小锥度心轴

当零件长径比大于 1 时，可采用带有小锥度（1/5000～1/1000）的心轴，如图 6-29 所示。零件孔与心轴配合时，靠接触面产生弹性变形来夹紧零件，故切削力不能太大，以防零件在心轴上滑动而影响正常切削。小锥度心轴定心精度较高，可达 0.005～0.01mm，多用于磨削或精车，但没有确定的轴向定位。

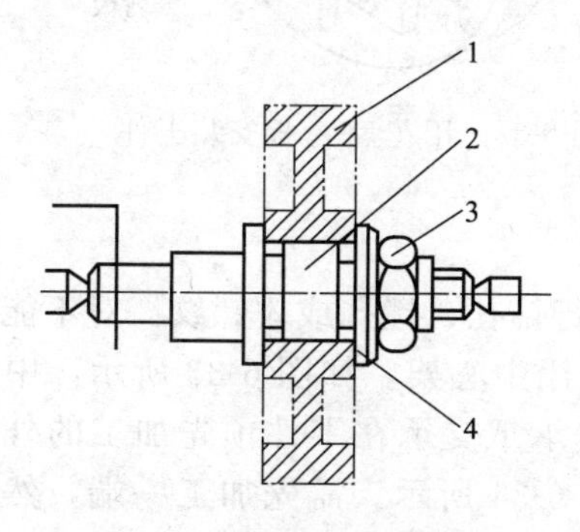

图 6-28 圆柱心轴安装零件

1—零件；2—心轴；3—螺母；4 垫片

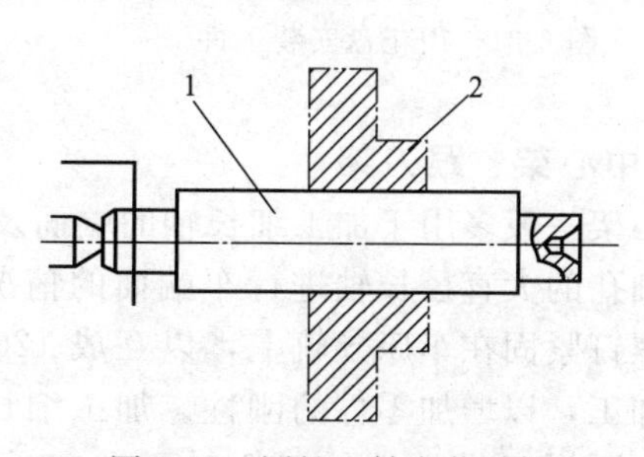

图 6-29 圆锥心轴安装零件

1—心轴；2—零件

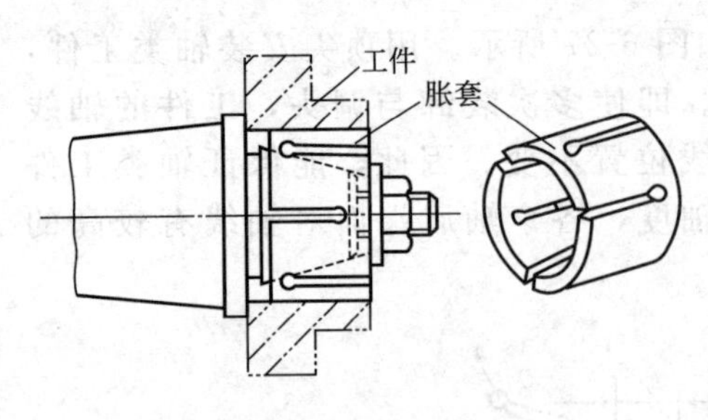

图 6-30 胀力心轴

(3) 胀力心轴

胀力心轴是通过调整锥形螺杆使心轴一端作微量的径向扩张，以将零件孔胀紧的一种快速装拆的心轴，适用于安装中小型零件，如图 6-30 所示。

(4) 螺纹伞形心轴

螺纹伞形心轴适于安装以毛坯孔为基准车削外圆的带有锥孔或阶梯孔的零件。其特点是：装拆迅速，装夹牢固，能装夹一定尺寸范围内不同孔径的零件。此外还有弹簧心轴和离心力夹紧心轴等。

6.4.5 花盘、弯板

(1) 花盘

花盘与卡盘一样可安装在车床主轴上。在车床上加工某些形状不规则的工件，为保证其外圆、孔的轴线与基准平面垂直，或端面与基准平面平行，可以把工件直接压在花盘上加工，如图 6-31 所示。花盘的端面是装夹工件的工作面，要求有较高的平面度，并垂直于车床主轴轴线，花盘上有许多沟槽和孔，供安装工件时穿放螺栓用。工件在装夹之前，一般要先加工出基准平面，对要车削的部分进行钳工划线。装夹时，用划线盘按划线对工件进行找正。如果工件的重心偏向花盘一边，还需要在花盘另一边加一质量适当的平衡铁。

(2) 花盘-弯板

有些复杂的零件，当要求外圆、孔的轴线与基准平面平行或端面与基准平面垂直时，可用花盘-弯板安装工件，如图 6-32 所示。在花盘上再装一个角度为 90°的弯板。弯板的工作平面要求与车床主轴轴线平行。在使用之前，要用百分表仔细找正。如果不平行，即在弯板与花盘之间垫铜皮或纸片来调整。弯板两个平面上有许多槽和孔，供穿放螺栓、连接花盘和安装工件用。

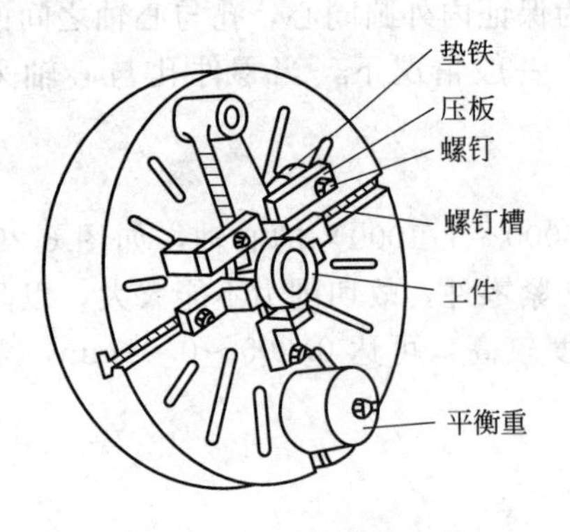

图 6-31 用花盘安装工件

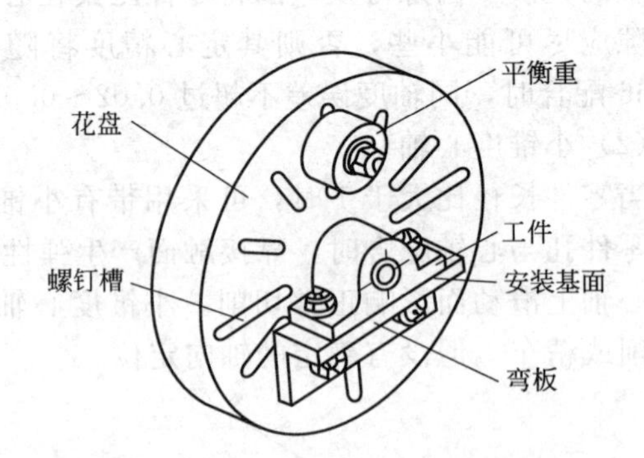

图 6-32 用花盘-弯板安装工件

6.4.6 中心架、跟刀架

中心架一般多用于加工细长轴的端面及在端面上进行钻孔、镗孔或攻螺纹。对不能通过机床主轴孔的大直径长轴进行车端面的情况，也经常使用中心架。如图 6-33 所示，中心架由压板螺钉紧固在车床导轨上，以互成 120°角的三个支承爪支承在零件预先加工的外圆面上进行加工，以增加零件的刚性。加工细长轴时，如图 6-34 所示。需先加工一端，然后调头安装，再加工另一端，车削时要在支承爪与工件的接触面上添加润滑油，转速也不宜过高。

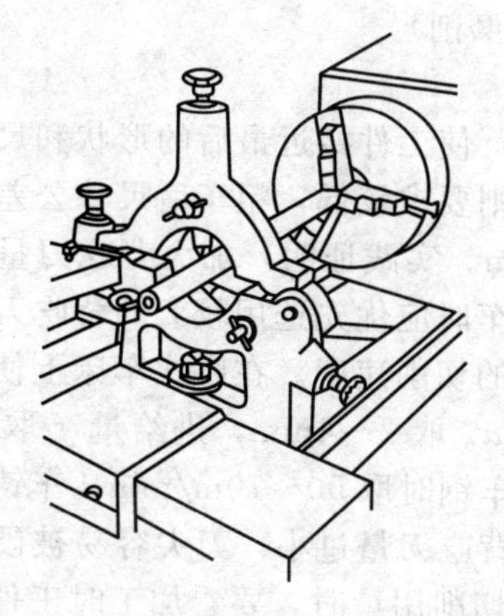

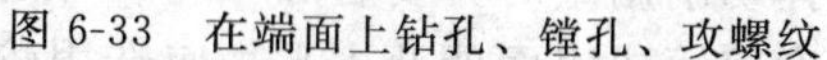
图 6-33　在端面上钻孔、镗孔、攻螺纹

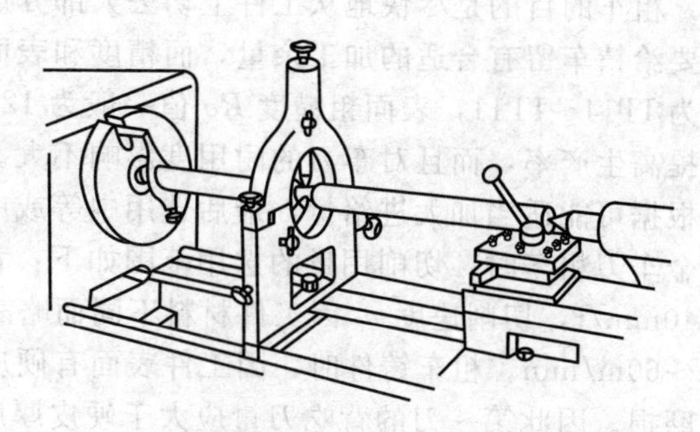
图 6-34　加工细长轴

跟刀架主要用于精车或半精车细长光轴类零件，如丝杠和光杠等。如图 6-35 所示，跟刀架被固定在车床大拖板上，与刀架一起移动，使用时，先在零件上靠后顶尖的一端车出一小段外圆，根据它调节跟刀架的两支承，然后车出全轴长。使用跟刀架可以抵消径向切削力，从而提高精度和表面质量，切削时要在支承爪与工件的接触面上添加润滑油，转速不宜过高。

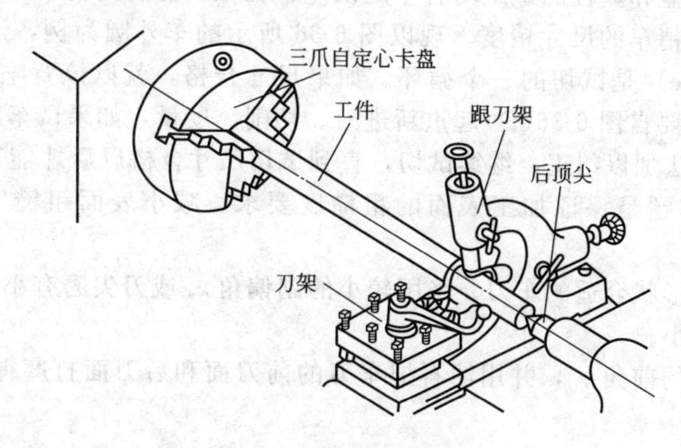

图 6-35　跟刀架的使用

6.5　车削的基本知识

6.5.1　车削步骤

在车床上安装工件和车刀以后即可开始车削加工。在加工中必须按照如下步骤进行。

ⅰ. 开车对刀，使刀尖与零件表面轻微接触，确定刀具与零件的接触点，作为进切深的起点，然后向右纵向退刀，记下中滑板刻度盘上的数值。注意对刀时必须开车，因为这样可以找到刀具与零件最高处的接触点，也不容易损坏车刀。

ⅱ. 沿进给反方向移出车刀。

ⅲ. 进背吃刀量，走刀切削。

ⅳ. 零件加工完后要进行测量检验，以确保零件的质量。

6.5.2　粗车和精车

车削一个零件，往往需要经过多次走刀才能完成。为了提高生产效率，保证加工质量，生产中常把车削加工分为粗车和精车（零件精度要求高需要磨削）。

（1）粗车

粗车的目的是尽快地从工件上切去大部分加工余量，使工件接近最后的形状和尺寸。粗车要给精车留有合适的加工余量，而精度和表面粗糙度则要求较低，粗车后尺寸公差等级一般为IT14～IT11，表面粗糙度 Ra 值一般为12.5～50μm。实践证明，加大背吃刀量不仅可以提高生产率，而且对车刀的耐用度影响不大。因此粗车时应优先选用较大的背吃刀量。其次根据可能适当加大进给量，最后选用中等或中等偏低的切削速度。在卧式车床上使用硬质合金车刀粗车时，切削用量的选用范围如下：背吃刀量 a_p 取2～4mm，进给量 f 取0.15～0.40mm/r，切削速度 v_c 因工件材料不同而略有不同，车钢时取50～70m/min，车铸铁时取40～60m/min。粗车铸件时，因工件表面有硬皮，如果背吃刀量过小，刀尖容易被硬皮碰坏或磨损。因此第一刀的背吃刀量应大于硬皮厚度。选择切削用量时，要看加工时工件的刚度和工件装夹的牢固程度等具体情况。若工件夹持的长度较短或表面凹凸不平，应选用较小的切削用量。粗车给精车（或半精车）留的加工余量一般为0.5～2mm。

（2）精车

精车的目的是保证零件的尺寸精度和表面粗糙度等要求，尺寸公差等级可达IT8～IT7，表面粗糙度 Ra 值可达1.6μm。精车时，完全靠刻度盘定背吃刀量来保证工件的尺寸精度是不够的，因为刻度盘和丝杠的螺距均有一定误差，往往不能满足精车的要求，必须采用试切的方法来保证工件精车的尺寸精度。现以图6-36所示的车外圆为例，说明试切的方法与步骤。图6-36(a)～(e) 是试切的一个循环。如果尺寸合格，就以该背吃刀量车削整个表面，如果未到尺寸，就要自图6-36(f) 起重新进刀、切削、度量，如果试车尺寸小了，必须按图6-36(c) 所示的方法加以纠正，继续试切，直到试切尺寸合格以后才能车削整个表面。精车的另一个突出的问题是保证加工表面的粗糙度要求。减小表面粗糙度 Ra 值的主要措施如下。

ⅰ. 选择几何形状合适的车刀。采用较小的副偏角 $\kappa_{r'}$ 或刀尖磨有小圆弧，均能减小残留面积，使 Ra 值减小。

ⅱ. 选用较大的前角 γ_o，并用油石把车刀的前刀面和后刀面打磨得光一些，也可使 Ra 值减小。

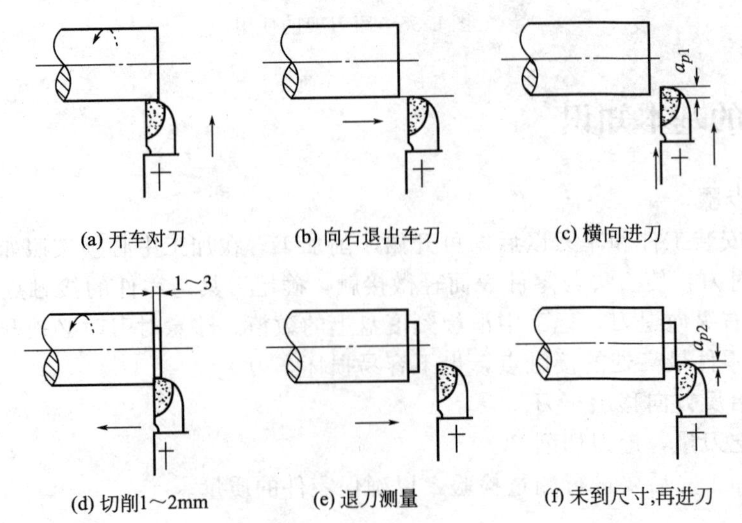

图6-36　试切的方法与步骤

ⅲ. 合理选择精车时的切削用量。生产实践证明，车削钢件时，较高的切削速度（$v_c \geqslant$ 100m/min）或较低的切削速度（$v_c \leqslant$5m/min）都可获得较小的 Ra 值。采用低速切削，生产率较低，一般只有在刀具材料为高速钢或精车小直径的工件时才采用。选用较小的背吃刀量，对减小 Ra 值较为有利。但背吃刀量过小（$a_p<$0.03～0.05mm），因工件上原来凹凸不平的表面不能完全切除而达不到要求。采用较小的进给量可使残留面积减小，因而有利于减小 Ra 值。精车的切削用量选择范围推荐如下：背吃刀量 a_p，高速精车取 0.3～0.5mm，低速精车取 0.05～0.10mm；进给量 f 取 0.05～0.20mm/r；切削速度 v_c，硬质合金车刀车钢件时取 100～200m/min，硬质合金车刀车铸铁时取 60～100m/min。

ⅳ. 合理地使用切削液也有助于降低表面粗糙度。低速精车钢件使用乳化液，低速精车铸铁件多用煤油。

6.5.3　车外圆及台阶

(1) 车外圆

常用的外圆车刀和车外圆的方法如图 6-37 所示。尖刀主要用于车没有台阶或台阶不大的外圆，并可倒角，弯头刀适用于车外圆、端面、倒角和有 45°斜台阶的外圆，主偏角为 90°的右偏刀，车外圆时背向力（径向力）很小，常用于车细长轴和有直角台阶的外圆。精车外圆时，车刀的前刀面、后刀面均需用油石磨光。

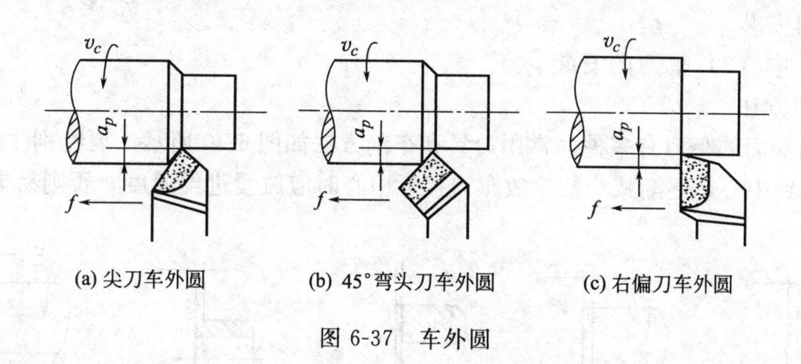

(a) 尖刀车外圆　(b) 45°弯头刀车外圆　(c) 右偏刀车外圆

图 6-37　车外圆

(2) 车台阶

① 车刀的选用　台阶外圆用 90°偏刀车成，偏刀的主偏角应大于 90°，通常为 91°～93°。

② 确定台阶长度　常用的方法有以下两种。

ⅰ. 刻线痕法：以已加工端面为基准，用钢直尺量出台阶长度尺寸，用刀尖对准刻度处，开车，再用刀尖刻出线痕，如图 6-38 所示。

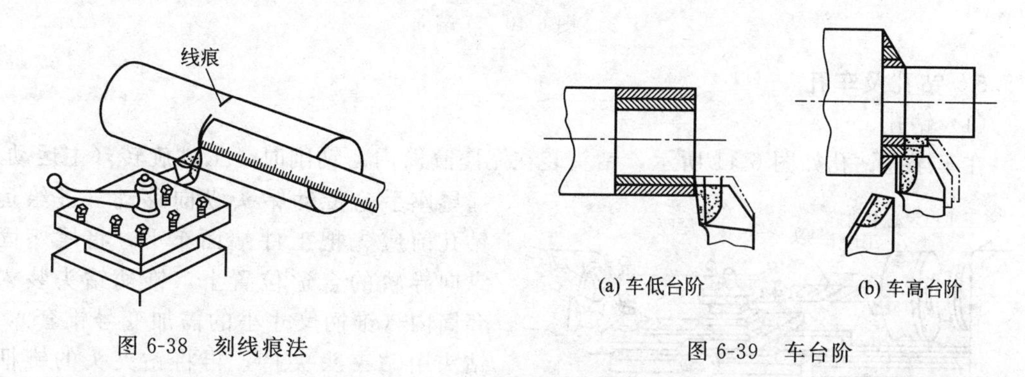

图 6-38　刻线痕法

(a) 车低台阶　(b) 车高台阶

图 6-39　车台阶

ⅱ. 大拖板刻度控制法：启动车床，移动大拖板与中滑板，使刀尖靠近工件端面；再移动小滑板，使刀尖与工件端面轻轻接触；然后，摇动中滑板，横向退出车刀，将床鞍刻度盘调整至零位，这样用床鞍上刻度在工件表面刻上线痕。车削时，根据线痕与刻度，可很方便地控制台阶长度。

③ 车削低台阶　对于相邻两圆柱直径差较小的低台阶，可用90°偏刀直接车成，如图6-39(a)所示，但最后一次进刀时，车刀在纵向进刀结束后，须摇动中滑板手柄均匀退出车刀，以确保台阶面与外圆表面垂直。

④ 车削高台阶　通常采用分层切削，如图6-39(b)所示，可先用75°偏刀粗车，再用90°偏刀精车，当车刀刀尖距离台阶位置1～2mm时，应停止机动进给，改用手动进给。当车至台阶位置时，车刀从横向慢慢退出，将台阶面精车一次。

⑤ 台阶的测量　台阶的长度，通常用钢直尺、游标深度尺或用游标卡尺上的深度尺来测量，也可用样板检测。根据测量结果，可用小滑板及其刻度来调整台阶尺寸。

⑥ 倒角　在台阶与外圆交角处，应倒钝锐边或根据要求倒角。

6.5.4 车端面

(1) 工件安装

长径比大于5的轴类件，若其直径小于车床主轴孔径，可将毛坯插入车床空心主轴孔中，用三爪自定心卡盘夹持左端；当毛坯直径大于车床主轴孔径时，可用卡盘夹持其左端，用中心架支承其右端，然后车其右端面。

(2) 车刀安装

同6.3.6中(2)车刀的安装。

(3) 车削方法

适合车削端面的车刀有多种，常用刀具和车削方法如图6-40所示。要特别注意的是，端面的切削速度由外到中心是逐渐减小的。故车刀接近中心时应放慢进给速度，否则易损坏车刀。

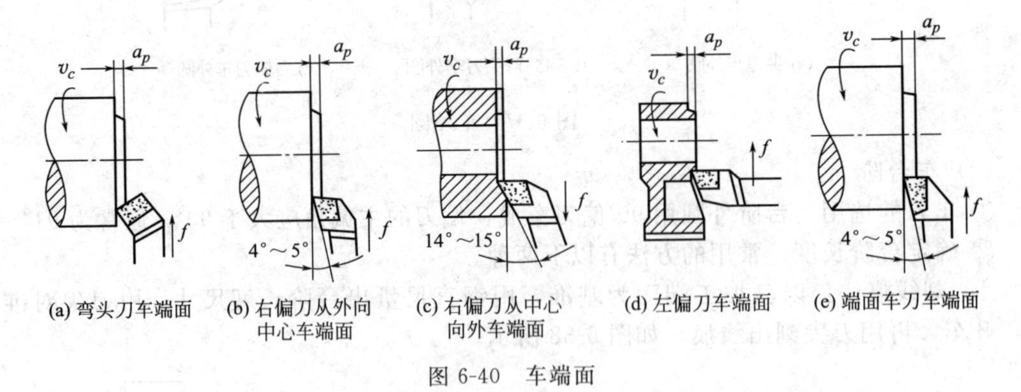

图6-40　车端面

6.5.5 钻孔及车孔

(1) 钻孔

在车床上钻孔如图6-41所示，钻头装在尾座套筒内。钻削时，工件旋转（主运动），手摇尾座手轮带动钻头纵向移动（进给运动）。钻孔前应先把工件端面车平，将尾座固定在纵向导轨的合适位置上，锥柄钻头装入尾座套筒内（锥柄尺寸小的需加变号锥套），直柄钻头用钻夹头夹持，再将钻夹头的锥柄插入车床尾座套筒内。为了防止钻头钻孔时偏斜，可先用中心钻钻出中心孔，以便钻头定心。

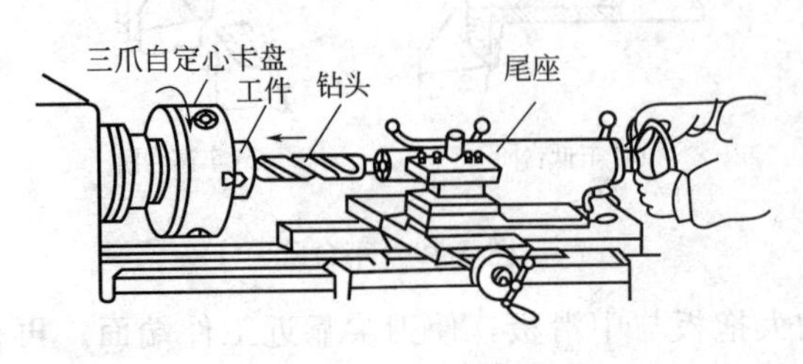

图6-41　在车床上钻孔

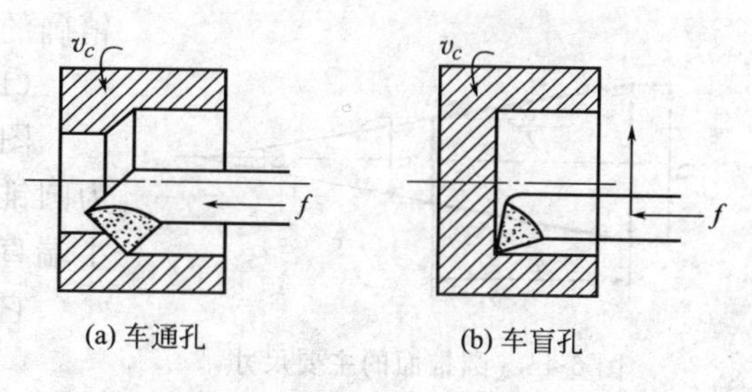

图 6-42 车孔

钻较深的孔时，必须经常退出钻头以便排屑。在钢件上钻孔通常要施加切削液，以降低切削温度，提高钻头的使用寿命。

（2）车孔

钻出的孔或铸孔、锻孔，若需进一步加工，可进行车孔。车孔可作为孔的粗加工、半精加工或精加工，加工范围很广。车孔能较好地纠正孔原来的轴线歪斜，提高孔的位置精度。

① 车刀的选择 车通孔、盲孔所用的车刀如图 6-42 所示。为了避免由于切削力而造成的"扎刀"或"抬刀"现象，车刀伸出长度应尽可能短，以减少振动，但应不小于车孔深度。安装通孔车刀时，主偏角可小于 90°，如图 6-42(a) 所示；安装盲孔车刀时，主偏角须大于 90°，如图 6-42(b) 所示，否则内孔底平面不能车平，车孔在纵向进给至孔的末端时，再转为横向进给，即车出内端面与孔壁垂直良好的衔接表面。车刀安装后，在开车前，应先检查车刀杆装得是否正确，以防止车孔时由于车刀刀杆装得歪斜而使其碰到已加工的内孔表面。由于车刀刀杆刚性较差，切削条件不好，因此，切削用量应比车外圆时小。

② 粗车 应先进行试切，调整切削深度，然后自动或手动走刀。调整切深时，必须注意车刀横向进退方向与车外圆相反。

③ 精车 背吃刀量和进给量应更小，调整背吃刀量时应利用刻度盘，并用游标卡尺检查零件孔径。当孔径接近最后尺寸时，应以很小的切深车削，以保证车孔精度。

6.5.6 车槽、车断

（1）车槽

在车床上既可车外槽、车内槽，也可车端面槽，如图 6-43 所示。车宽度为 5mm 以下的窄槽，可以将主切削刃磨得和槽等宽，一次车出。车宽槽时，主切削刃的宽度可磨得小于槽宽，在横向进刀中分多次切，宽槽的深度一般用横向刻度盘控制。

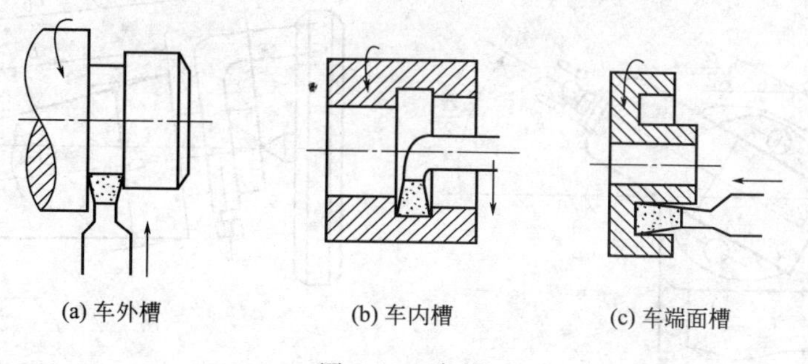

图 6-43 车槽

（2）车断

车断要用车断刀。车断刀的形状与车槽刀相似，车断工作一般在卡盘上进行，避免用顶尖安装工件。车断处应尽可能靠近卡盘。在保证刀尖能车到工件中心的前提下，车断刀伸出刀架之外的长度应尽可能短些。用手动走刀时，进给要均匀，在即将车断时一定要放慢进给速度，以防刀头折断。

6.5.7 车锥面

在机器中除采用内外圆柱面作为配合表面外，还常采用内外圆锥面作为配合面。内外圆锥面配合具有配合紧密、传递扭矩大、定心准确、同轴度高、拆装方便、多次拆装仍能保持

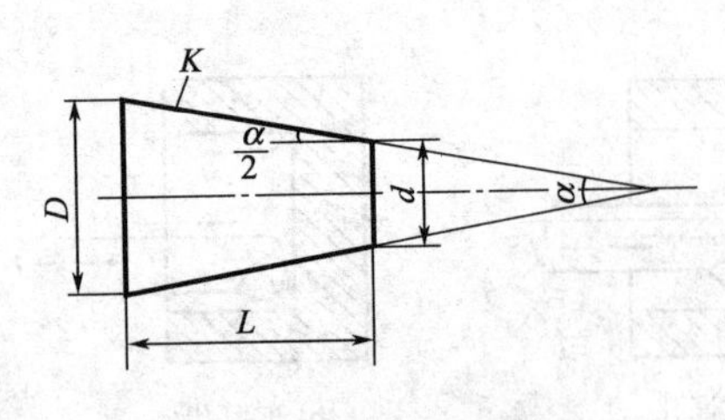

图 6-44 圆锥面的主要尺寸

精确的定心作用等优点。

(1) 圆锥面各部分名称、代号及计算公式

图 6-44 为圆锥面的基本参数，其中 K 为锥度，α 为圆锥角（$\alpha/2$ 称为圆锥斜角），D 为大端直径，d 为小端直径，L 为圆锥的轴向长度。

它们之间的关系为

$$K=\frac{D-d}{L}=2\tan\frac{\alpha}{2}$$

当 $\alpha/2<6°$ 时，$\alpha/2$ 可用下列近似公式进行计算：

$$\frac{\alpha}{2}\approx 28.7°\frac{D-d}{L}$$

(2) 车锥面的方法

车锥面的方法有四种：转动小滑板法、偏移尾座法、宽刀法和靠模法。

① 转动小滑板法　车削长度较短的圆锥时，常采用转动小滑板法，如图 6-45 所示。先松开固定小滑板的螺母，使小滑板绕转盘转一个被切锥面的斜角 $\alpha/2$，然后把螺母锁紧。均匀转动小滑板手柄，车刀即沿锥面的母线移动，车出所需要的锥面。此法调整方便，由于小滑板行程短，只能加工短锥面且为手动进给，故进给量不均匀、表面质量较差，但锥角大小不受限，因而应用广泛。

② 偏移尾座法　尾座由尾座体和底座两部分组成，压板底座用固定螺栓紧固在床身上，尾座体可在底座上作横向位置调节。当松开固定螺钉而拧动两个调节螺钉时，即可使尾座体在横向移动一定的距离。偏移尾座法车锥面如图 6-46 所示，工件安装在前后顶尖之间。将尾座体相对底座在横向向前或向后偏移一定距离 S，使工件回转轴线与车床主轴轴线的夹角等于工件圆锥斜角 $\alpha/2$，也就是使圆锥面的母线与车床主轴轴线平行，当刀架自动或手动纵向进给时即可车出所需的锥面。

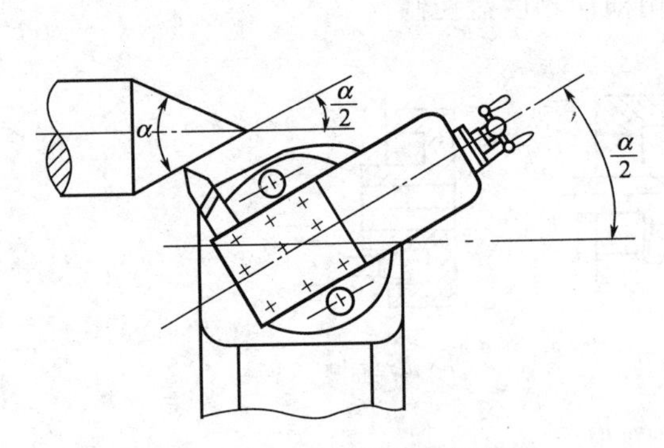

图 6-45 转动小滑板车圆锥面

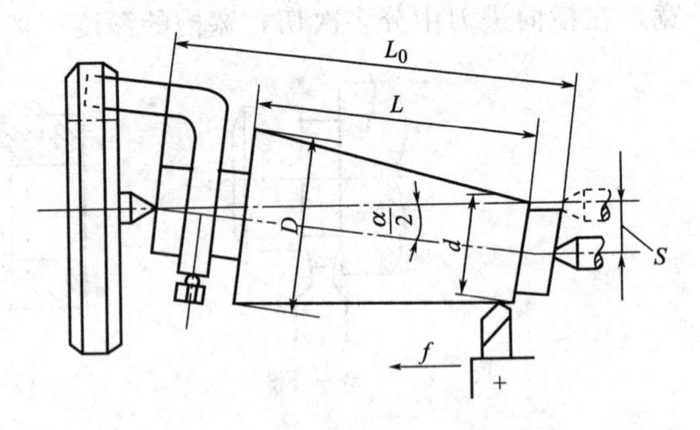

图 6-46 偏移尾座车圆锥面

③ 宽刀法　在车削较短的圆锥时，可以用宽刀直接车出，如图 6-47 所示。宽刃刀的刀刃必须平直，刀刃与主轴轴线的夹角应等于工件圆锥半角 $\alpha/2$，用宽刃刀车圆锥面时，车床必须具有很好的刚性，否则易引起振动。宽刀法只适宜车削较短的锥面，生产率高，在成批生产特别是大批大量生产中用得较多。

④ 靠模法　对于长度较长、精度要求很高的锥体，一般采用靠模法车削。靠模装置能使车刀作纵向走刀的同时，还作横向走刀，从而使车刀的移动轨迹与被加工工件的圆锥母线平行，如图 6-48 所示，靠模板装置是车床加工圆锥面的附件。对于较长的外圆锥和圆锥孔，当其精度要求较高而批量又较大时常采用这种方法。

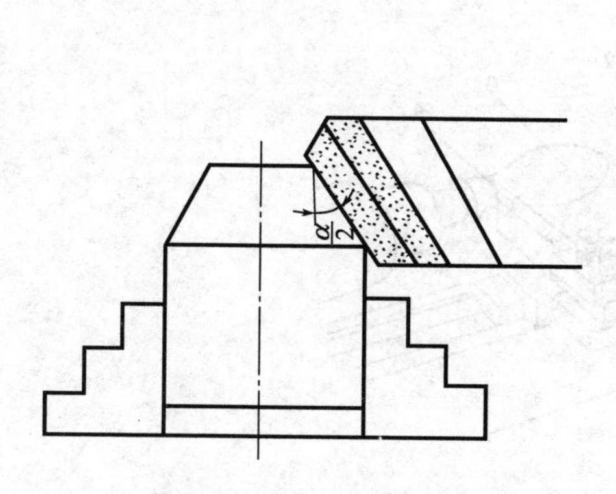

图 6-47 宽刀车削圆锥面

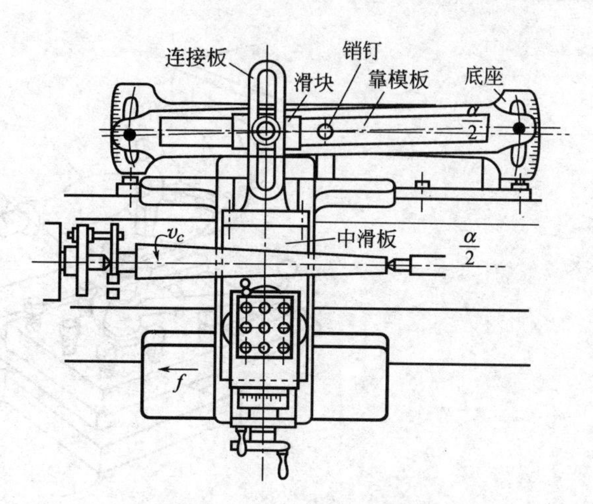

图 6-48 靠模板车削圆锥面

6.5.8 车回转成形面

回转成形面是由一条曲线（母线）绕一固定轴线回转而成的表面，如手柄、手轮、圆球等。在车床上加工成形面的方法有成形刀车成形面、双手控制法车成形面、用靠模板法车成形面。

（1）成形刀车成形面

成形刀（样板刀），要求刀刃形状与工件表面吻合，装刀时刃口要与工件轴线等高，由于车刀和工件接触面积大，容易引起振动，因此需要采用小切削量，只作横向进给，且要有良好的润滑条件。由于受工件表面形状和尺寸的限制，故只运用在成批生产长度较短成形面的工件加工，如图 6-49 所示。

（2）双手控制法车成形面

单件加工成形面时，通常采用双手控制法车削成形面，即双手同时摇动小滑板手柄和中滑板手柄，并通过双手协调动作，使刀尖走过的轨迹与所要求的成形面曲线相仿，如图 6-50 所示。

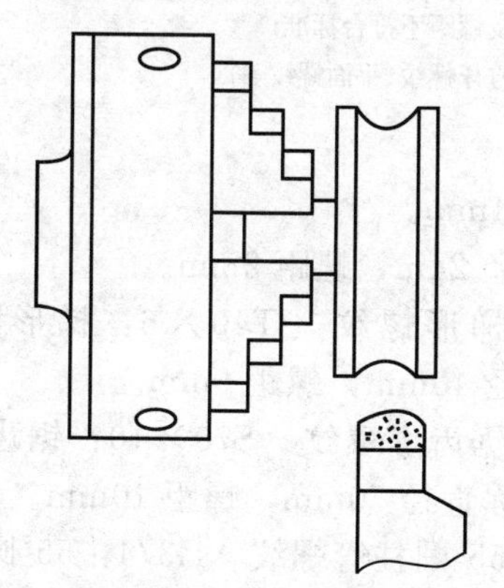
图 6-49 成形刀车削成形面

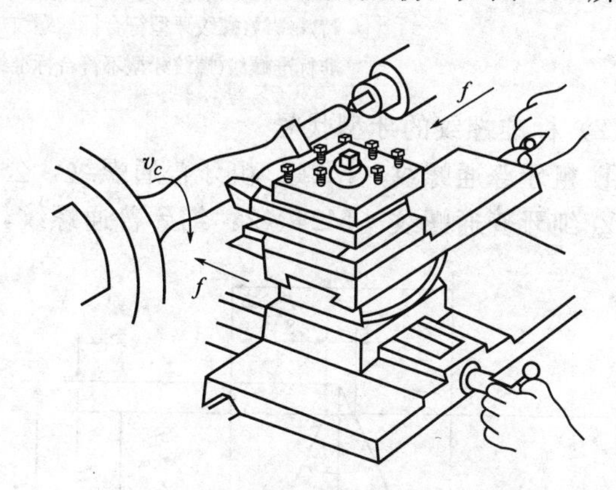

图 6-50 双手控制法车削成形面

（3）用靠模法车成形面

用靠模法车成形面的原理和靠模车削圆锥面相同。加工时，只要把滑板换成滚柱，把锥度靠模板换成带有所需曲线的靠模板即可，如图 6-51 所示。把一个标准样件（即靠模）装在尾座套筒里，在刀架上装一把长刀夹，刀夹上装有车刀和靠模杆。车削时，用双手操纵中、小滑板（或使用床鞍自动进给），使靠模杆始终贴在标准样件上并运动，这样就车出工件的成形面，使用这种方法加工成形面，操作简单，生产效率高。

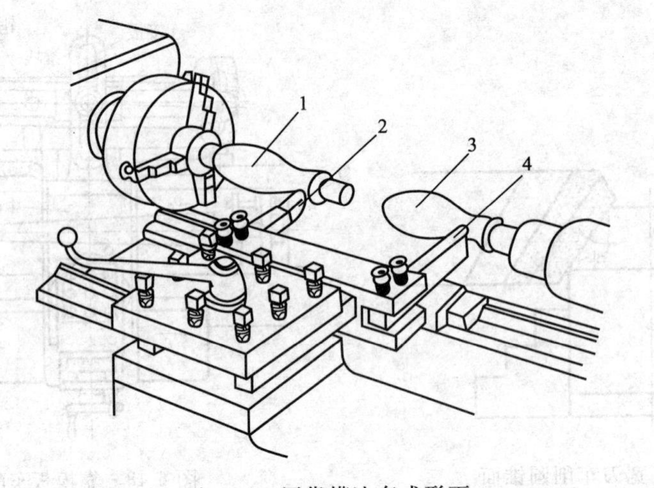

图 6-51　用靠模法车成形面

1—工件；2—车刀；3—标准样件；4—靠模杆

6.5.9　车螺纹

（1）螺纹的分类

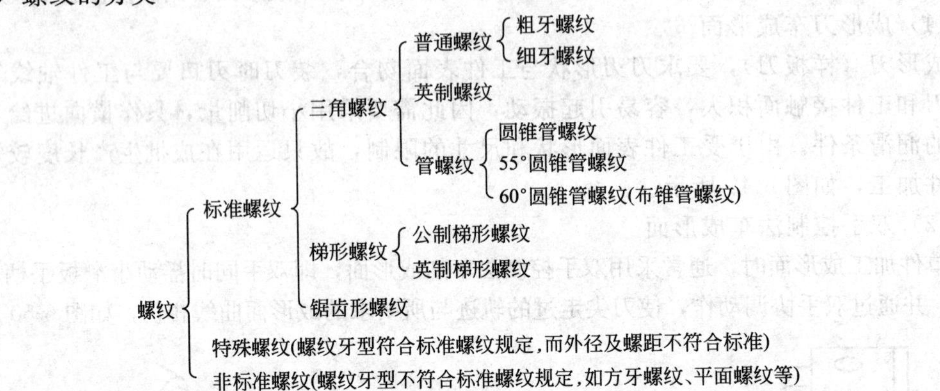

（2）标准螺纹的牙型代号

① 粗牙普通螺纹　M24：粗牙普通螺纹，公称直径 24mm。

② 细牙普通螺纹　M24×2：细牙普通螺纹，公称直径 24m，螺距 2mm。

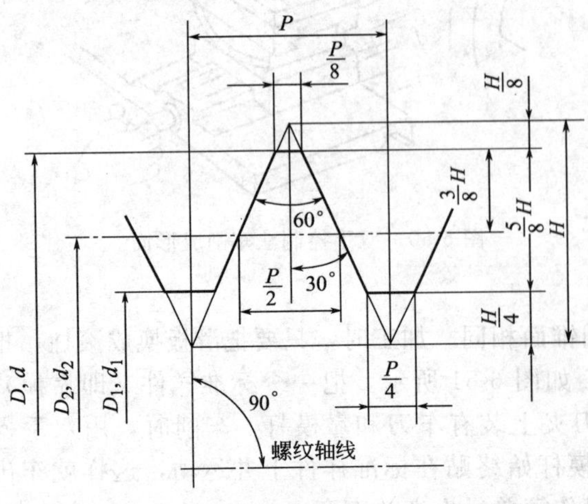

图 6-52　普通螺纹的基本要素及尺寸计算

③ 梯形螺纹　T40×6：梯形螺纹，公称直径 40mm，螺距 6mm。

④ 锯齿形螺纹　S70×10：锯齿形螺纹，公称直径 70mm，螺距 10mm。

⑤ 55°圆柱管螺纹　G3/4：55°圆柱管螺纹，管孔径为 3/4in。

⑥ 55°圆锥管螺纹　ZG3/4：55°圆锥管螺纹，管孔径为 3/4in。

⑦ 60°圆锥螺纹　Z3/4：60°圆锥螺纹，管孔径为 3/4in。

（3）螺纹的基本要素及尺寸计算

以普通三角螺纹为例，如图 6-52 所示。

① 牙型角　牙型角＝60°。

② 原始三角形高度　$H=(P/2)\cot(\alpha/2)=0.866P$。

③ 削平高度　外螺纹牙顶和内螺纹牙底均在 $H/8$ 处削平，外螺纹牙底和内螺纹牙顶均在 $H/4$ 处削平。

④ 牙型高度　$h_1=H-H/8-H/4=0.5413P$。

⑤ 大径　$d=D$（公称直径）。

⑥ 中径　$d_2=D_2=d-2\times\frac{3}{8}H=d-0.6495P$。

⑦ 小径　$d_1=D_1=d-2\times\frac{5}{8}H=d-1.0825P$。

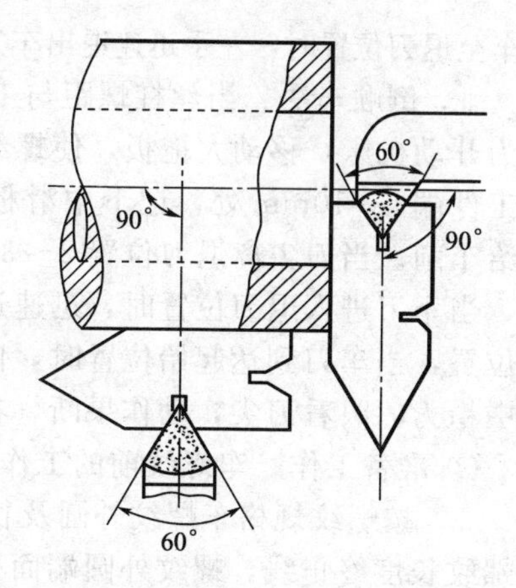

图 6-53　螺纹车刀形状及对刀方法

(4) 螺纹车刀的刃磨和安装

螺纹车刀是一种成形刀具，螺纹截形精度取决于螺纹车刀刃磨后的形状及其在车床上安装位置是否正确。常用的螺纹车刀材料有高速钢与硬质合金两种，刃磨螺纹车刀时，应使切削部分的形状与螺纹牙型相符，普通螺纹车刀刀尖角应刃磨成 60°，并使前角等于 0°。安装时，首先使刀尖与工件中心等高即对中，装高或装低都将导致切削难以进行，车刀对中后应保证刀尖角的中心线垂直于工件轴线，否则会使螺纹的牙型半角不等，造成截形误差。对刀方法如图 6-53 所示。如车刀歪斜，应轻轻松开车刀紧定螺钉，转动刀杆，使刀尖对准角度样板，符合要求后将车刀紧固，一般须复查一次。

(5) 螺距 P

螺距 P 是螺纹相邻两牙对应点之间的轴向距离（mm）。要获得准确的螺距，车螺纹时必须保证工件每转一周，车刀准确而均匀地沿纵向移动一个螺距 P 值，如图 6-54 所示。因此，车螺纹必须用丝杠带动刀架纵向移动，而且要求主轴与丝杠之间保持一定的速比关系，该速比由配换齿轮和进给箱中的传动齿轮保证，在车床设计时已计算确定。加工前只要根据工件的螺距值，按进给箱上标牌所指示的配换齿轮 z_1、z_2、z_3、z_4 的齿数及进给箱各手柄应处的位置调整机床即可。

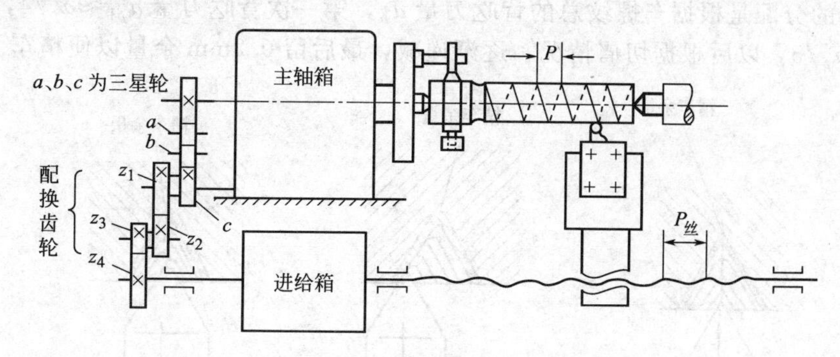

图 6-54　车螺纹传动示意图

(6) 车螺纹的操作

① 基本方法　进退刀进给动作要协调、敏捷，这是车螺纹的基本要求。操作的基本方法有对开螺母法、倒顺车法两种。

ⅰ. 对开螺母法：要求车床丝杠螺距与工件螺距成整倍数，否则会使螺纹产生乱扣。操作时，启动主轴，摇动大拖板，使刀尖离工件螺纹轴端 5～10mm，中滑板进刀后右手合上对开螺母。对开螺母一旦合上，大拖板就迅速向前或向后移动，此时右手仍须握住对开螺母手柄，当刀尖车至退刀位置时，左手迅速退出车刀，同时右手立即提起对开螺母，使大拖板停止移动。

ⅱ.倒顺车法：当丝杠螺距与工件螺距不成整倍数时，必须采用倒顺车进给法，操作方法为开动机床，移动大拖板，使螺纹车刀轻微接触要加工的螺纹工件表面，移动大拖板至靠近工件端5～10mm处，记下中滑板刻度盘上的刻度值。在此基础上进刀，合上对开螺母，进给车削。当刀尖离退刀位置2～3mm时，作退刀准备，使操纵杆开始向下，车速逐渐减慢，当车刀进入退刀位置时，迅速退出中滑板，并向下推操纵杆，使主轴反转，车刀退向起始位置，当车刀到达起始位置时，向上提起操纵杆，使主轴停转。在做进退刀操作时，必须集中精力，眼看刀尖，动作果断，在瞬间退刀。

② 准备工作　车螺纹前的工作如下。

ⅰ.按螺纹规格车螺纹外圆及长度，并按要求车螺纹退刀槽；对无退刀槽的螺纹，应刻出螺纹长度终止线，螺纹外圆端面处必须倒角。

ⅱ.按导程 L 或螺距 P，查进给标牌，调整挂轮与进给手柄位置。

ⅲ.调整主轴转速，选取合适的切削速度，一般粗车时，$v_c \approx 0.3$m/s，精车时，$v_c < 0.1$m/s。

ⅳ.开动机床，摇动中滑板，使螺纹车刀刀尖轻轻和工件接触，以确定背吃刀量的起始位置，再将中滑板刻度调整至零位，在刻度盘上做好螺纹总背吃刀量调整范围的记号。

ⅴ.开动机床（选用低速），合上对开螺母，用车刀刀尖在外圆上轻轻车出一道螺旋线，然后用钢直尺或游标卡尺检查螺距是否正确。测量时，为减少误差，应多量几牙，如检查螺距1.5mm的螺纹，可测量10牙，即为15mm，若螺距不正确，则应根据进给标牌检查挂轮及进给手柄位置是否正确。

③ 车螺纹的方法和合理分配背吃刀量　正确选择进刀方法，合理分配背吃刀量，是车螺纹的关键。

ⅰ.直进法车螺纹的操作要领及合理分配背吃刀量。

进刀时，利用中滑板作横向垂直进给，在几次进给中将螺纹的牙槽余量切去，如图6-55(a)所示。特点是：可得到较正确的截形，但车刀的左右侧刃同时切削，不便排屑，螺纹不易车光，当背吃刀量较大时，容易产生扎刀现象，一般适用于精车螺距小于2mm的螺纹。背吃刀量的分配是根据车螺纹总的背吃刀量 a_p，第一次背吃刀量 $a_{p1} \approx a_p/4$，第二次背吃刀量 $a_{p2} \approx a_p/5$，以后根据切屑情况，逐渐递减，最后留0.2mm余量以便精车。

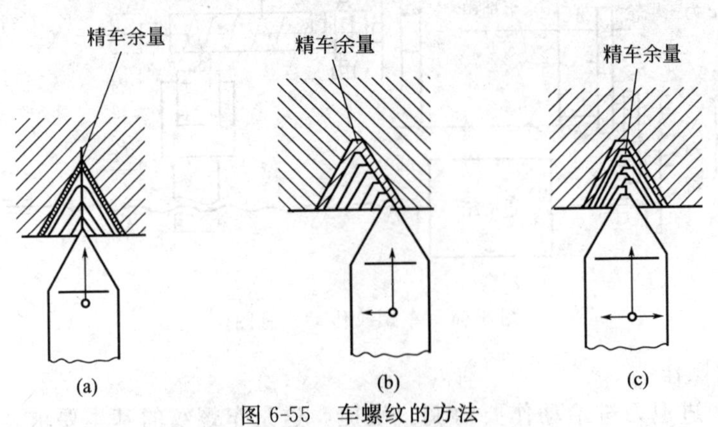

图6-55　车螺纹的方法

ⅱ.斜进法车螺纹的操作要领及合理分配背吃刀量。

进刀操作时，每次进刀除中滑板作横向进给外，小滑板向同一方向作微量进给，多次进刀将螺纹的牙槽全部车去，如图6-55(b)所示。车削时，开始一两次进给可用直进法，以后用小滑板配合进刀。特点是单刃切削，排屑方便，可采用较大的背吃刀量，适用于较大螺距螺纹的粗加工。中滑板的吃刀量随牙槽加深逐渐递减，每次进刀小滑板的进刀量是中滑板的1/4，以形成梯度。粗车后留0.2mm作精车余量。

ⅲ. 左右借刀法车螺纹的操作要领及合理分配背吃刀量。

每次进刀时，除中滑板作横向进给外，同时小滑板配合中滑板作左或右的微量进给，这样多次进刀，可将螺纹的牙槽车出，小滑板每次进刀的量不宜过大，如图6-55(c) 所示。左右借刀法进刀时，应注意消除小滑板左右进给的间隙，方法为，如先向左借刀，即小滑板向前进给，然后小滑板向右借刀移动时，应使小滑板比需要的刻度多退后几格，以消除间隙部分，再向前移动小滑板至需要的刻度上；以后每次借刀，使小滑板手轮向一个方向转动，可有效消除间隙。

④ 车削过程的对刀及背吃刀量的调整　车螺纹过程中，刀具磨损或折断后，需拆下修磨或换刀重新装刀车削时，会出现刀具位置不在原螺纹牙槽中的情况，如继续车削会乱扣。这时，须将刀尖调整到原来的牙槽中方能继续车削，这一过程称为对刀。对刀方法有静态对刀法和动态对刀法。

ⅰ. 静态对刀法：主轴慢转，并合上对开螺母，转动中滑板手柄，待车刀接近螺纹表面时慢慢停车，主轴不可反转。待机床停稳后，移动中、小滑板，目测将车刀刀尖移至牙槽中间，然后记下中小滑板刻度后退出。

ⅱ. 动态对刀法：主轴慢转，合上开合螺母，在开车过程中移动中、小滑板，将车刀刀尖对准螺纹牙槽中间。也可根据需要，将车刀的一侧刃与需要切削的牙槽一侧轻轻接触，待有微量切屑时即刻记取中、小滑板刻度，最后退出车刀。为避免对刀误差，可在对刀的刻度上进行1～2次试切削，确保车刀对准。此法要求反应快，动作迅速，对刀精确度高。

ⅲ. 背吃刀量的重新调整：重新装刀后，车刀的原先位置发生了变化，对刀前应首先调好车刀背吃刀量的起始位置。

⑤ 精车方法　粗车螺纹，可通过调整背吃刀量或测量螺纹牙顶宽度值控制尺寸，并保证精车余量，精车的步骤如下。

ⅰ. 对刀，使螺纹车刀对准牙槽中间，当刀尖与牙槽底接触后，记下中、小滑板刻度，并退出车刀。

ⅱ. 分一次或两次进给，运用直进法车准牙槽底径，并记取中滑板的最后进刀刻度。

ⅲ. 车螺纹牙槽一侧，在中滑板牙槽底径刻度上采用小滑板借刀法车削，观察并控制切屑形状，每次借偏量为0.02～0.05mm，为避免牙槽底宽扩大，最后一两次进给时，中滑板可作适量进给。

ⅳ. 用同样的方法精车另一侧面，注意螺纹尺寸，当牙顶宽 f 接近 $P/8$ 时，可用螺纹量规检查螺纹尺寸。

ⅴ. 精车时，应加切削液，并尽量将精车余量留给第二侧面，即第一侧面精车时光出即可。

ⅵ. 螺纹车完后，牙顶上应用细齿锉修去毛刺。

6.5.10 滚花

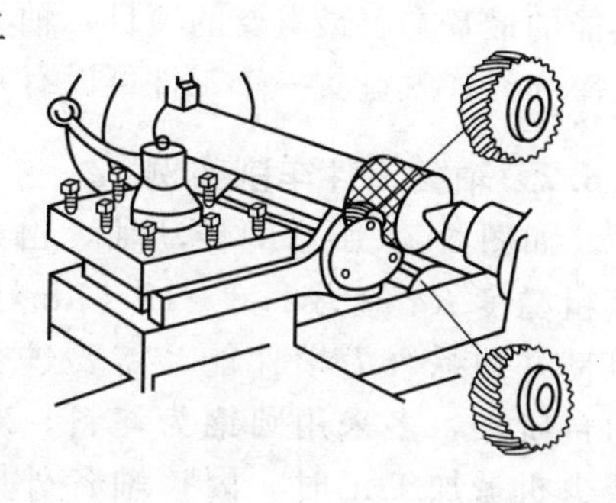

图6-56　滚花

某些工具和机器零件的握持部分，如车床刻度盘以及螺纹量规等，为了便于手握和增加美观，常在表面上加工出各种不同的花纹。滚花是在车床上利用滚花刀挤压工件，使其表面产生塑性变形而形成花纹的一种工艺方法。图6-56是用网纹滚花刀滚制网状花纹。滚花的径向挤压力很大，因此加工时工件的转速要低，并保证充足的切削液。

6.6 典型零件车削工艺简介

6.6.1 轴类工件车削工艺制订

(1) 确定主要表面加工方法和加工方案

轴大多是回转表面，主要采用车削和外圆磨削。如果轴主要表面的公差等级较高(IT6)，表面粗糙度值较小 ($Ra0.8\mu m$)，最终加工应采用磨削。在零件图工艺分析中，需理解零件结构特点、精度、材质、热处理等技术要求，研究产品装配图、部件装配图及验收标准等。

(2) 划分加工阶段

轴加工划分为三个阶段，即粗车（粗车外圆、钻中心孔)、精车（精车各处外圆、台肩和修研中心孔等)、粗精磨各外圆。各加工阶段大致以热处理为界。

(3) 选择定位基准

定位基准要符合基准重合原则，尽可能选设计基准或装配基准作为定位基准，符合基准统一原则，尽可能在多道工序中用同一个定位基准，使定位基准与测量基准重合，选择精度高、安装稳定可靠的表面为基准。轴类工件的定位基准，最常用的是两中心孔，因为轴类零件各外圆表面、螺纹表面的同轴端面对轴线的垂直度是相互位置精度的主要项目，而这些表面的设计基准一般都是轴的中心线，采用两中心孔定位就能符合基准重合原则。而且由于多数工序都采用中心孔作为定位基准，能最大限度地加工出多个外圆和端面，这也符合基准统一原则。但下列情况不能用两中心孔作为定位基准。

ⅰ. 粗加工外圆时，为提高工件刚度，则采用轴外圆表面作为定位基准，或以外圆和中心孔同时作为定位基准，即一夹一顶；有非加工表面时，应选非加工表面作为粗基准。对所有表面都需加工的铸件轴，根据加工余量最小表面找正，选择平整光滑表面，让开浇口处，选牢固可靠的表面为粗基准，同时粗基准不可重复使用。

ⅱ. 当轴为通孔工件时，在加工过程中，作为定位基准的中心孔因钻出通孔而消失。

(4) 热处理工序的安排

轴需进行调质处理，它应放在粗加工后、半精加工前进行。如采用锻件毛坯，必须首先安排退火或正火处理。该轴毛坯为热轧钢，可不必进行正火处理。

(5) 加工顺序安排

遵循加工顺序安排的一般原则，如先粗后精、先主后次等。轴类工件的加工是练习车削技能的最基本、最重要的项目，轴类工件中工艺规程的制订，直接关系到工件质量、劳动生产率和经济效益。一个工件可以有几种不同的加工方法，但只有某一种较合理。

6.6.2 轴类工件车削实例

如图 6-57 所示的传动轴，由外圆、轴肩、中心孔、砂轮越程槽等组成。外圆的表面粗糙度 Ra 值为 $1.6\sim12.5\mu m$，此外，该传动轴与一般重要的轴类零件一样，为了获得良好的综合力学性能，需要进行调质处理。轴类工件中，对于光轴或直径相差不大的台阶轴，多采用圆钢为坯料；对于直径相差悬殊的台阶轴，采用锻件可节省材料和减少机械加工工时。因该轴各外圆直径尺寸悬殊不大，可选择 $\phi95mm$ 的圆钢为毛坯。表 6-1 所示为传动轴机械加工工艺过程。

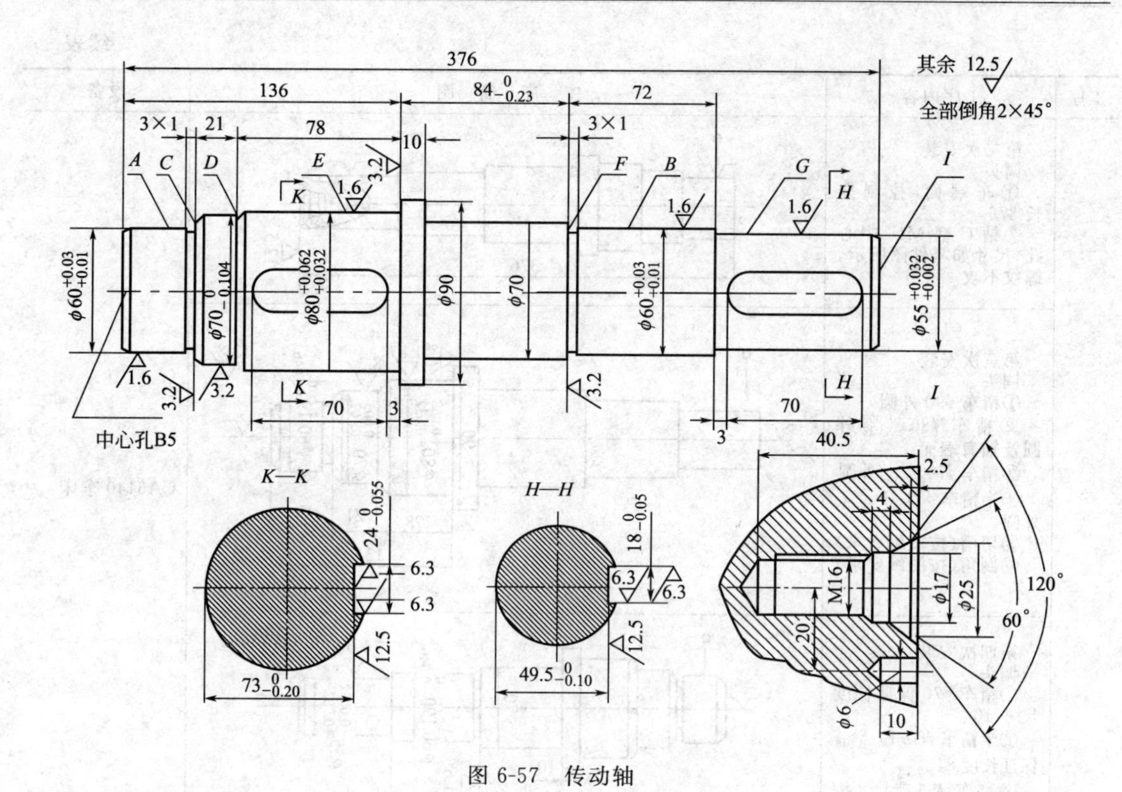

图 6-57 传动轴

表 6-1 传动轴机械加工工艺过程

工序	工序内容	工 序 简 图	设备
1	圆钢下料 ϕ95×380		锯床
2	两端钻 A 型 ϕ5 中心孔		立钻 Z535
3	第一次安装： ①粗车 ϕ91.5 外圆、长 156 ② 粗车 ϕ80.7 外圆、长 136 ③ 粗车 ϕ70.6，保证 ϕ80.7 长 78 ④ 粗车 ϕ60.8 外圆，保证 ϕ70.6 长 21	ϕ91.5 ϕ80.7 ϕ70.6 ϕ60.6 78 21 136 156	CA6140 车床
	第二次安装： 调头 ①粗车 ϕ71.5 外圆，保证 ϕ91.5 长 14 ②粗车 ϕ60.8 外圆，保证 ϕ91.5 左端至 ϕ71.5 右端长 88 ③粗车 ϕ55.6 外圆，保证 ϕ60.8 外圆长 72	ϕ91.5 12.5 71.5 60.8 ϕ55.6 14 88 72	CA6140 车床
4	正火		
5	第一次安装： ①车端面保证长 134 ②钻 B 型 ϕ5 中心孔	12.5 134	CA6140 车床

续表

工序	工序内容	工序简图	设备
	第二次安装： 调头 ①车端面，控制全长 376 ②钻 C 型 M16 中心孔，尺寸如零件图所示，螺纹不攻	376 12.5	
5	第三次安装： 调头 ①精车 $\phi90$ 外圆 ②精车 $\phi80^{+0.062}_{+0.032}$ 外圆及轴肩端面 ③精车 $\phi70^{\ 0}_{-0.104}$ 外圆 ④半精车 $\phi60.19^{\ 0}_{-0.046}$ 外圆 ⑤切槽（按图纸要求） ⑥倒角（按图纸要求）	0.8 1.8 8.3 12.8 90 $\phi80^{+0.062}_{+0.032}$ $\phi70^{-0.003}_{-0.102}$ $\phi60.19^{\ 0}_{-0.046}$ 78 21 1.6 136	CA6140 车床
	第四次安装： 调头 ①精车 $\phi70$ 保证长度尺寸 10 ②半精车 $\phi60.19^{\ 0}_{-0.046}$，保证长度 $84^{\ 0}_{-0.23}$ ③精车 $\phi55^{+0.032}_{+0.002}$（按图纸尺寸） ④倒角（按图纸尺寸）	1.6 其余 1.8 $\phi70$ $\phi60.190^{\ 0}_{-0.046}$ $\phi55^{+0.0032}_{+0.002}$ 10 1.6 $84^{\ 0}_{-0.23}$ 72	
6	①铣 $24^{\ 0}_{-0.055}$ 键槽 ②铣 $18^{\ 0}_{-0.05}$ 键槽	70 3 3 70 6.3 6.3 $24^{\ 0}_{-0.055}$ 12.5 $73^{\ 0}_{-0.2}$ 12.5 $18^{\ 0}_{-0.05}$ 12.5 12.5 $48.5^{\ 0}_{-0.17}$	立式铣床
7	第一次安装： 磨 $\phi60^{+0.03}_{+0.01}$ 外圆	0.8 $60^{+0.03}_{+0.01}$	外圆磨床
	第二次安装： 调头磨 $\phi60^{+0.03}_{+0.01}$ 外圆	0.8 $\phi60^{+0.03}_{+0.01}$	

续表

工序	工序内容	工 序 简 图	设备
8	①钻孔 $\phi 6$ 深 10 ②攻 M16 螺纹	M16 20 25 $\phi 6$深10	
9	按图纸要求检验		

6.7 其他类型车床

为了满足各种零件加工的需要，提高切削加工的生产率，除卧式车床外，尚有落地车床、转塔车床、立式车床、多刀车床、自动和半自动车床等。尽管各种车床有不同的外形和结构，但其基本原理还是相同的。下面介绍一些车床的主要特点。

6.7.1 落地车床

在车床上经常要加工大而短的盘套类零件，这种零件在卧式车床加工时受回转直径的限制，若用大型卧式车床加工这类零件往往是不经济的，这类零件可以在落地车床上进行加工。如图 6-58 所示是落地车床的外形。主轴箱 1 及刀架滑座 8 直接安装在地基或落地平板上，工件夹持在花盘 2 上，刀架 3 和 6 可作纵向移动，刀架 5 和 7 可作横向移动。当转盘 4 调整至一定的角度位置时，可利用刀架 5 或 6 车削锥面。刀架 3 和 7 由单独电动机驱动，作连续进给运动，或经杠杆和棘轮机构，由主轴周期拨动，作间歇进给运动，加工特大零件的落地车床厂花盘下方有地坑，以便加大可加工的工件直径。

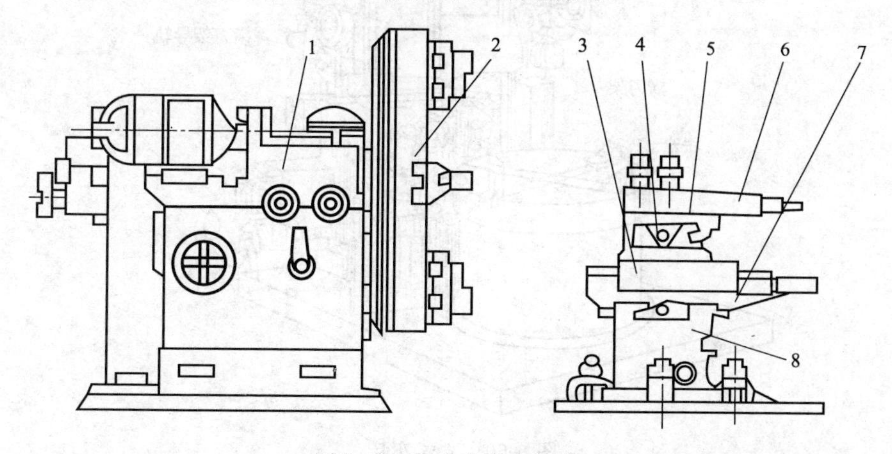

图 6-58 落地车床的外形

1—主轴箱；2—花盘；3,6—纵向刀架；4—转盘；5,7—横向刀架；8—刀架滑座

6.7.2 转塔车床

转塔车床如图 6-59 所示。它与卧式车床的区别在于有一个可转动的六角刀架，代替了卧式车床上的尾座。在六角刀架上可同时安装钻头、铰刀、板牙以及装在特殊刀夹中的各种车刀，以便进行多刀加工，这些刀具是按零件加工顺序安装的。六角刀架每转 60°，便可更

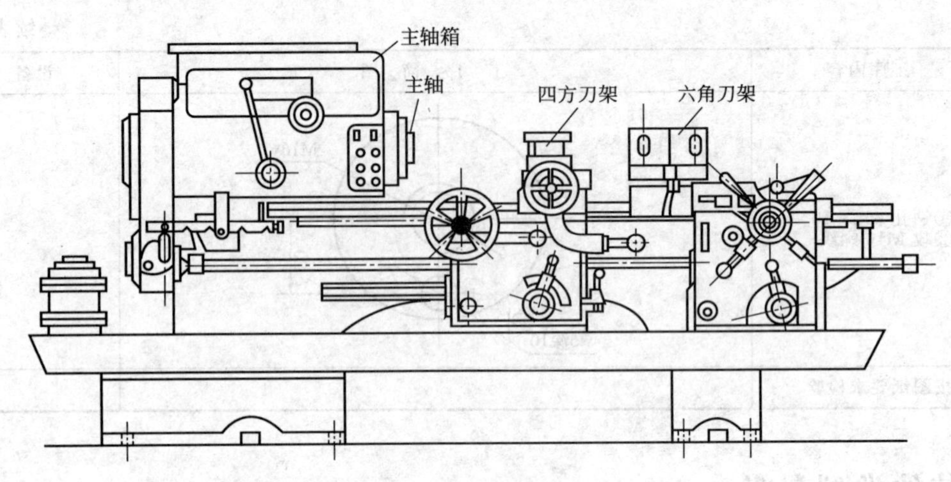

图 6-59 转塔车床

换一组刀具，而且可与方刀架上的刀具同时对工件进行加工。此外，机床上有定程装置，可控制尺寸，节省许多度量工件的时间。转塔车床适宜加工外形复杂且具有内孔的成批零件。

6.7.3 立式车床

立式车床如图 6-60 所示。它的主轴处于垂直位置，安装工件用的花盘或卡盘处于水平位置。即使安装了大型零件，运转仍十分平稳。立柱上装有横梁上下移动；立柱及横梁上都装有刀架，可作上下左右移动。立式车床适宜加工大型盘类零件。

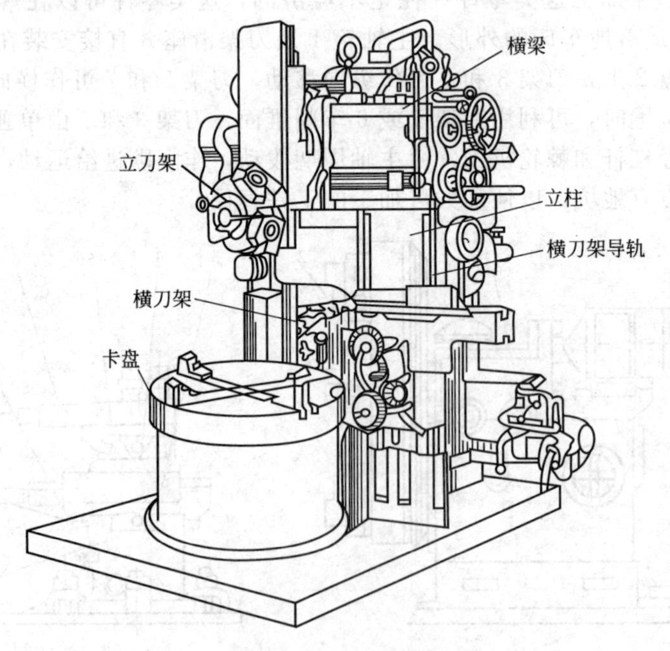

图 6-60 立式车床

6.7.4 马鞍车床

马鞍车床如图 6-61 所示。是同规格卧式车床的“变型”，它和卧式车床基本相同，主要区别是它的床身在靠近主轴箱一侧有一可卸式导轨（马鞍），卸去马鞍后就可使加工工件的最大直径增大。例如在 CA6140 型卧式车床基础上变型的 CA6240 型马鞍车床，最大工件直径扩大到 630mm（马鞍槽内的有效长度为 210mm）。由于马鞍经常装卸，马鞍车床床身导

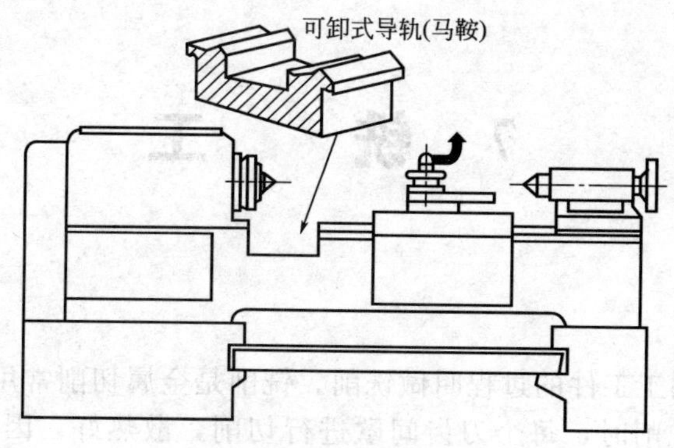

图 6-61 马鞍车床

轨的工作精度不如卧式车床，同等床身刚度也相对较差。所以这种机床主要应用在设备较少的，单件、小批生产的工厂及修理车间。

复习思考题

1. 说明 C6136 型车床代号的意义。
2. 车床由哪些部分组成？各部分有何作用？
3. 在卧式车床上能加工哪些表面？各用什么刀具？
4. 操纵车床时为什么纵、横手动进给手柄的进退方向不能摇错？
5. 在车床上安装工件、安装刀具及开车操作时应注意哪些事项？
6. 车床的主运动与进给运动各是什么？
7. C6136 型车床横向进给手动手柄转过 24 小格，刀具横向移动多少毫米？车外圆时，切削深度为 1.5mm，横向手动手柄应进刀多少小格？外径是 36mm，要车成 35mm，横向手动手柄应进刀多少小格？
8. 什么是切削用量？其单位是什么？车床主轴的转速是否就是切削速度？
9. 车刀按其用途和材料如何分类？
10. 前角和主后角分别表示哪些方面在空间的位置？试简述它们的作用。
11. 安装车刀时的注意事项是什么？
12. 为什么要开车对刀？
13. 试切的目的是什么？结合实际操作说明试切的步骤。
14. 在切削过程中进刻度时，若刻度盘手柄摇过了几格该怎么办？为什么？
15. 当改变车床主轴转速时，车刀的移动速度是否改变？进给量是否改变？
16. 车外圆时有哪些装夹方法？为什么车削轴类零件时常用双顶尖装夹？
17. 切断时，车刀易折断的原因是什么？操作过程中怎样防止车刀折断？
18. 中心架、跟刀架是如何固定在卧式车床上的？它们的用途是什么？
19. 孔径测量尺寸为 ϕ22.5mm，要车成 ϕ23mm，对刀后横向进给手柄应进刀多少小格？是逆时针转动还是顺时针转动？
20. 锥体的锥度和斜度有何不同？又有何关系？
21. 车锥面的方法有哪些？各适用于什么条件？
22. 试述转动小刀架法车锥体的优缺点及应用范围。
23. 已知锥度为 1∶10，试求小刀架应扳转的角度。
24. 螺纹的基本三要素是什么？在车削中怎样保证三要素符合公差要求？
25. 工件螺距 P=1.5mm、2mm、2.5mm、3mm、3.5mm 的螺纹，在 C6136 车床上加工，哪几种采用抬开合螺母法车削会乱扣？为什么采用正反车法不乱扣？
26. 车成形面有哪几种方法？单位小批生产常用哪种方法？
27. 滚花时的切削速度为何要低些？

7 铣 工

7.1 概述

在铣床上用铣刀加工工件的过程叫做铣削。铣削是金属切削常用的方法之一。铣刀是一种回转的多刃刀具，铣削时，每个刀齿间歇进行切削，散热好，因此可选用较高的切削速度，以提高生产效率。但铣削过程不平稳，易产生冲击和振动。

铣床可以加工各种平面（包括水平面、垂直面、斜面）、沟槽（包括直角槽、角度槽、键槽、T 形槽、燕尾槽、螺旋槽）和成形面等，还可以进行分度、钻孔和镗孔。图 7-1 为铣床加工工件的部分实例。铣削的工件尺寸公差等级可达 IT8～IT10，表面粗糙度 *Ra* 值可达 1.6～6.3μm。

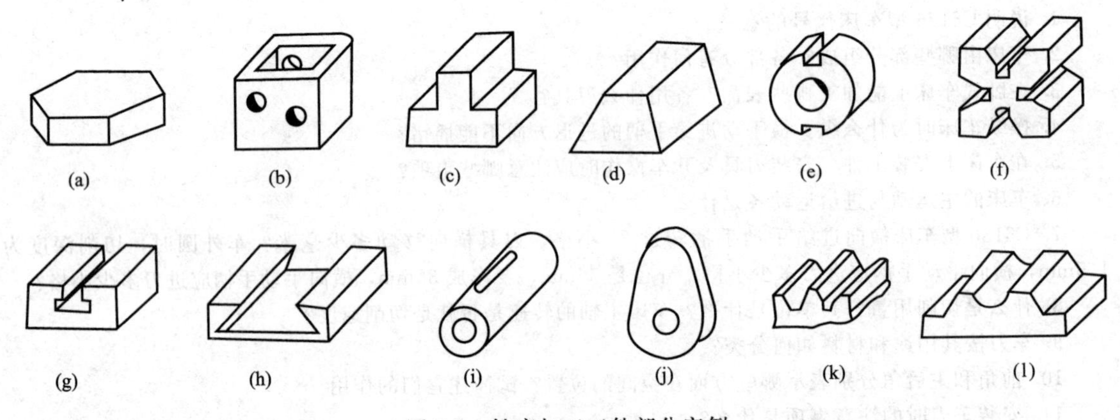

图 7-1 铣床加工工件部分实例

7.2 铣床

铣床的种类很多，常用的有卧式万能升降台铣床、卧式升降台铣床、立式铣床、龙门铣床、工具铣床、数控铣床等。

7.2.1 卧式万能升降台铣床

卧式铣床的主轴与工作台表面平行，是铣床中应用最多的一种。图 7-2 为 X6132 卧式万能升降台铣床的外形简图。在此型号中，X 表示铣床类，6 表示卧式铣床，1 表示万能升降台铣床，32 表示工作台宽度的 1/10，即工作台宽度为 320mm。X6132 的旧编号为 X61。

X6132 卧式万能升降台铣床主要由床身、电动机、主轴、横梁、刀轴、吊架、纵向工作台、横向工作台、转台、升降台、底座等部分组成。

① 床身　床身用于固定和支撑铣床各部件，其内部装有电动机和传动机构。

② 主轴　主轴是空心轴，前端有7∶24的精密锥孔，用于安装铣刀或刀轴并带动其旋转。

③ 横梁　横梁用于安装吊架，以便支撑刀轴外端，加强刚度。横梁可沿床身顶部的水

平导轨移动，以调整其伸出的长度，适应不同长度的刀轴。

④ 纵向工作台 纵向工作台用于装夹夹具和零件，可以在转台的导轨上作纵向移动，以带动台面上的零件作纵向进给。

⑤ 横向工作台 横向工作台位于升降台上面的水平导轨上，可带动纵向工作台一起作横向进给。

⑥ 转台 转台可以将纵向工作台在水平面内扳转一个角度（顺时针、逆时针最大均可转过 45°）。具有转台的卧式铣床称为卧式万能铣床。

⑦ 升降台 升降台可使整个工作台沿床身的垂直导轨上下移动，用来调整工作台面到铣刀的距离，可作垂直进给。

⑧ 底座 底座是铣床的基础。

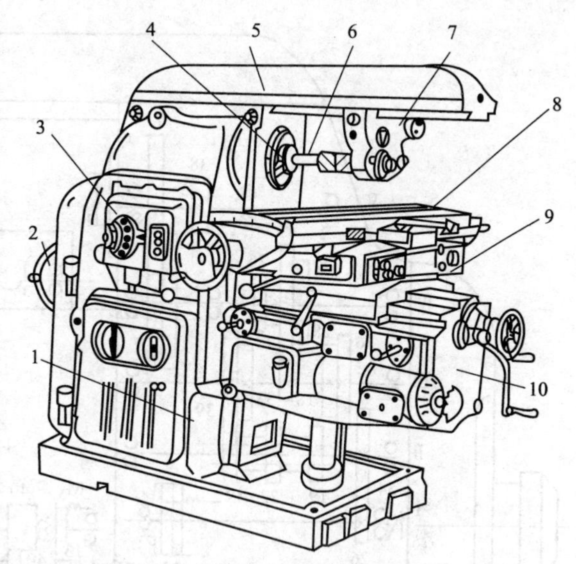

图 7-2 X6132 卧式万能升降台铣床

1—床身；2—电动机；3—主轴变速机构；4—主轴；5—横梁；6—刀杆；7—吊架；8—纵向工作台；9—床鞍；10—升降台

7.2.2 铣床的传动系统

图 7-3 是 X6132 万能卧式铣床传动系统示意图，分为主运动传动系统和进给运动传动系统两部分。

① 主运动传动系统传动结构式为：

$$\text{电动机}—\text{I}—26/54—\text{II}—\begin{Bmatrix}16/39\\22/33\\19/36\end{Bmatrix}—\text{III}—\begin{Bmatrix}39/26\\18/47\\28/37\end{Bmatrix}—\text{IV}—\begin{Bmatrix}19/71\\82/38\end{Bmatrix}—\text{V}(\text{主轴})$$

由上式可得主轴的转速分别为：30r/min、37.5r/min、47.5r/min、60r/min、75r/min、95r/min、118r/min、190r/min、235r/min、300r/min、375r/min、475r/min、600r/min、750r/min、950r/min、1180r/min、1500r/min。

② 进给运动传动系统传动结构式为：

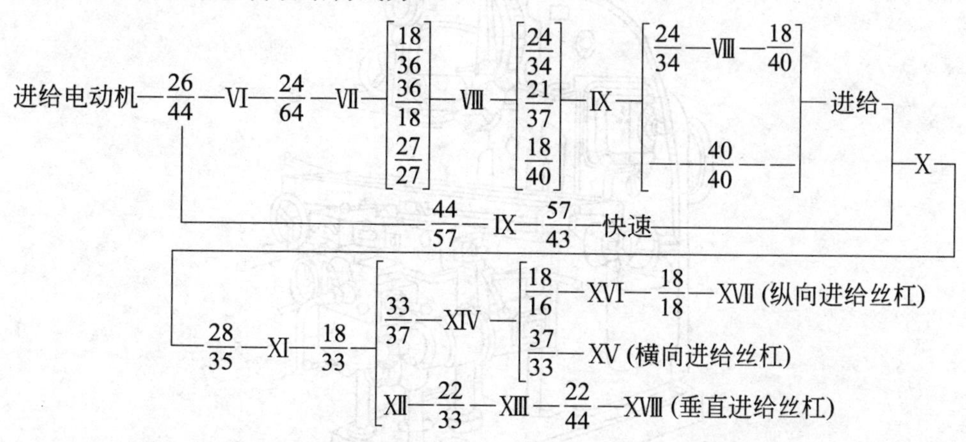

由上式可得纵向、横向进给量分别为：23.5mm/min、30mm/min、37.5mm/min、47.5mm/min、60mm/min、75mm/min、95mm/min、118mm/min、150mm/min、190mm/min、235mm/min、300mm/min、375mm/min、475mm/min、600mm/min、750mm/min、950mm/min、1180mm/min。

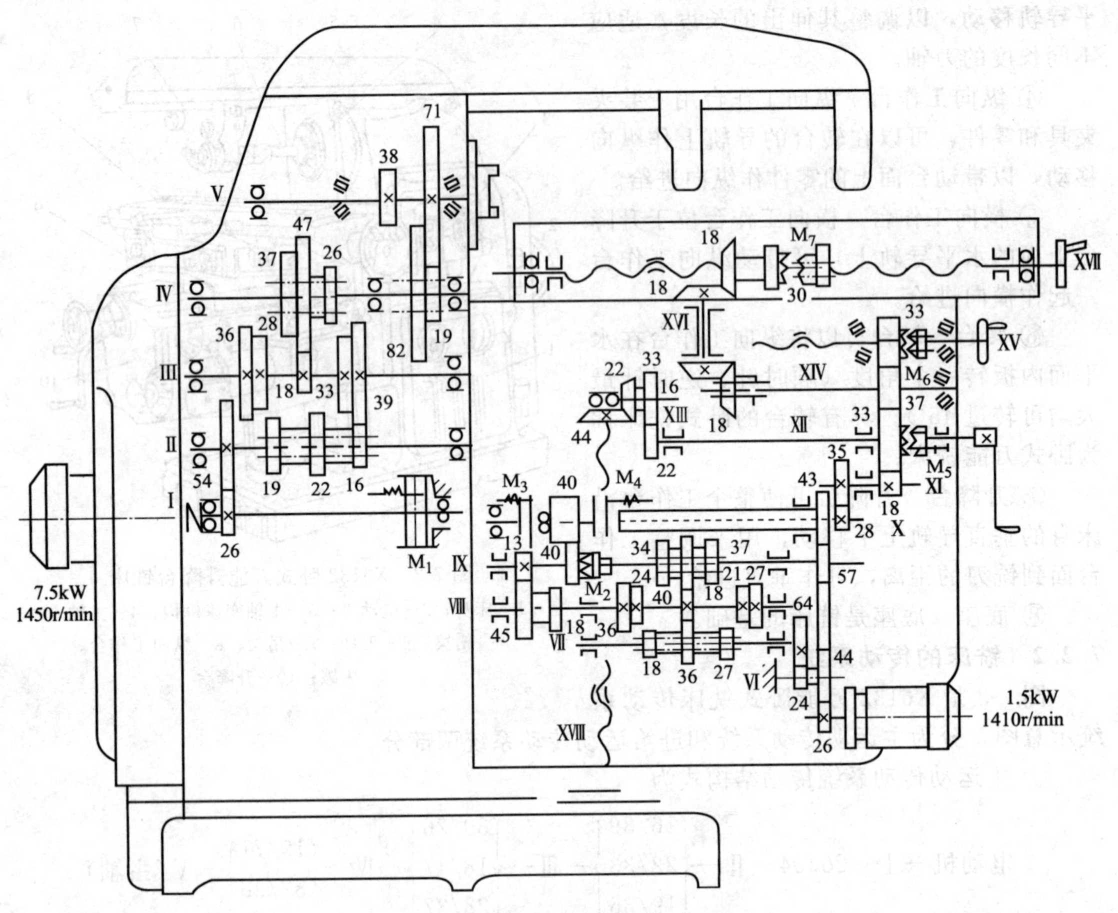

图 7-3 X6132 万能卧式铣床传动系统

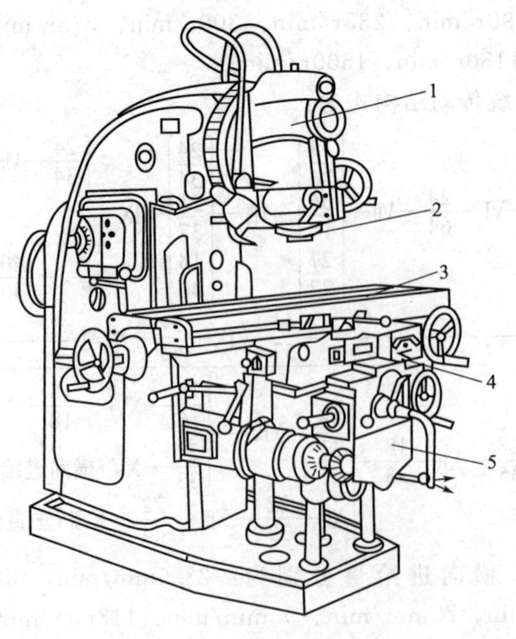

图 7-4 X5032 立式铣床

1—立铣头；2—主轴；3—工作台；4—床鞍；5—升降台

7.2.3 立式铣床

立式铣床的主轴与工作台表面垂直，这是它与卧式铣床的主要区别。图 7-4 为 X5032 立式铣床的外形简图。铣削时，铣刀安装在主轴上，由主轴带动作旋转运动，工作台带动工件做纵向、横向或垂直方向直线运动。根据加工的需要，可以将主轴倾斜一定的角度。

7.3 铣削运动和铣削用量

铣削时，铣刀的旋转运动是主运动，工件的直线或曲线移动为进给运动。铣削用量三要素分别为铣削速度、进给量、铣削深度和铣削宽度，如图 7-5 所示。

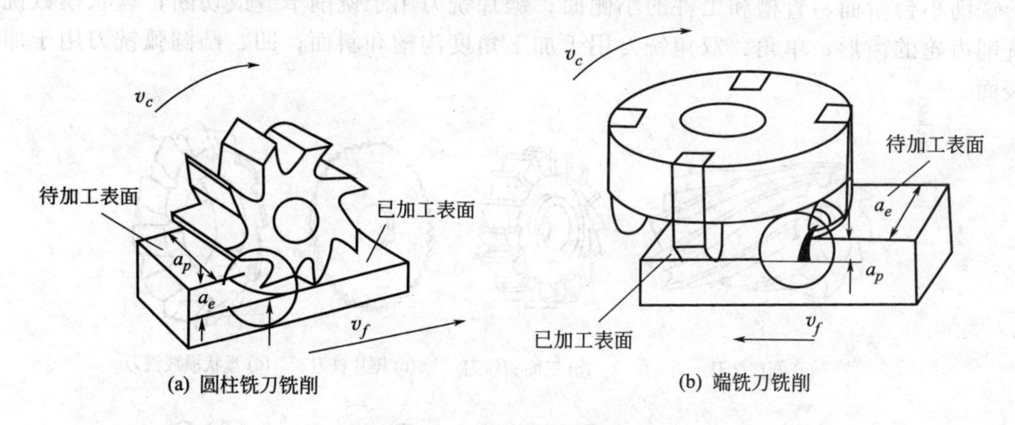

图 7-5 铣削运动和铣削用量

(1) 铣削速度 v_c

铣削速度指铣刀最大直径处的线速度，按下式确定：

$$v_c=\frac{\pi d n}{1000}$$

式中 v_c——铣削速度，m/min；

d——铣刀直径，mm；

n——铣刀转速，r/min。

(2) 进给量 f

铣削进给量有两种常用的表示方法。

① 进给速度 v_f（mm/min） 工件对铣刀每分钟的进给量，即每分钟工件沿进给方向移动的距离。

② 每转进给量 f（mm/r） 工件对铣刀每转的进给量，即每转工件沿进给方向移动的距离。

两者有如下关系：

$$f=\frac{v_f}{n}$$

式中 n——铣刀转速，r/min。

(3) 铣削深度 a_p 和铣削宽度 a_e

铣削深度 a_p 为沿铣刀轴线方向上测量的切削层尺寸。铣削宽度 a_e 为垂直铣刀轴线方向上测量的切削层尺寸。切削层是指工件上正被刀刃切削的那层金属。

7.4 铣刀及其安装

7.4.1 铣刀的分类及其用途

铣刀是多刃刀具，其几何形状复杂，种类较多。常用的铣刀刀齿材料有高速钢和硬质合金两种。

根据安装方法的不同，可以把铣刀分为两类：带孔铣刀和带柄铣刀。

7.4.2 带孔铣刀及其安装

带孔铣刀如图 7-6 所示，多用于卧式铣床。其中，圆柱铣刀用于铣削平面；三面刃铣刀用于铣削小台阶面、直槽和工件的小侧面；锯片铣刀用于铣削窄缝或切断；盘状模数铣刀用于铣削齿轮的齿形；单角、双角铣刀用于加工角度沟槽和斜面；凹、凸圆弧铣刀用于加工圆弧表面。

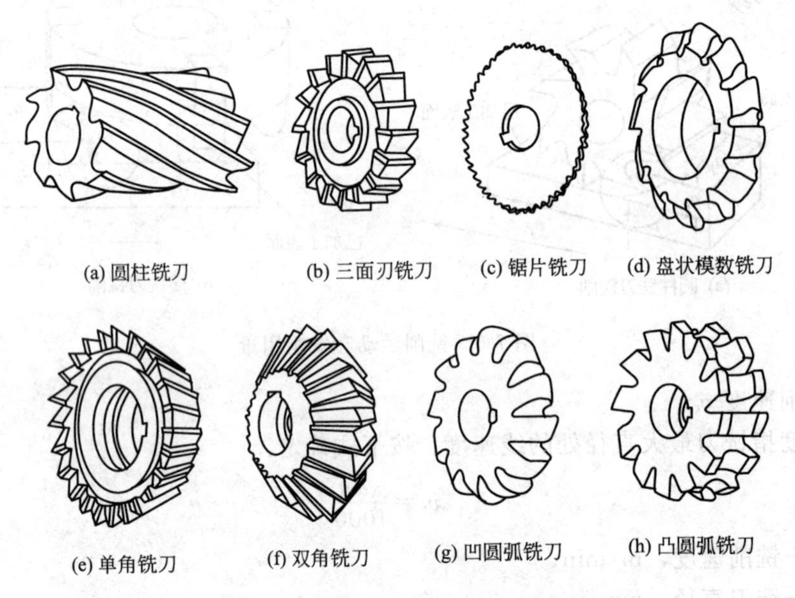

图 7-6 带孔铣刀

带孔铣刀多用长刀轴安装，拉杆的作用是拉紧刀轴，使刀轴锥柄与主轴锥孔紧密配合，如图 7-7 所示。安装时应注意以下方面。

① 铣刀尽量靠近主轴或吊架，使刀轴和铣刀有足够的刚度。

② 套筒的端面与铣刀的端面要擦净。

③ 拧紧刀轴压紧螺母之前，必须先装好吊架，以防刀轴弯曲变形。

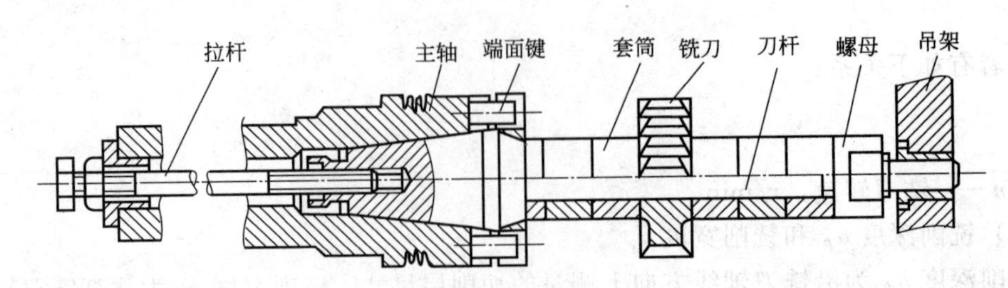

图 7-7 带孔铣刀的安装

7.4.3 带柄铣刀及其安装

带柄铣刀如图 7-8 所示，多用于立式铣床。其中，镶齿端铣刀用于铣削大的平面；立铣刀用于铣削沟槽、小平面、台阶；键槽铣刀用于加工封闭式和半封闭式键槽；T 形槽铣刀和燕尾槽铣刀用于加工 T 形槽和燕尾槽。

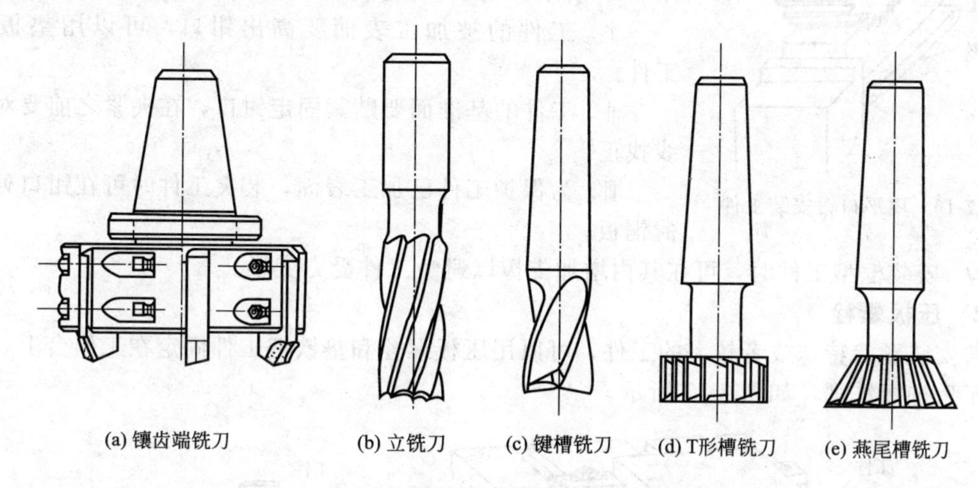

图 7-8 带柄铣刀

带柄铣刀有锥柄和直柄两种，安装如图 7-9 所示。先将铣刀装在短刀轴上，再将刀轴装入铣床的主轴并用拉杆螺钉拉紧。

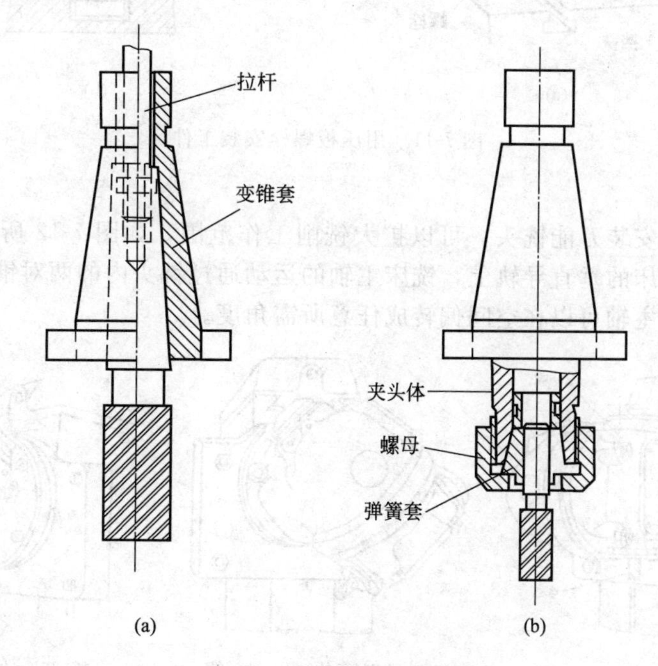

图 7-9 带柄铣刀的安装

7.5 铣床的附件及工件的安装

铣床的主要附件有平口钳、万能铣头、回转工作台和分度头等。工件在铣床上常采用平口钳、压板螺栓和分度头等附件进行安装。

7.5.1　平口钳

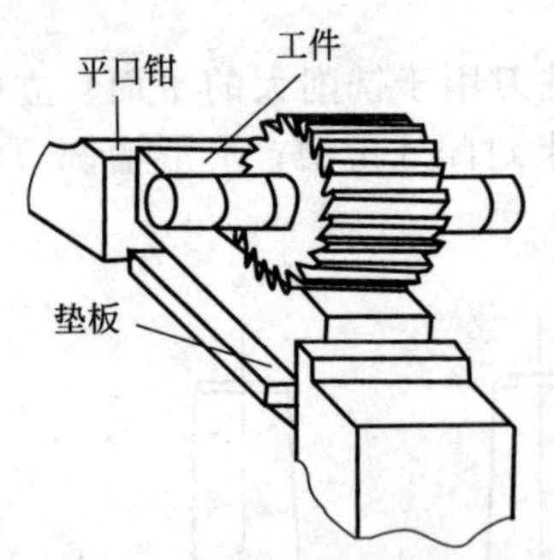

图 7-10　用平口钳安装工件

平口钳是一种通用夹具，用于装夹小型零件。使用时，先把平口钳钳口找正并固定在工作台上，然后安装工件，如图 7-10 所示。用平口钳安装工件应注意如下几点。

ⅰ. 工件的被加工表面要高出钳口，可以用垫板垫高工件。

ⅱ. 工件的基准面要贴紧固定钳口，在夹紧之前要对照划线找正。

ⅲ. 为保护工件已加工表面，装夹工件时可在钳口处垫上薄铜板。

ⅳ. 安装框型工件时，可在其内增加支撑以避免工件受力变形。

7.5.2　压板螺栓

若安装形状特殊或者较大的工件，可以用压板螺栓和垫铁把工件固定在工作台上，把工件找正后进行铣削，如图 7-11 所示。

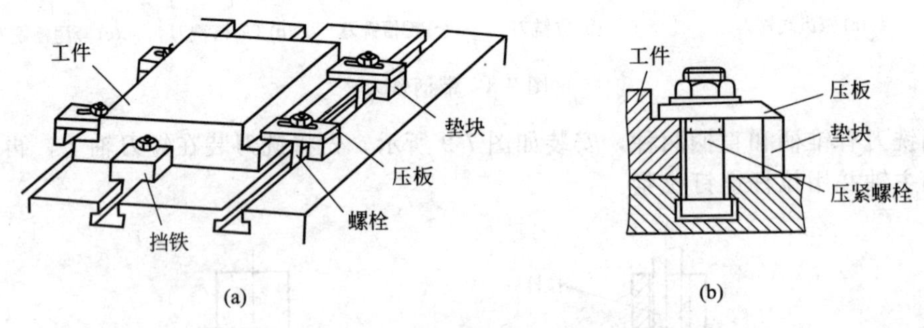

图 7-11　用压板螺栓安装工件

7.5.3　万能铣头

在卧式铣床上安装万能铣头，可以扩大铣削工作范围，如图 7-12 所示。万能铣头的底座用螺栓固定在铣床的垂直导轨上，铣床主轴的运动通过铣头内的两对锥齿轮传递到铣头主轴上。万能铣头的主轴可以在空间偏转成任意所需角度。

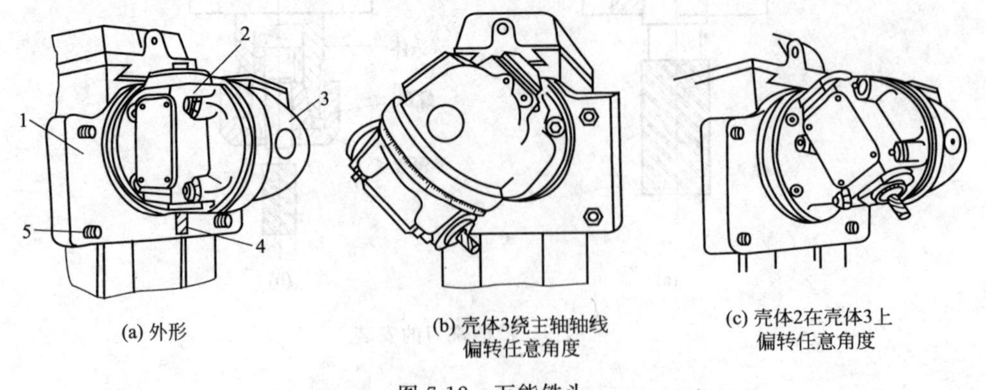

图 7-12　万能铣头

1—底座；2,3—壳体；4—立铣刀；5—螺栓

7.5.4　回转工作台

如图 7-13 所示为回转工作台，一般用于零件的分度工作和圆弧面的加工。它的内部有一对蜗轮蜗杆，手轮与蜗杆同轴连接，转台与蜗轮连接。转动手轮，通过蜗轮蜗杆传动，使

转台转动。转台周围有刻度，可用来观察和确定转台位置。

铣削圆弧槽时，工件可用平口钳、压板螺栓或者卡盘安装在回转工作台上，如图 7-14 所示。转台中央的孔可以装夹心轴，用以找正和确定工件的回转中心。

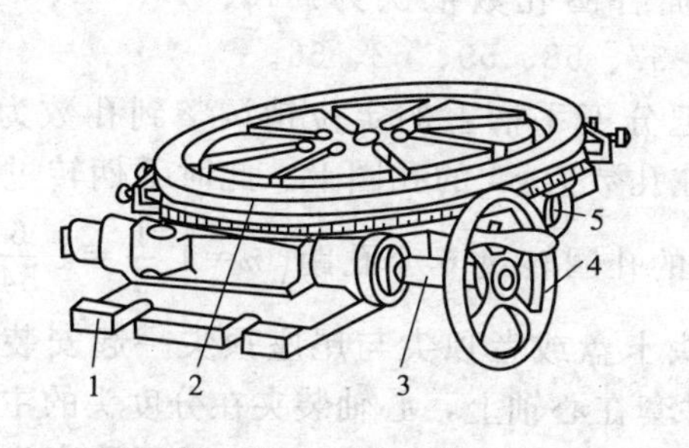

图 7-13　回转工作台

1—底座；2—转台；3—蜗轮轴；4—手轮；5—固定螺钉

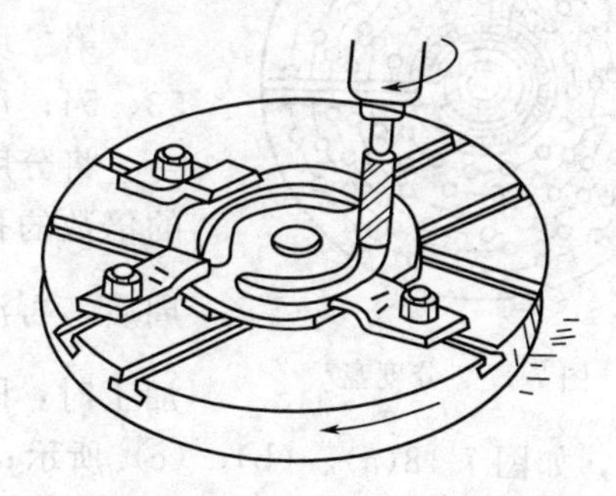

图 7-14　在回转工作台上装夹工件

7.5.5　分度头

在铣削加工中，铣削六方、齿轮齿形、花键、键槽、刻线等时，要求工件每转过一个面或一个槽之后，需转过一个角度，再铣下一个面或槽，这种工作称为分度。分度头就是一种用来分度的装置，如图 7-15 所示，它由底座、转动体、主轴和分度盘组成。其主轴前端锥孔可安装顶尖，主轴外部有螺纹，可安装卡盘用来装夹工件。主轴可随转动体在垂直平面内向上 90°或向下 10°的范围内转动，用来铣削斜面或者垂直面。侧面有分度盘，在分度盘不同直径的圆周上有不同数量的等分孔，以进行分度。

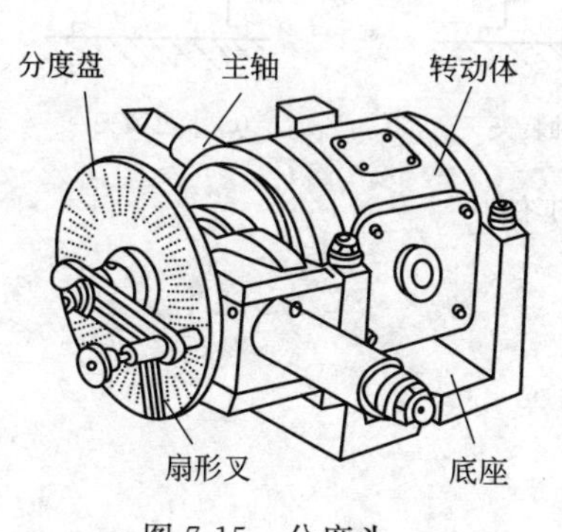

图 7-15　分度头

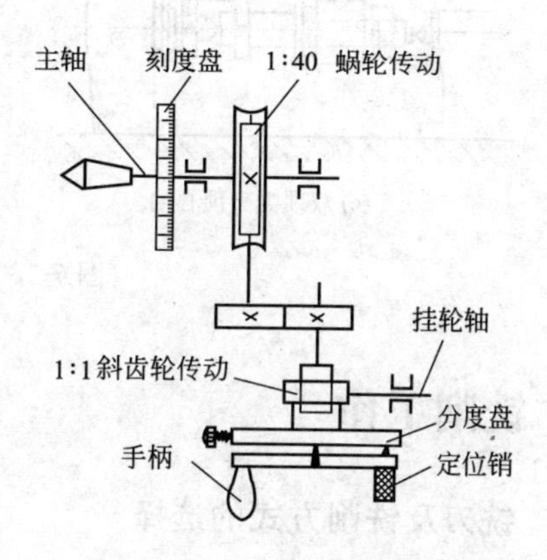

图 7-16　分度头传动系统示意图

分度头传动系统如图 7-16 所示。如果要将工件的圆周等分为 z 份，则每次分度工件应转过 $1/z$ 圈。则：

$$n=\frac{40}{z}$$

式中，n 为手柄转数。

例如：要铣齿数 z 为 36 的齿轮，则：

$$n=\frac{40}{z}=\frac{40}{36}=1\frac{1}{9}$$

即每铣一齿后分度盘手柄要转过一整圈，再转 1/9 圈。其中 1/9 圈用分度盘控制。

分度盘如图 7-17 所示。国产分度头一般备有两块分度盘。分度盘的正、反两面分别有

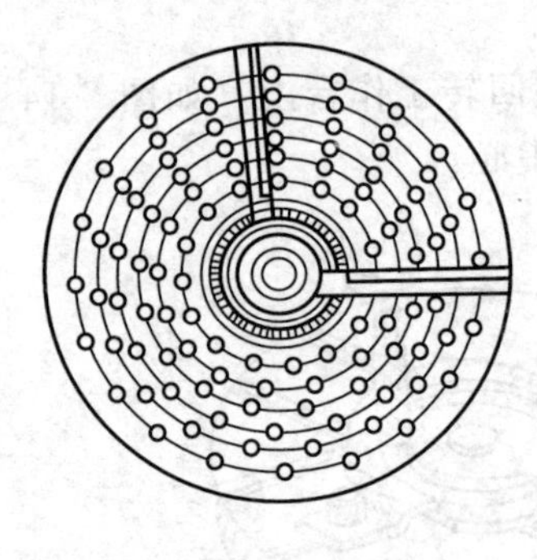
图 7-17 分度盘

许多同心圆圈，各圆圈上钻有数目不同的等距小孔。

第一块分度盘正面各圈孔数依次为：24、25、28、30、34、37；反面依次为：38、39、41、42、43。

第二块分度盘正面各圈孔数依次为：46、47、49、51、53、54；反面依次为：57、58、59、62、66。

将分度盘固定，把分度手柄上的定位销调整到孔数为 9 的倍数的孔圈上，即在孔数为 54 的孔圈上。此时手柄转过一周后，再沿孔数为 54 的孔圈转过 6 个孔距$\left(n=1\ \frac{1}{9}=1\ \frac{6}{54}\right)$。

加工时，既可用分度头卡盘或者顶尖与尾座顶尖一起安装轴类零件，如图 7-18(a)、(b)、(c) 所示；也可将零件套在心轴上，心轴装夹在分度头的主轴锥孔内，并按需要使分度头主轴倾斜一定的角度，如图 7-18(d) 所示；也可只用分度头卡盘安装工件，如图 7-18 (e) 所示。

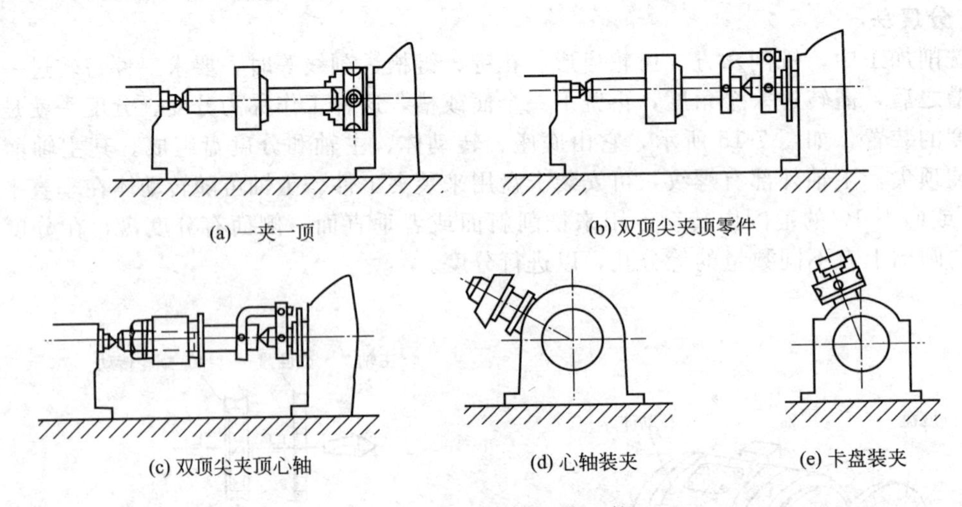

图 7-18 用分度头安装工件

7.6 铣削工作

7.6.1 铣刀及铣削方式的选择

(1) 周铣法

用铣刀圆周上的切削刃进行铣削的方法称为周铣法，简称为周铣，如图 7-19 所示，如用立铣刀、圆柱铣刀铣削各种不同的表面。根据铣刀旋转方向与工件进给方向的关系，可将周铣法分为顺铣和逆铣两种方式。

① 顺铣　在切削部位，铣刀的旋转方向与工件进给方向相同，如图 7-19(a) 所示。

② 逆铣　在切削部位，铣刀的旋转方向与工件进给方向相反，如图 7-19(b) 所示。

③ 特点　顺铣与逆铣的特点如下。

ⅰ. 由于工作台进给丝杠与螺母间存在间隙，顺铣时水平铣削力凡与进给方向一致，会使工作台沿进给方向产生间歇性的窜动，使切削不平稳，以致引起打刀、工件报废等，而逆铣时水平铣削力 F_h 的方向正好与进给方向相反，可避免因丝杠与螺母间的间隙而引起的工作台窜动。

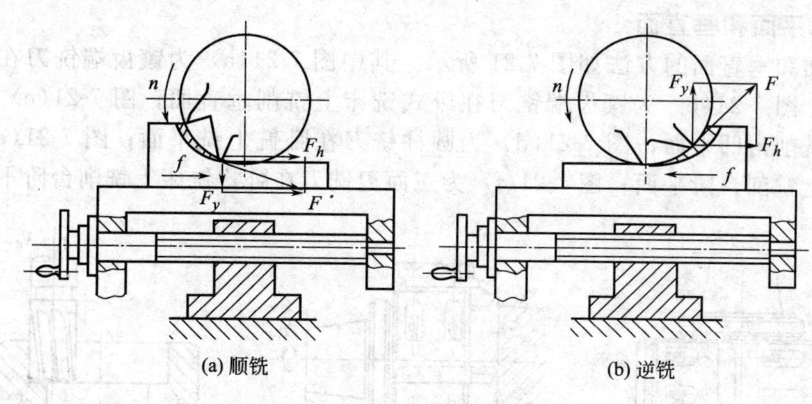

图 7-19 周铣法

ⅱ. 顺铣时，作用在工件上的垂直铣削分力 F_y 始终向下，有压紧工件的作用，故铣削平稳，对不易夹紧的工件及狭长、薄板形工件较适合。逆铣时，垂直分力 F_y 方向向上，有把工件从台上挑起的趋势，影响工件的夹紧。

ⅲ. 顺铣时，刀刃始终从工件的外表切入，因此铣削表面有硬皮的毛坯时，顺铣易使刀具磨损；逆铣时，刀刃不是从毛坯的表面切入，表面硬皮对刀具的磨损影响较小，但开始铣削时刀齿不能立刻切入工件，而是一面挤压加工表面，一面滑行，使加工表面产生硬化，不仅使刀具磨损加剧，并且使加工表面粗糙度变大。综上所述，周铣时一般都采用逆铣，特别是粗铣；精铣时，为提高工件表面质量，可采用顺铣，如果工作台丝杠与螺母间有间隙补偿或调整机构，顺铣更具优势。

(2) 端铣法

用分布在铣刀端面上的切削刃进行铣削的方法称为端铣法，简称端铣，如用端铣刀铣平面等，如图 7-20 所示。根据铣刀在工件上的铣削位置，端铣又分为对称端铣与不对称端铣两种方式。

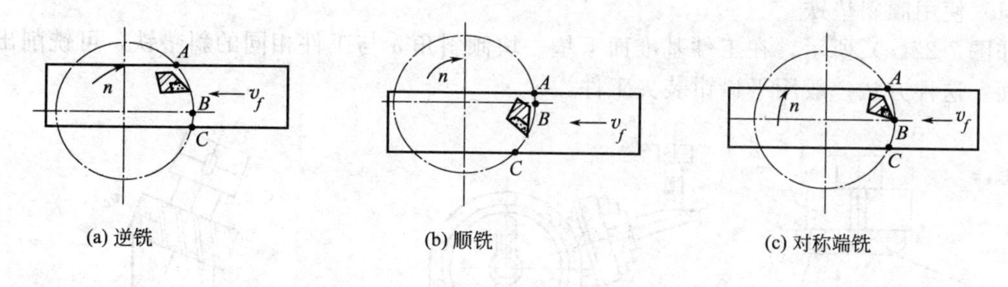

图 7-20 端铣法

① 不对称端铣　如图 7-20(a)、(b) 所示。在切削部位，铣刀中心偏向工件铣削宽度一边的端铣方式，称为不对称端铣。不对称端铣时，按铣刀偏向工件的位置，在工件上可分为进刀部分与出刀部分。图 7-20 中 AB 为进刀部分，BC 为出刀部分。按顺铣与逆铣的定义，显然，进刀部分为逆铣，出刀部分为顺铣。不对称端铣时，进刀部分大于出刀部分时，称为逆铣，反之称为顺铣，不对称端铣时，通常采用如图 7-20(a) 所示的逆铣方式。

② 对称端铣　如图 7-20(c) 所示。在切削部位，铣刀中心处于工件铣削宽度中心的端铣方式称为对称端铣。用端铣刀进行对称端铣时，只适用于加工短而宽或厚的工件，不宜铣削狭长或较薄的工件。

7.6.2 铣削水平面和垂直面

铣削水平面和垂直面的方法如图 7-21 所示。其中图 7-21(a) 为镶齿端铣刀在立式铣床上铣削水平面；图 7-21(b) 为镶齿端铣刀在卧式铣床上铣削垂直面；图 7-21(c) 为立铣刀在立式铣床上铣削内凹平面；图 7-21(d) 为圆柱铣刀在卧铣上铣平面；图 7-21(e) 为立铣刀在立式铣床上铣削台阶平面；图 7-21(f) 为三面刃铣刀在卧式铣床上铣削台阶平面。

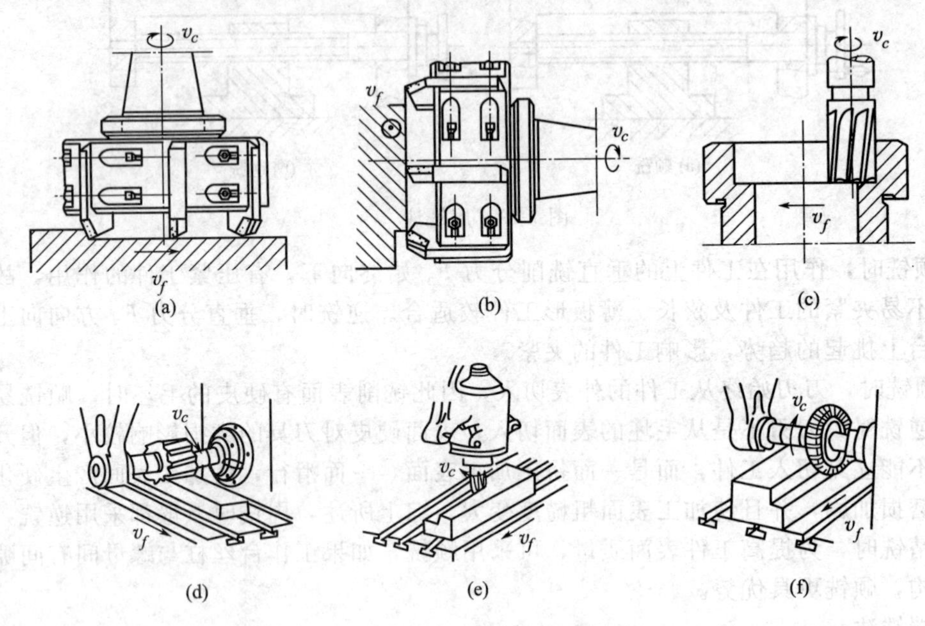

图 7-21 铣削水平面和垂直面

7.6.3 铣削斜面

铣削斜面常用的方法有以下几种。

(1) 使用倾斜垫铁

如图 7-22(a) 所示，在工件基准面下垫一块倾斜角 α 与工件相同的斜垫铁，可铣削出所需斜面。这种方法一般用平口钳装夹工件。

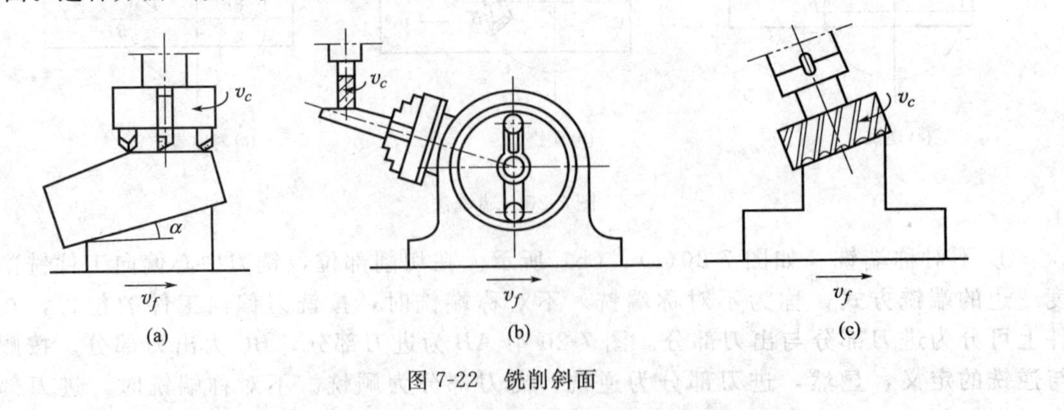

图 7-22 铣削斜面

(2) 使用分度头

如图 7-22(b) 所示，在一些适宜用卡盘装夹的工件上加工斜面时，可利用分度头装夹工件，将其主轴扳转一定的角度后即可铣出所需斜面。

(3) 使用万能铣头

如图 7-22(c) 所示，由于万能铣头的主轴能在空间转成所需要的角度，所以可以在立式铣床或者卧式铣床上铣削斜面。

7.6.4 铣削沟槽

(1) 铣削直角槽、V形槽、燕尾槽、T形槽、键槽

图7-23为铣削直角槽、V形槽、燕尾槽、T形槽、键槽的示意图。其中，(a) 为用三面刃铣刀铣削直角槽；(b) 为角度铣刀铣削V形槽；(c) 为用燕尾槽铣刀铣削燕尾槽；(d) 为用T形槽铣刀铣削T形槽；(e) 为用键槽铣刀铣削键槽。在铣削燕尾槽和T形槽之前，需要先用立铣刀铣出合适宽度的直角槽。

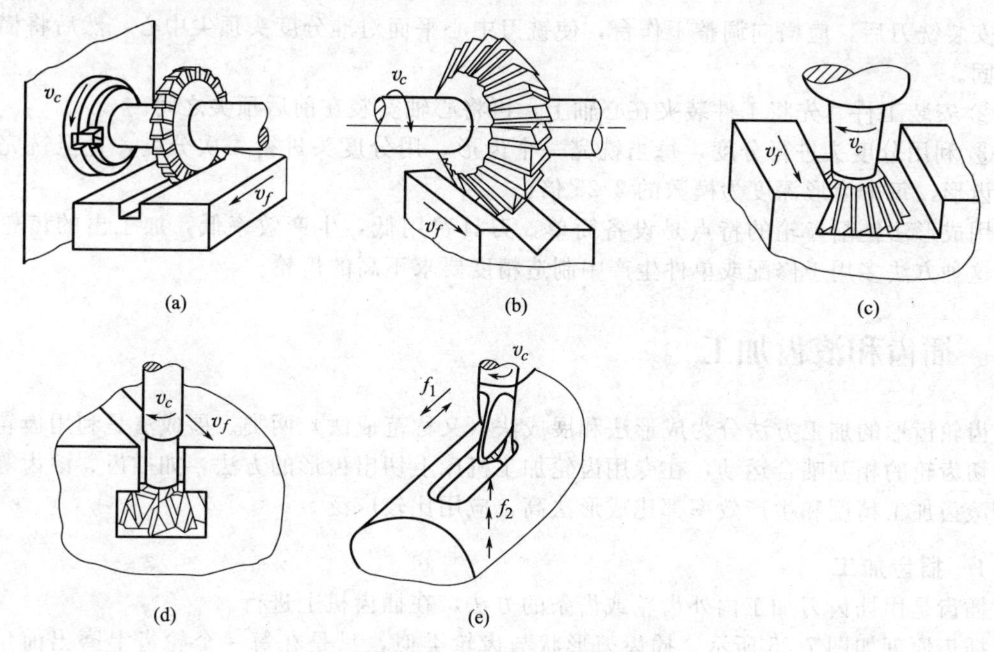

图7-23 铣削沟槽示意图

(2) 铣削圆弧槽

如图7-14所示，一般用铣床的附件回转工作台来铣削圆弧槽，图中采用压板螺栓将工件安装在回转工作台上。

(3) 铣削齿轮齿形

在铣床上，可采用成形法加工齿轮的齿形。成形法是用与被加工齿轮齿槽形状相同的齿轮铣刀切出齿形的方法，如图7-24(a) 所示。

① 选择和安装铣刀　铣齿轮齿形要用模数铣刀，铣刀是根据被加工齿轮的模数和齿数

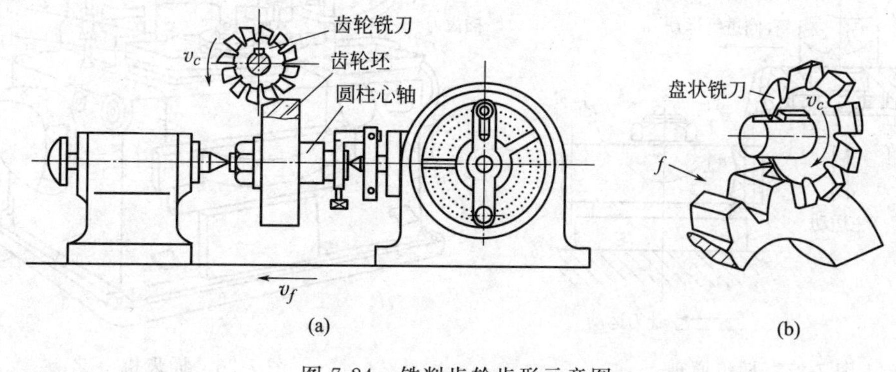

图7-24 铣削齿轮齿形示意图

来选择的。同一模数的铣刀通常有 8 把，分为 8 个刀号，每号铣刀只适用于加工一定齿数范围的齿轮（表 7-1）。而每号铣刀的刀齿轮廓只与该号齿数范围内的最小齿数齿槽的理论轮廓一致，对其他齿数的齿轮，只能获得近似齿形。

表 7-1 铣刀刀号与加工齿数范围

刀号	1	2	3	4	5	6	7	8
加工齿数范围	12～13	14～15	17～20	21～25	26～34	35～54	55～134	≥135 及齿条

安装铣刀后，应横向调整工作台，使铣刀中心平面对准分度头顶尖中心，然后将横向滑板紧固。

② 安装工件 先将工件装夹在心轴上，再将心轴安装在前后顶尖之间。

③ 利用分度头进行分度 每当铣完一个齿形，用分度头进行一次分度，直至铣完全部齿轮齿形，每个齿形深度为模数的 2.25 倍。

用成形法铣削齿轮的特点是设备简单，刀具费用低，生产效率低，加工出的齿轮精度低。这种方法多用于修配或单件生产中制造精度要求不高的齿轮。

7.7 插齿和滚齿加工

齿轮齿形的加工方法分为成形法和展成法（又称范成法）两类。展成法是利用齿轮刀具和被切齿轮的相互啮合运动，在专用齿轮加工机床上切出齿形的方法，如插齿、滚齿等。插齿和滚齿加工精度和生产效率都比成形法高，应用比较广泛。

7.7.1 插齿加工

插齿是用插齿刀加工内外齿轮或齿条的方法，在插齿机上进行。

插齿原理如图 7-25 所示。插齿刀形状与齿轮类似，只是在每一个轮齿上磨出前角、后

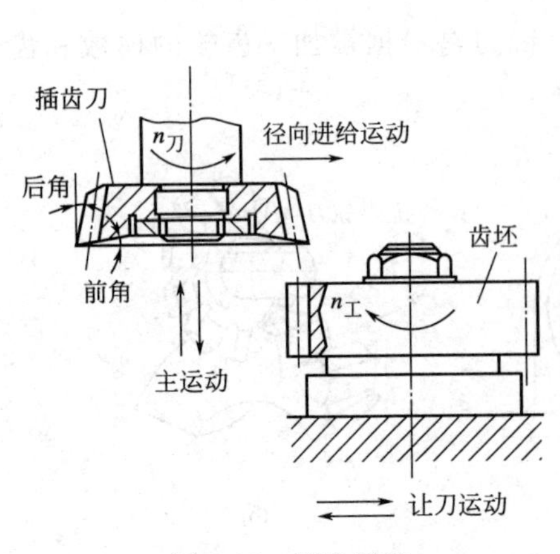

图 7-25 插齿原理

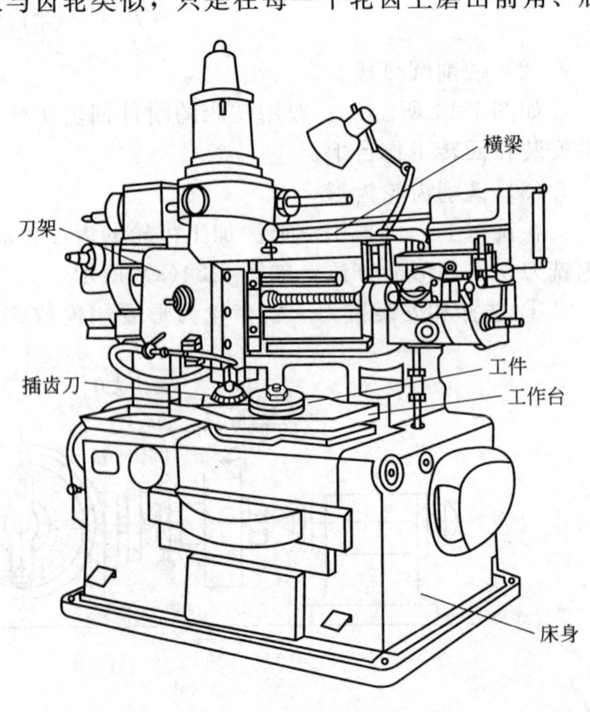

图 7-26 插齿机

角，使其具有锋利的切削刃。插齿时，插齿刀作上下往复运动的同时，与被切齿轮坯强制地保持一对齿轮的啮合关系。这样插齿刀就能把齿轮坯上齿间的金属切去而形成渐开线齿形。插齿所能达到的精度为IT7～IT8级，表面粗糙度 Ra 可达1.6μm。

插齿机如图7-26所示。

7.7.2 滚齿加工

滚齿机和滚齿原理如图7-27、图7-28所示。齿轮滚刀的形状与蜗杆相似，在垂直于螺旋线的方向有若干个槽，以形成刀齿并磨出切削刃。滚齿时，滚刀与被切齿轮之间应具有严格的强制啮合关系，再加上滚刀的齿沿齿宽方向的垂直进给运动，即可在齿轮坯上切出所需的齿形。滚齿的工作原理相当于齿条与齿轮啮合的原理。滚齿所能达到的精度为IT7～IT8级，表面粗糙度 Ra 可达1.6～3.2μm。滚齿是用齿轮滚刀加工齿轮、蜗轮等的齿形的方法，在滚齿机上进行滚齿。

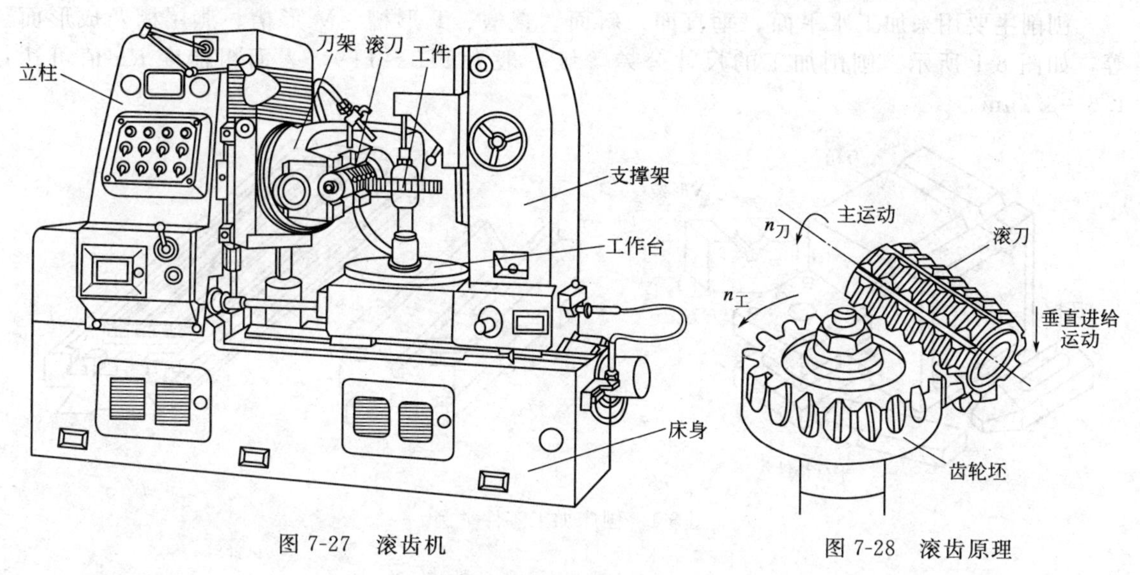

图7-27 滚齿机

图7-28 滚齿原理

复习思考题

1. 什么是铣削？铣削有哪些特点？
2. X6132卧式万能升降台铣床主要由哪几部分组成？各部分的主要作用是什么？
3. 铣削时，主运动是什么？进给运动是什么？
4. 铣削的加工范围有哪些？各用什么刀具？
5. 卧式铣床和立式铣床的主要区别是什么？
6. 铣床上的附件有哪些？安装工件的方法有哪几种？
7. 铣削齿轮齿形有哪些方法？分别有什么特点？
8. 如何用成形法铣齿轮齿形？
9. 要铣一个齿数为38的直齿圆柱齿轮，每铣一齿分度头手柄应转过多少圈？(已知分度盘的各圈孔数为37、38、39、41、42、43)

8 刨　　工

8.1 概述

在刨床上用刨刀加工工件的过程叫做刨削。刨削只用一把刨刀切削，刨削速度较低，且返回行程不工作，因此刨削的生产效率较低。但对于加工窄而长的表面，则生产效率较高。而且刨床结构简单，使用方便，故在单件或小批量生产以及修配工作中得到广泛应用。

刨削主要用来加工水平面、垂直面、斜面、直槽、T 形槽、V 形槽、燕尾槽及成形面等，如图 8-1 所示。刨削加工的尺寸公差等级一般为 IT8～IT9，表面粗糙度 Ra 值可达 1.6～3.2μm。

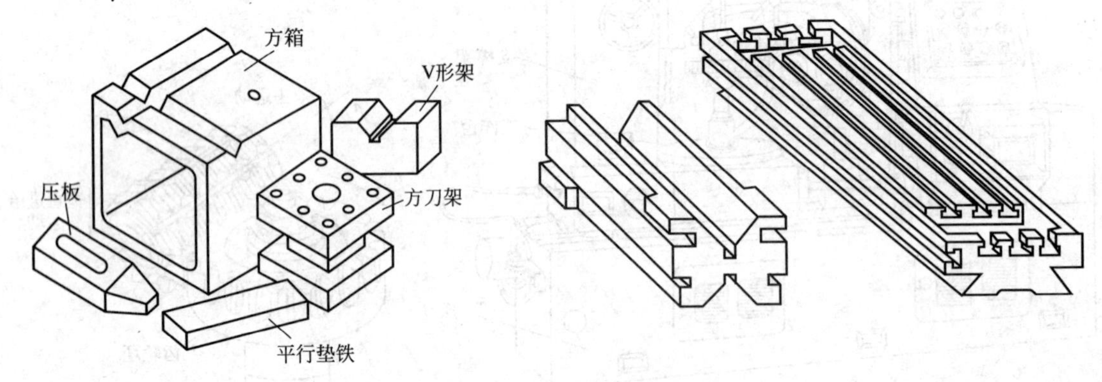

图 8-1　刨床加工零件举例

8.2　牛头刨床

牛头刨床是刨削加工机床中常用的一种。牛头刨床的结构如图 8-2 所示。在型号 B6065 中，B 表示刨床类；60 表示牛头刨床；65 表示刨削工件最大长度的 1/10，即最大刨削长度为 650mm。

8.2.1　牛头刨床的组成部分

B6065 牛头刨床主要由床身、滑枕、刀架、横梁、工作台和底座等组成。

① 床身　床身用于支撑和连接刨床的各部件，其顶面水平导轨供滑枕作往复运动，侧面导轨、垂直导轨供横梁升降，床身内部装有变速机构和摆杆机构。

② 滑枕　滑枕的前端装有刀架，用来带动刀架沿床身水平导轨作直线往复运动。滑枕往复运动的速度、行程长度和位置，均可根据加工需要进行调整。

③ 刀架　刀架用于夹持刨刀，刀架的结构简图如图 8-2(b) 所示。摇动刀架手柄，滑板可沿转盘上的导轨带动刨刀作上下移动。松开转盘上的螺母，可将转盘扳转一定角度，以使刀架作斜向进给。抬刀板可以绕轴 A 向上转动。刨刀安装在刀夹上，在返回行程时刨刀可绕轴 A 自由上抬，以减少刀具与工件的摩擦。

④ 横梁　横梁安装在床身前侧的垂直导轨上，内部有工作台进给丝杠，它可带动工作

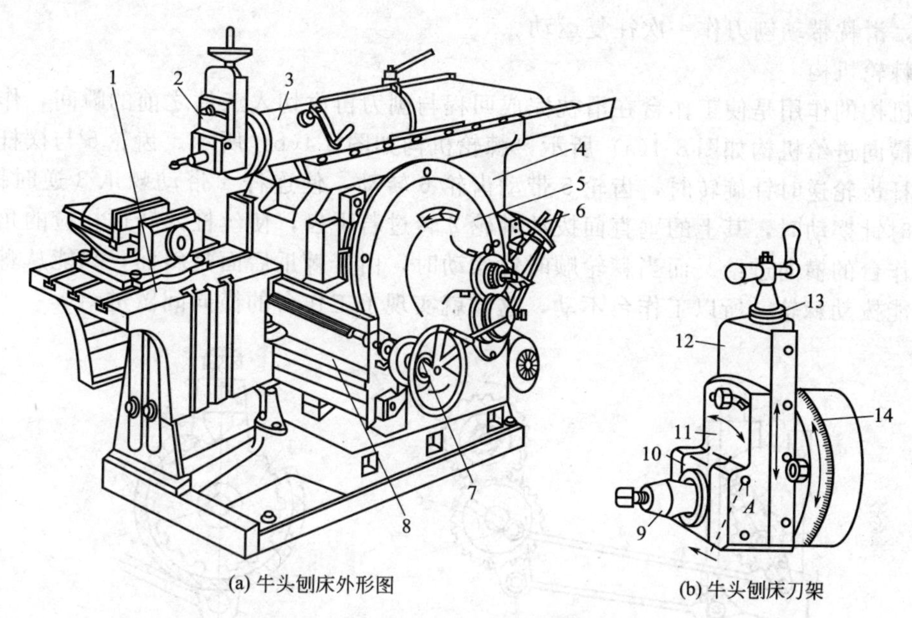

(a) 牛头刨床外形图

(b) 牛头刨床刀架

图 8-2 B6065 牛头刨床

1—工作台；2—刀架；3—滑枕；4—床身；5—摆杆机构；6—变速机构；7—进刀机构；8—横梁；9—刀夹；10—抬刀板；11—刀座；12—滑板；13—刻度盘；14—转盘

台沿床身导轨升降。

⑤ 工作台 工作台用来装夹工件，它可沿横梁导轨作水平方向移动或间歇进给运动，并可随横梁作上下移动。

⑥ 底座 底座用来支撑床身和工作台，并与地基相连接。

8.2.2 B6065 牛头刨床的传动系统

B6065 牛头刨床的传动系统主要包括摆杆机构和棘轮机构。

（1）摆杆机构

摆杆机构的作用是将电动机传来的旋转运动变为滑枕的往复直线运动，结构如图 8-3 所示。摆杆 7 上端与滑枕内的螺母 2 相连，下端与支架 5 相连。摆杆齿轮 3 上的偏心滑块 6 与摆杆 7 上的导槽相连。当摆杆齿轮 3 由小齿轮 4 带动旋转时，偏心滑块就在摆杆 7 的导槽内上下滑动，以带动摆杆 7 绕支架 5 中心左右摆动，以形成滑枕的往复直线运动。摆杆齿轮 3

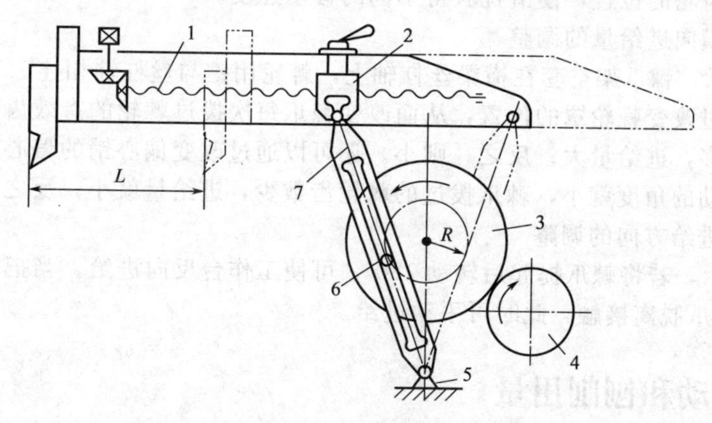

图 8-3 摆杆机构

1—丝杆；2—螺母；3—摆杆齿轮；4—小齿轮；5—支架；6—偏心滑块；7—摆杆

转动一周，滑枕带动刨刀作一次往复运动。

（2）棘轮机构

棘轮机构的作用是使工作台在滑枕完成回程与刨刀再次切入工件之前的瞬间，作横向间歇进给，横向进给机构如图 8-4(a) 所示，棘轮机构如图 8-4(b) 所示。齿轮 5 与摆杆齿轮为一体，摆杆齿轮逆时针旋转时，齿轮 5 带动齿轮 6 转动，使连杆 4 带动棘爪 3 逆时针摆动。棘爪 3 逆时针摆动时，其上的垂直面拨动棘轮 2 转过若干齿，使丝杠 8 转过相应的角度，从而实现工作台的横向进给。而当棘轮顺时针摆动时，由于棘爪后面是斜面，只能从棘轮齿顶滑过而不能拨动棘轮，所以工作台不动，这样就实现了工作台的横向间歇进给。

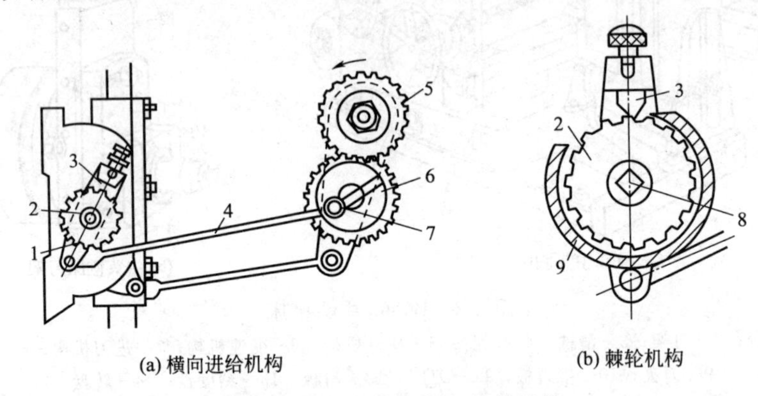

图 8-4　横向进给机构和棘轮机构

1—棘爪架；2—棘轮；3—棘爪；4—连杆；5,6—齿轮；7—偏心销；8—横向丝杠；9—棘轮罩

8.2.3　B6065 牛头刨床的调整

（1）滑枕行程长度的调整

如图 8-3 所示，滑枕的行程长度调整方法是改变摆杆齿轮上偏心滑块的偏心距，其偏心距越大，摆杆摆动的角度就越大，滑块的行程长度也就越长；反之，则越短。

（2）滑枕起始位置的调整

松开滑枕内的锁紧手柄，转动丝杠，即可改变滑枕行程的起始点，使滑枕移动到所需要的位置。

（3）滑枕移动速度的调整

必须在停车后才能调整滑枕速度，以避免打坏齿轮。如图 8-2(a) 所示，可以通过变速机构来改变变速齿轮的位置，使滑枕获得不同的移动速度。

（4）工作台横向进给量的调整

如图 8-4 所示，棘爪架空套在横梁丝杠轴上，棘轮用键与丝杠轴相连。工作台横向进给量的大小，可通过改变棘轮罩的位置，从而改变棘爪每次拨过棘轮的有效齿数来实现。棘爪拨过棘轮的齿数多，进给量大；反之，则小。还可以通过改变偏心销的偏心距来实现，偏心距小，棘爪架摆动的角度就小，棘爪拨过的棘轮齿数少，进给量就小；反之，则大。

（5）工作台进给方向的调整

如图 8-4 所示，若将棘爪提起后转动 180°，可使工作台反向进给。当把棘爪提起后转动 90°，棘轮则与棘爪脱离接触，此时可手动进给。

8.3　刨削运动和刨削用量

如图 8-5 所示，在牛头刨床上加工水平面时，刨刀的直线往复运动为主运动，工件的横向间歇移动为进给运动。刨削用量三要素包括刨削速度、进给量和背吃刀量。

（1）刨削速度 v_c

刨削速度是刨刀相对工件的平均速度，按下式确定：

$$v_c = 2Ln_r/1000$$

式中 v_c——刨削速度，m/min；

L——行程长度，mm；

n_r——滑枕每分钟往复的次数。

（2）进给量 f

进给量是刨刀每往复一次，工件横向间歇移动的距离（mm/str）。

（3）背吃刀量 a_p

背吃刀量是工件已加工表面和待加工表面之间的垂直距离（mm）。

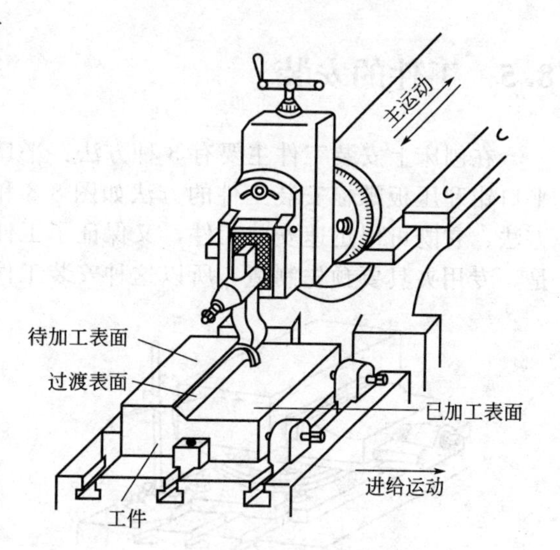

图 8-5 刨削运动

8.4 刨刀及其安装

8.4.1 刨刀的分类

按加工形式和用途不同，刨刀可以分为平面刨刀、偏刀、角度偏刀、切刀、弯切刀和成形刀等。其中，平面刨刀用来加工水平面；偏刀用来加工垂直面或者斜面；角度偏刀用于加工相互成一定角度的表面；切刀用于刨窄槽或切断；成形刀用来加工成形表面。常见的刨刀及应用如图 8-6 所示。

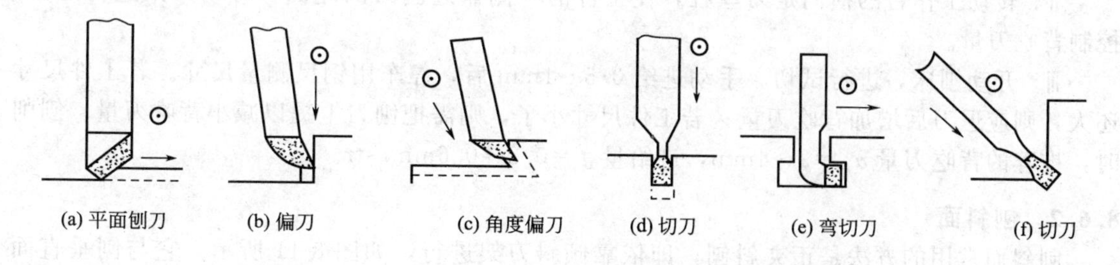

图 8-6 常见的刨刀及应用

按刀杆形状不同，刨刀可以分为直头刨刀和弯头刨刀，如图 8-7 所示。弯头刨刀受到较大的切削力时，刀杆绕支点 O 向后弯曲变形，可避免啃伤工件或损坏刀头。

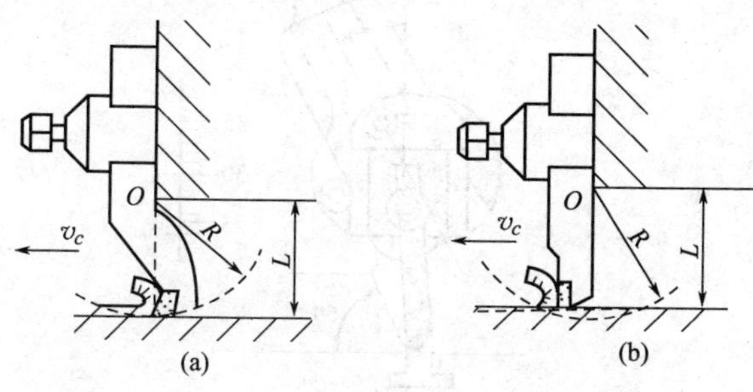

图 8-7 直头刨刀和弯头刨刀

8.4.2 刨刀的安装

刨刀安装在刀夹上，不宜伸出过长，以免刨削时产生振动和损坏刀具，如图 8-7所示。装刀或卸刀时，应使刀尖离开零件表面，以防损坏刀具或者擦伤零件表面，必须一只手扶住刨刀，另一只手使用扳手，用力方向自上而下，否则容易将抬刀板掀起，弄伤手指。

8.5 工件的安装

在刨床上安装工件主要有 3 种方法：平口钳安装、压板螺栓安装和专用夹具安装。其中平口钳和压板螺栓安装工件的方法如图 8-8 和图 8-9 所示，专用夹具安装工件是比较完善的方法，它既可以迅速安装工件，又保证了工件加工后的准确性，不需花费大量时间校正。但是，专用夹具要预先制造，所以这种安装工件的方法多用于批量生产。

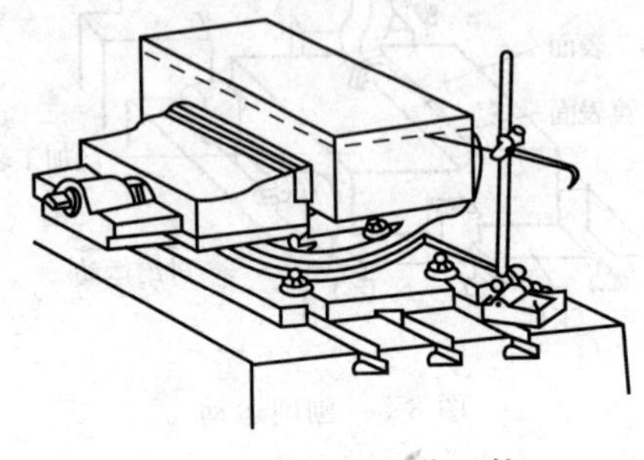

图 8-8 平口钳安装工件

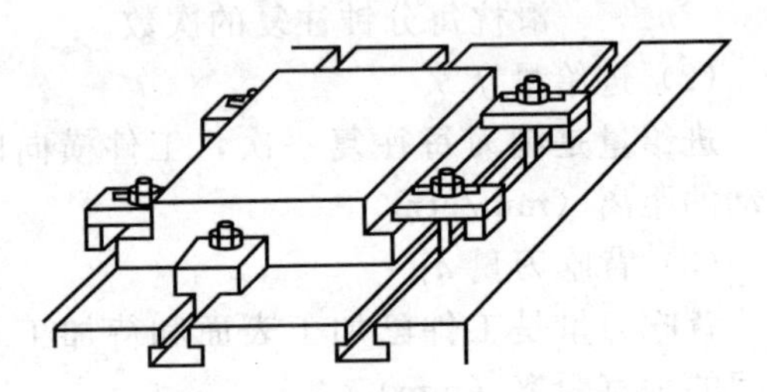

图 8-9 压板螺栓安装工件

8.6 刨削工作

8.6.1 刨水平面

工件装夹完毕后，刨削水平面的步骤如下。

ⅰ. 工件装夹完毕后，使刀架和刀座均在中间垂直位置，使用普通平面刨刀，如图 8-10 所示。手动或机动移动滑枕，使刀具接近工件。

ⅱ. 转动工作台的横向走刀丝杠，使工件的一侧靠近刨刀的左面，移动刀架进行对刀，控制背吃刀量。

ⅲ. 开动刨床，进行试切。手动进给 0.5～1mm 后，停车用钢尺测量尺寸。若工件尺寸还大，则应退刀后增加背吃刀量；若工件尺寸小了，则需把刨刀上提以减小背吃刀量。刨削时，推荐的背吃刀量 a_p＝2～4mm，进给量 f＝0.3～0.6mm/str。

8.6.2 刨斜面

刨斜面常用的方法是正夹斜刨，即依靠倾斜刀架进行，如图 8-11 所示。它与刨垂直面的方法相似，刀座相对滑板也要偏移 10°～15°，同时，刀架还要扳转一定的角度，其角度大

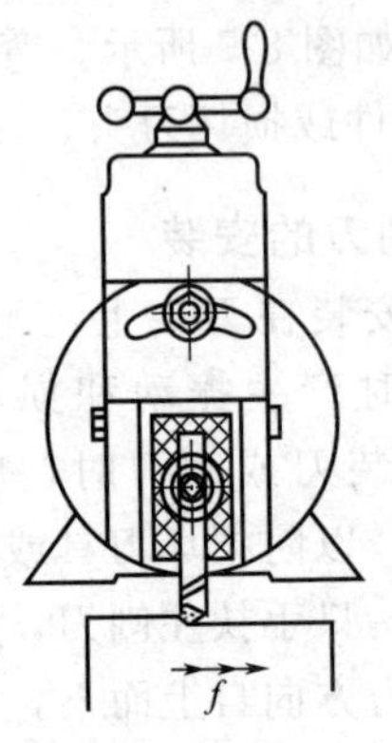

图 8-10 刨水平面

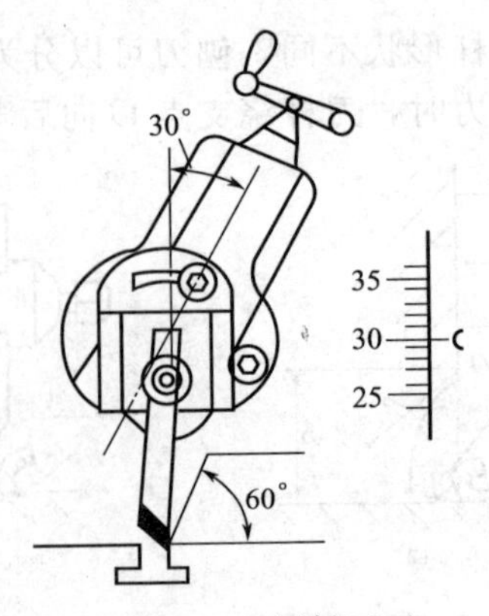

图 8-11 刨斜面

小须与待加工的斜面相一致。在刀座和刀架调整完毕后，刨刀即从上向下实现倾斜进给刨削。

8.6.3 刨垂直面

刨垂直面是指刀架垂直进给加工平面的方法，用于不能用刨水平面的方法加工的平面。刨垂直面要保证待加工表面与工作台垂直，保证待加工表面与切削方向平行，常用如图8-12所示的方法进行找正。如图 8-13 所示，一般使刀座偏转 10°～15°，以使刨刀在回程时能自由离开加工表面，以减少刨刀的磨损，并避免划伤加工表面。

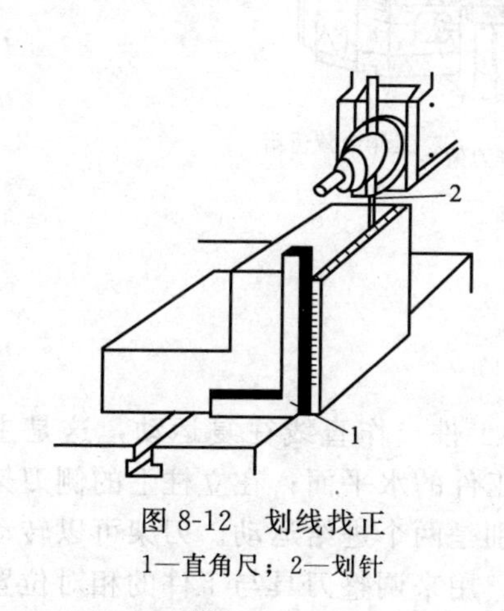

图 8-12 划线找正

1—直角尺；2—划针

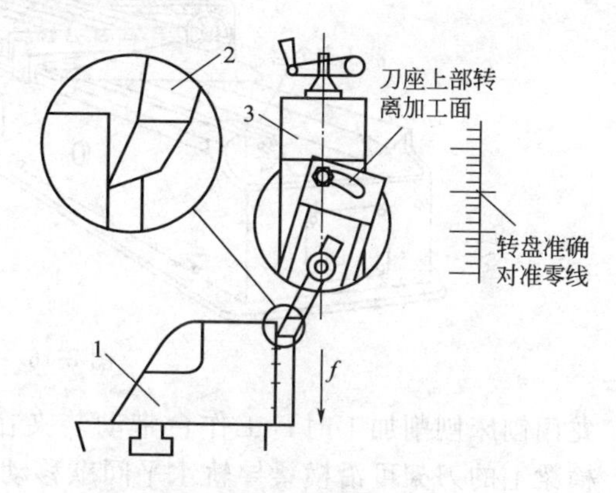

图 8-13 刨垂直面

1—工件；2—偏刀；3—刀架

8.6.4 刨 T 形槽

刨削 T 形槽的步骤如下。

ⅰ. 在工件端面和上平面划出加工线，如图 8-14 所示。

ⅱ. 工件安装完毕后，用切槽刀刨出直角槽，使其宽度等于 T 形槽槽口的宽度，深度等于 T 形槽的深度，如图 8-15(a) 所示。

ⅲ. 用弯头切刀刨削一侧的凹槽，如图 8-15(b) 所示。

ⅳ. 换上反方向的弯头切刀，刨削另一侧的凹槽，如图 8-15(c) 所示。

ⅴ. 换上 45°刨刀进行槽口倒角，如图 8-15(d) 所示。

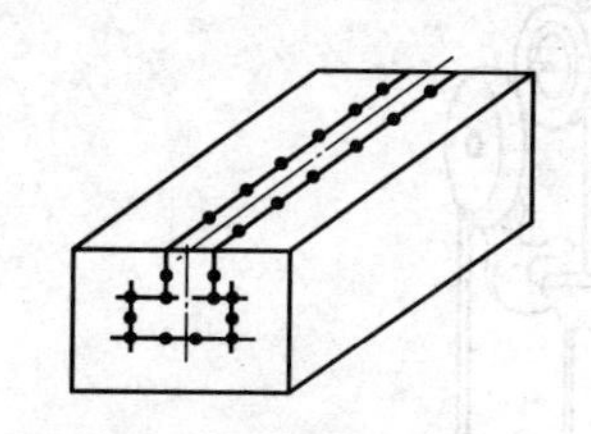

图 8-14 T 形槽工件的划线

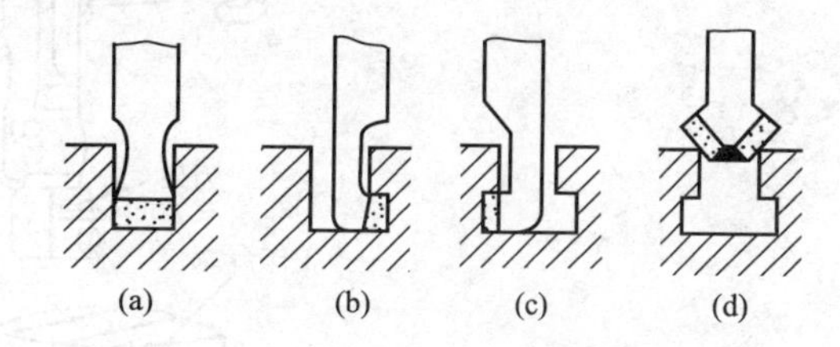

图 8-15 T 形槽的刨削步骤

8.7 刨削类机床

在刨削类机床中，除了牛头刨床外，还有龙门刨床、插床和拉床等。

8.7.1 龙门刨床

龙门刨床主要用于加工大型零件上的大平面或长而窄的平面，也常用于同时加工多个中小型零件的平面。龙门刨床的结构如图 8-16 所示。

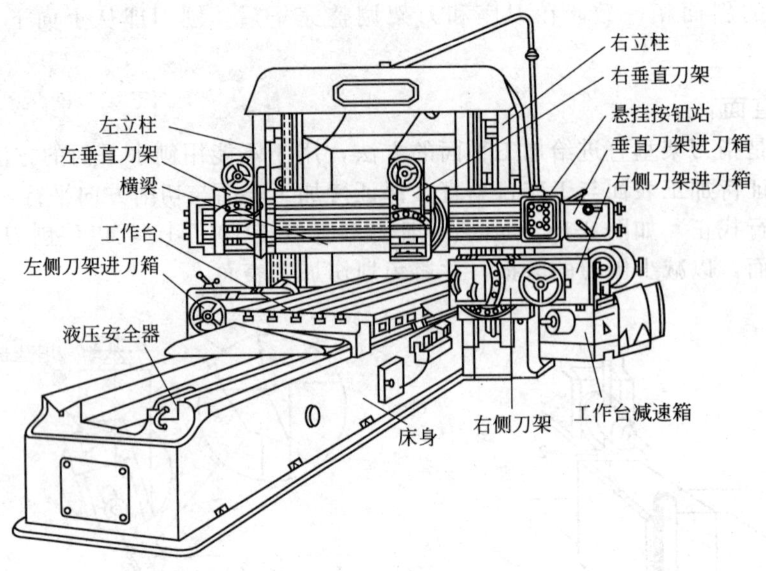

图 8-16　龙门刨床

龙门刨床刨削加工时，工作台带动装夹在它上面的工件，作直线往复运动，这是主运动。横梁上的刀架可沿横梁导轨水平间歇移动，以刨削工件的水平面；在立柱上的侧刀架沿立柱导轨垂直间歇移动，以刨削工件的垂直面，以上分别是两个进给运动。刀架可以转动一定的角度，以刨削斜面。横梁可沿立柱导轨上、下升降，用来调整刀具与工件的相对位置。

8.7.2　插床

插床又称立式刨床，主要用于加工工件的内部表面，如长方孔、多边形孔和孔内键槽等。插床生产效率低，多用于工具车间、修理车间和小批量生产的车间。插床的结构如图 8-17 所示。

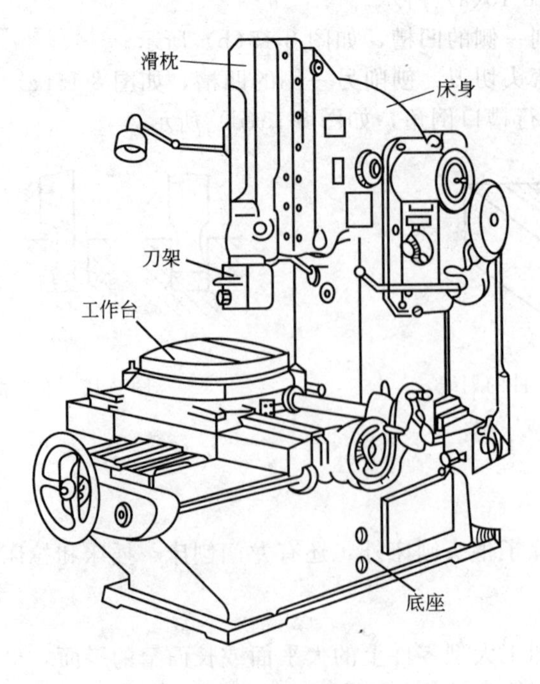

图 8-17　插床

插床切削工件时，滑枕带动刀具在垂直方向上下往复移动，为主运动。工作台由下拖板、上拖板和圆工作台三部分组成。下拖板可作横向进给，上拖板可作纵向进给，圆工作台可带动工件回转。

插床上可用卡盘、插床分度头、平口钳或压板螺栓安装工件。插削工作如图 8-18～图 8-21 所示。

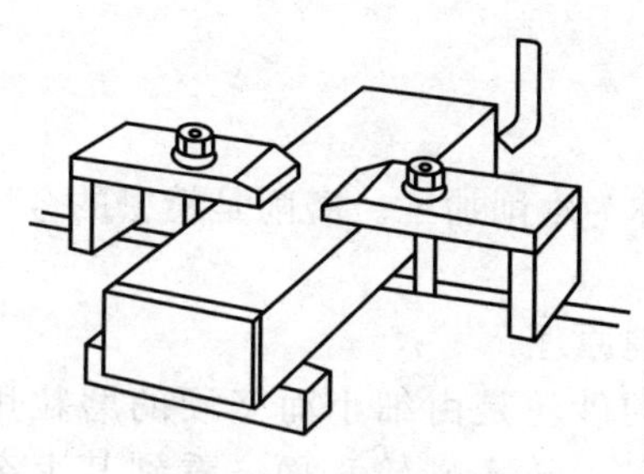

图 8-18 插削垂直面

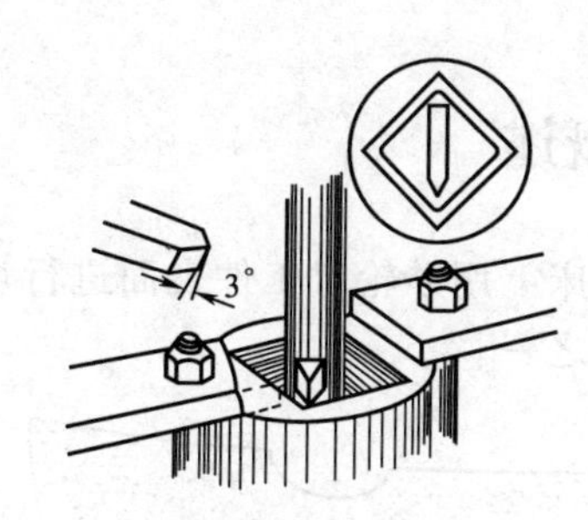

图 8-19 插削方孔

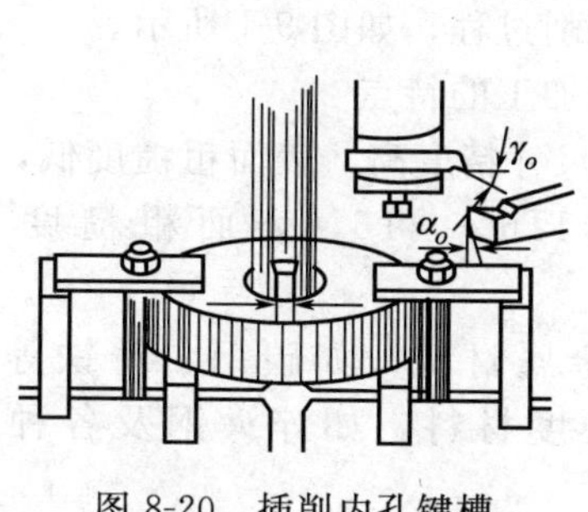

图 8-20 插削内孔键槽

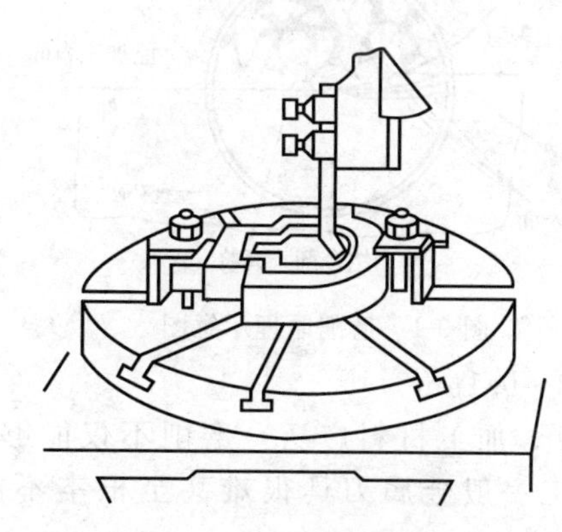

图 8-21 插削成形面

复习思考题

1. 什么是刨削？刨削有哪些特点？

2. B6065 牛头刨床主要由哪几部分组成？各部分的主要作用是什么？

3. 用牛头刨床刨削水平面时，主运动是什么？进给运动是什么？用龙门刨床刨削水平面时，主运动是什么？进给运动是什么？

4. 刨削的加工范围有哪些？各用什么刀具？

5. 刀座的作用是什么？刨削垂直面和斜面时，如何调整刀架的各个部分？用简图表示出来。

6. 简述刨削 T 形槽的步骤。

7. 插床的加工范围有哪些？

9 磨削

9.1 概述

在磨床上用砂轮对工件表面进行切削加工的方法称为磨削加工。磨削是精密的金属切削加工方法之一。

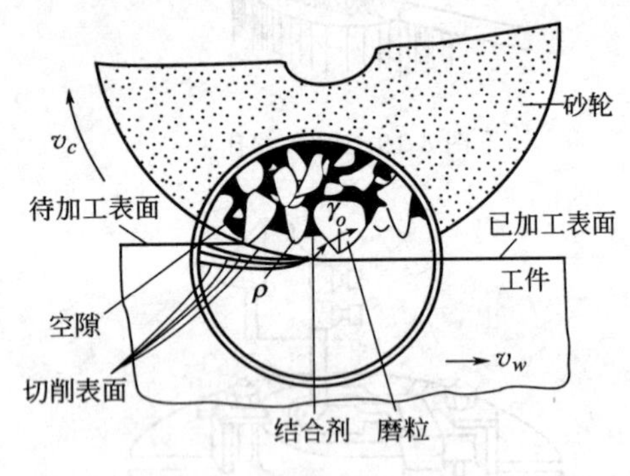

图 9-1 磨削原理示意图

(1) 磨削原理

磨削用的砂轮是由细小而坚硬的磨粒用结合剂黏结而成的。放大砂轮表面，看到其上杂乱地分布着很多尖棱多角的颗粒——磨粒，它们就像无数的微小刀刃一样，在砂轮的高速旋转下，切入工件表面。所以说，磨削的实质是一种多刀多刃的超高速铣削过程，如图 9-1 所示。

(2) 磨削加工的特点

ⅰ. 加工尺寸精度高，表面粗糙度低，尺寸精度可以达到 IT6～IT5，表面粗糙度可达到 $Ra0.8 \sim 0.1\mu m$。

ⅱ. 加工材料广泛，磨削不仅能够加工一般的金属材料，如碳钢、铸铁等，还可以加工一般金属刀具很难甚至根本不能加工的高硬度材料，如淬火钢及各种刀具材料等。

ⅲ. 磨削主要用于零件的内外圆柱面、内外圆锥面、平面、成形表面及刃磨刀具等，如图 9-2 所示。

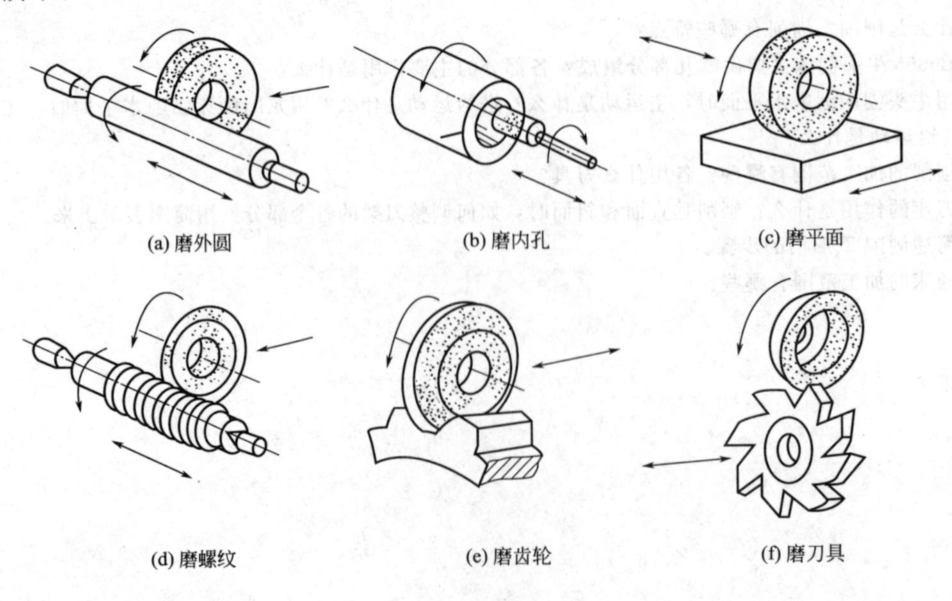

图 9-2 磨削加工类型

9.2 磨床

磨床的种类很多，常用的有外圆磨床、内圆磨床、平面磨床等。

9.2.1 外圆磨床

外圆磨床主要用来磨削圆柱面、外圆锥面及台阶轴端面等。它主要由以下几个部分组成。

① 头架 磨床装夹工件的部分，它能完成工件的成形运动。

② 尾架 工件用两顶尖装夹时，用以实现工件两中心孔的定位支承作用。

③ 工作台 由上下两层构成，在其上面安装头架和尾架，上工作台可以回转一定的角度，以便磨削圆锥面。下工作台由液压传动，可沿床身的纵向导轨作纵向进给运动。

④ 砂轮架 砂轮架上装有砂轮并使砂轮完成磨削运动。

⑤ 内圆磨头 万能外圆磨床的特点是具有内圆磨头，用于磨削工件的内圆柱和内圆锥。

⑥ 床身 磨床的基础部件，用来安装以上各部件。

9.2.2 其他常用磨床

① 内圆磨床 主要用来磨削工件的圆柱孔、圆锥孔或工件的端面。

② 平面磨床 主要用来磨削平面或斜面。

9.2.3 磨床的液压传动

磨床的传动系统大多采用液压传动，其优点是传动平稳，无冲击振动，可在较大范围内实现无级调速，操作简单方便。下面仅对外圆磨床的部分液压传动作简要介绍，如图 9-3 所示。

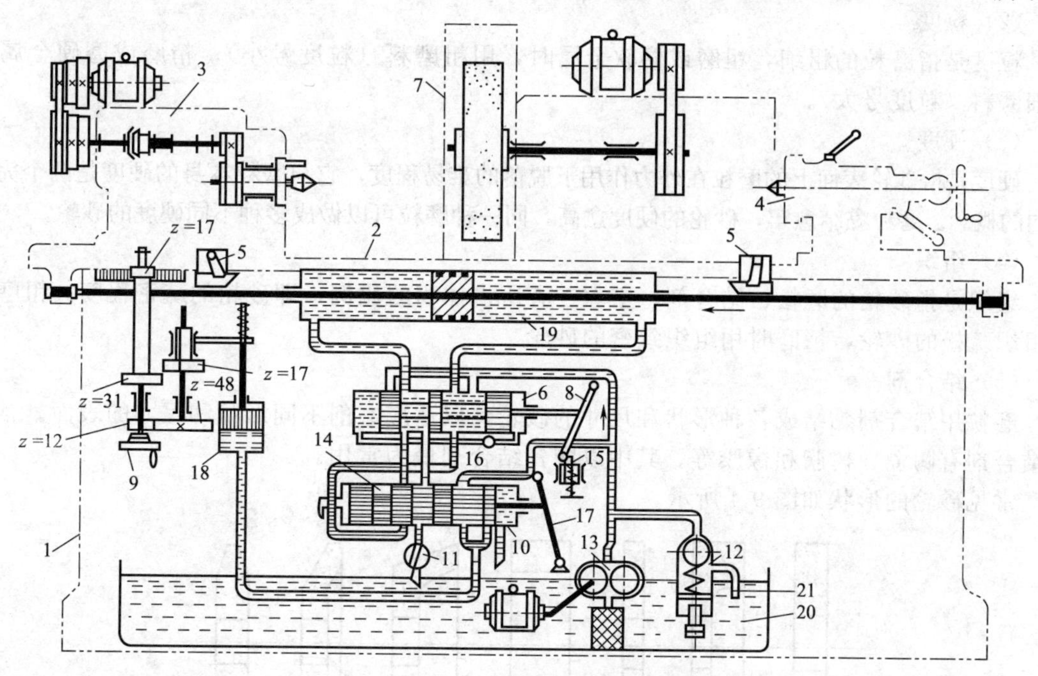

图 9-3 外圆磨床部分液压传动示意图

1—床身；2—工作台；3—头架；4—尾架；5—挡块；6—换向阀；7—砂轮架；8，17—杠杆；9—手轮；10—滑阀；11—调节阀；12—安全阀；13—油泵；14—油腔；15—定位触头；16—油阀；18—油筒；19—油缸；20—油箱；21—回油管

机床液压传动系统由油箱 20、齿轮油泵 13、换向和调节装置、油缸 19 等组成。工作时，油从油泵 13 经管路、换向阀 6，流到油缸 19 的右端，使工作台 2 向左作纵向进给运动。此时，油缸 19 左端的油经换向阀 6、滑阀 10 及调节阀 11 流回油箱。当工作台每到行程终了时，挡块 5 先推动杠杆 8，杠杆 8 带动换向阀 6 的活塞向左移动一定位置，压力油与油缸 19 的左端接通，工作台向右移动。油缸 19 的右端的油通过换向阀 6、滑阀 10、调节阀 11 回到油箱完成往复循环，调节阀 11 是用来调节工作台运动速度的。换向阀 6 的活塞转换快慢由油阀 16 调节。工作台的往复换向动作是由两个挡块 5 通过触动换向阀 6 的杠杆 8，带动其活塞自动转换实现的。工作台的行程长度靠调节两个挡块的位置来实现。用手向右扳动操纵滑阀 10 的杠杆 17，油腔 14 使油缸 19 的右导管与左导管接通，工作台便停止移动，此时，油筒 18 中油在弹簧活塞压力作用下经油管流回油箱，活塞被弹簧压下，此时压力油通过安全阀 12 的回油管 21 流回油箱。$z=17$ 的齿轮与 $z=30$ 的齿轮啮合。因此可利用手轮移动工作台。

9.3 砂轮

9.3.1 砂轮的种类和特征

砂轮是由磨粒和结合剂按一定的比例构成的多孔物体（图 9-1），它的特性取决于磨料、磨粒、硬度、组织、结合剂形态和尺寸等因素。

（1）磨粒

磨粒起切削作用，应具有很高的硬度、耐热性以及一定的韧性，还须具有锋利的切削刃口，以便切除金属等。常用的磨料有刚玉（Al_2O_3）和碳化硅（SiC）两大类。刚玉砂轮用于磨削韧性材料，如碳钢及一般刀具。碳化硅砂轮用于磨削脆性材料，如铸铁、青铜及硬质合金刀具。

（2）粒度

粒度是指磨粒的粗细，粗磨或磨软金属时，用粗磨料（粒度号小）；精磨或磨硬金属时用细磨料（粒度号大）。

（3）硬度

硬度是指砂轮表面上的磨粒在外力作用下脱落的难易程度，它与磨粒本身的硬度是两个完全不同的概念。磨粒黏结愈牢，砂轮的硬度愈高，同一种磨粒可以做成多种不同硬度的砂轮。

（4）组织

组织是指砂轮的磨粒、结合剂、空隙三者所占体积的比例，即砂轮的疏密程度。粗磨时用组织疏松的砂轮，精磨时用组织致密的砂轮。

（5）结合剂

磨粒用结合剂黏结成各种形状和尺寸的砂轮，以适应磨削不同形状和尺寸的表面。常用的结合剂有陶瓷、树脂和橡胶等。其中以陶瓷结合剂最为常用。

常见砂轮的形状如图 9-4 所示。

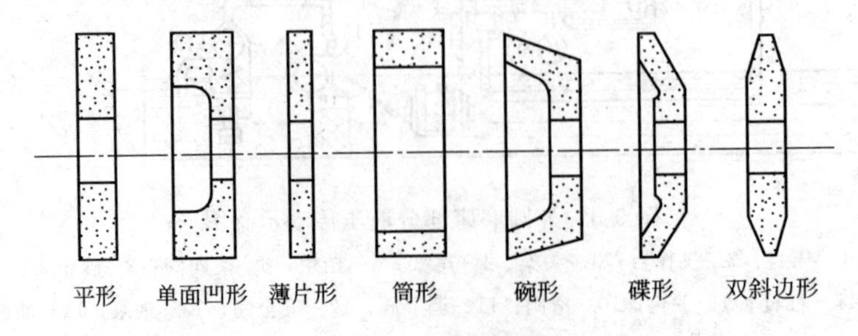

图 9-4 砂轮的形状

9.3.2 砂轮的检查、安装

(1) 检查

由于砂轮工作时转速很高，安装前必须经过检查，首先要仔细检查砂轮是否有裂纹。用手托住砂轮，用木锤轻敲时，若发出清脆声音则为合格，声音嘶哑的砂轮绝对禁止使用，否则会引起砂轮破裂飞出，发生工伤事故。

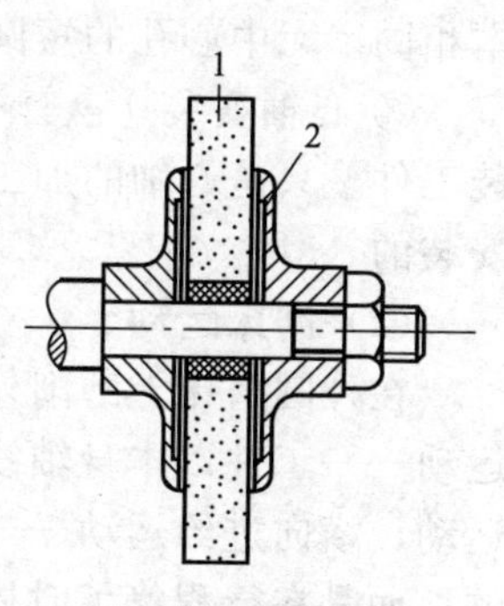

图 9-5 砂轮的安装

1—砂轮；2—弹性垫板

(2) 安装

安装砂轮时，要求砂轮不松不紧地套在轴上。在砂轮和法盘之间应加橡胶弹性垫板，以便压力均匀分布，螺母的拧紧力不能过大，否则会导致砂轮破裂。安装砂轮如图 9-5 所示。为了使砂轮平稳地工作，一般直径大于 125mm 的砂轮都要进行静平衡，如图 9-6 所示。砂轮工作一段时间后，磨粒逐渐变钝，砂轮表面的空隙被堵塞，这时必须进行修整，切去砂轮表面上的一层变钝的磨粒，使砂轮重现新的锋利的磨粒，以恢复砂轮的切削能力和形状精度。砂轮常用金刚石进行修整，如图 9-7 所示。

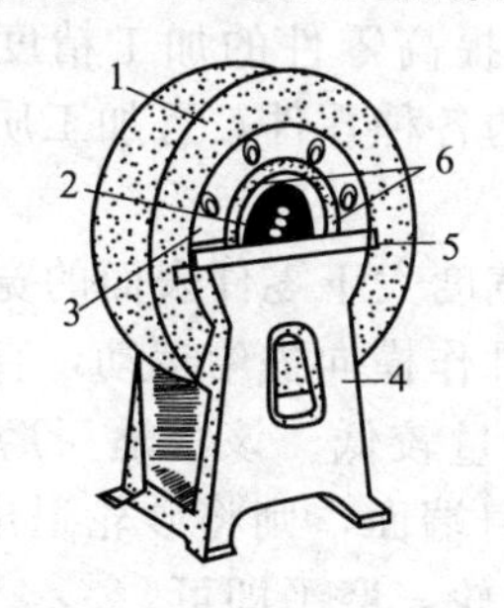

图 9-6 砂轮平衡

1—砂轮；2—心轴；3—平衡套筒；4—平衡架；5—平衡轨道；6—平衡铁

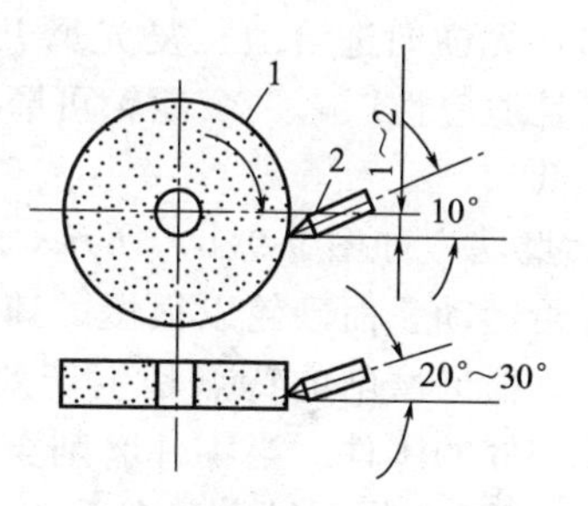

图 9-7 砂轮的修整

1—砂轮；2—金刚石

9.4 磨削工艺

9.4.1 磨外圆

(1) 工件的安装

外圆磨床上安装工件的方法常用的有顶尖安装、卡盘安装和心轴安装等。

① 顶尖安装 轴类工件常用顶尖安装。安装时，工件支持在两顶尖之间，如图 9-8 所示。其安装方法与车削中所使用的方法基本相同。但磨床头架和尾架所使用的顶尖是均不随工件一同转动的死顶尖，这样可以提高精度，避免由于顶尖转动带来的径向跳动误差。尾架顶尖是靠弹簧推力顶紧工件的，这样可以自动控制松紧程度，避免工件因受热伸长带来的弯曲变形。

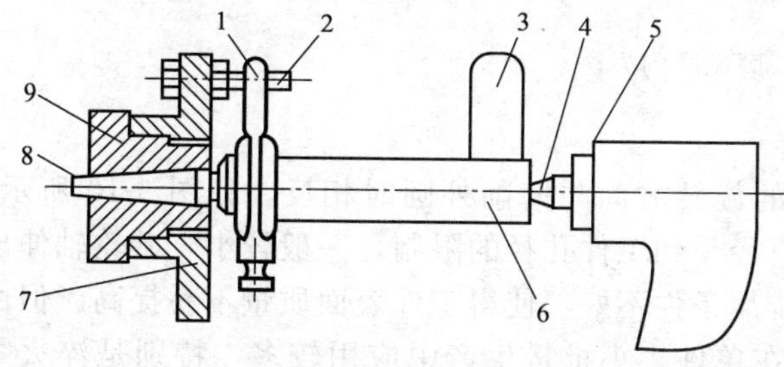

图 9-8 顶尖安装

1—鸡心夹头；2—拨杆；3—砂轮；4—后顶尖；5—尾座套筒；6—工件；7—拨盘；8—前顶尖；9—头架主轴

② 卡盘安装 可用三爪自定心卡盘或四爪单动卡盘安装，其方法与车床基

本相同。无中心孔的短圆柱工件大多采用三爪卡盘安装，不对称工件采用四爪卡盘安装。

③ 心轴安装　盘套类空心工件常以内孔定位磨削外圆，一般采用与车床类似的心轴安装工件。只是心轴的加工精度要求更高些。心轴在磨床上的安装和车床一样，也是通过顶尖安装的。

(2) 磨床运动

在外圆磨床上磨削外圆，有以下几种运动：主运动——砂轮的高速旋转运动；圆周进给运动——工件以本身轴线定位进行旋转的运动；纵向进给运动——工件沿着本身轴线的往复运动；横向进给运动——砂轮沿径向切入工件的运动。它在磨削的往复过程中一般是不进给的，而是在行程终了时周期性地进给。

(3) 磨削方法

磨削外圆常用的方法有纵磨法、横磨法和综合磨法三种。

① 纵磨法　如图 9-9(a) 所示，此法用于磨削长度与直径之比较大的工件。磨削时，砂轮高速旋转，工件低速旋转并随工作台作纵向往复进给运动。工件改变移动方向时，砂轮作间歇性径向进给，每次磨削深度很小。当工件加工到接近最终尺寸时（留 0.005～0.01mm），无横向进给地往复光磨几次，直至火花消失，以提高零件的加工精度。纵向磨削的特点是适应性广，一个砂轮可磨削长度不同、直径不等的各种零件，且加工质量好，但磨削效率低。

② 横磨法　如图 9-9(b) 所示，横磨削时，采用砂轮的宽度大于零件表面的宽度，零件无纵向进给运动，而砂轮以很慢的速度连续地或断续地向零件作横向进给运动，直至余量被全部磨掉。横向磨削的特点是生产效率高，但精度及表面质量较低。该法适于磨削长度较短、刚性较好的零件。当零件磨削至尺寸后，如需要靠磨台肩端面，则将砂轮退出 0.005～0.01mm，手摇工作台纵向移动手轮，使零件的台端面贴靠砂轮，磨平即可。

③ 综合磨法　如图 9-9(c) 所示，先用横磨分段粗磨，相邻两段间有 5～15mm 的重叠量。留下 0.01～0.03mm 余量，再用纵磨法加工完毕。当工件的长度为砂轮宽度的 2～3 倍以上时，可采用综合磨法。综合磨法集纵磨、横磨法的优点为一身，既能提高生产效率，又能提高磨削质量。

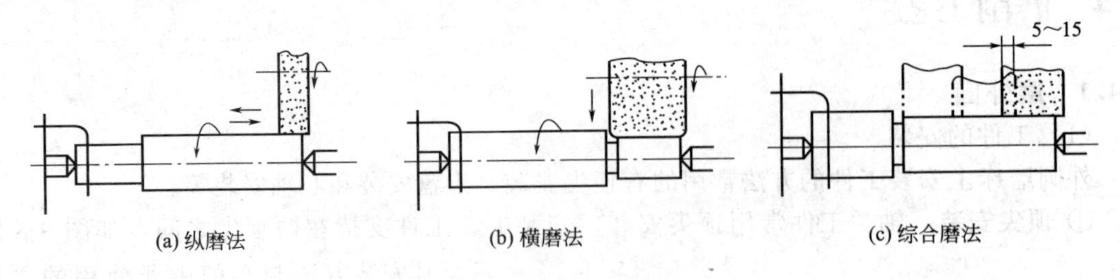

图 9-9　磨床磨削方法

9.4.2　内圆磨削

内圆磨削与外圆磨削相似，只是砂轮的旋转方向与磨削外圆时相反，如图 9-10 所示。操作方法以纵磨法应用最广。由于砂轮的直径受到工件孔径的限制，一般较小，砂轮轴伸出长度较长，刚性差，砂轮线速度低，冷却排屑条件不好，使得工件表面质量不易提高。但由于磨孔具有万能性，不需要成套刀具，故在单件、小批量生产中应用较多，特别是淬火零件，磨孔仍是精加工孔的主要方法。

砂轮在零件孔中的接触位置有两种：一是与零件孔的后面接触，如图 9-11(a) 所示，这时冷却液和磨屑向下飞溅，不影响操作人员的视线和安全；另一种是与零件孔的前面接触，

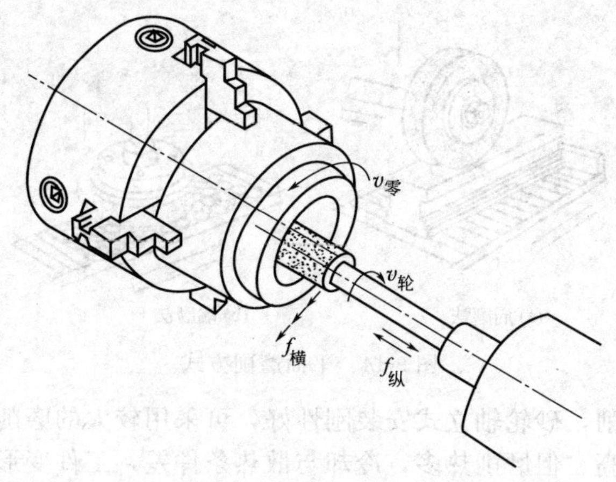

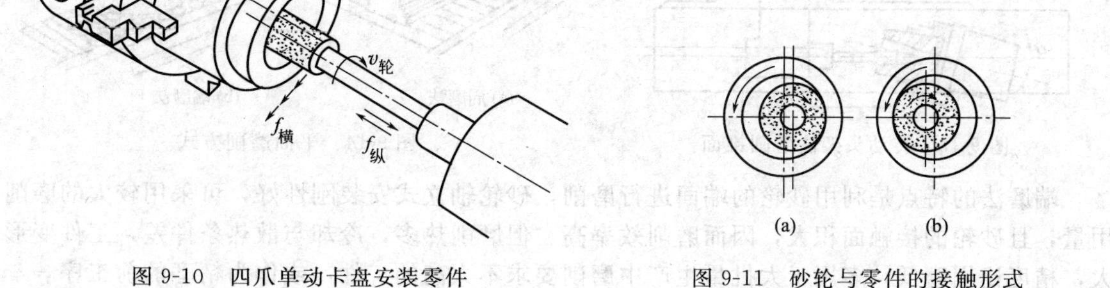

图 9-10 四爪单动卡盘安装零件

图 9-11 砂轮与零件的接触形式

如图 9-11(b) 所示，情况与上述相反。通常在内圆磨床上采用后面接触。而在万能圆磨床上磨孔，应采用前面接触方式，这样可采用自动横向进给。若采用后接触方式，则只能手动横向进给。

9.4.3 圆锥面的磨削

圆锥面的磨削通常用下列两种方法。

① 转动工作台法 如图 9-12 所示，这种方法大多用于锥度较小、锥面较长的工件。

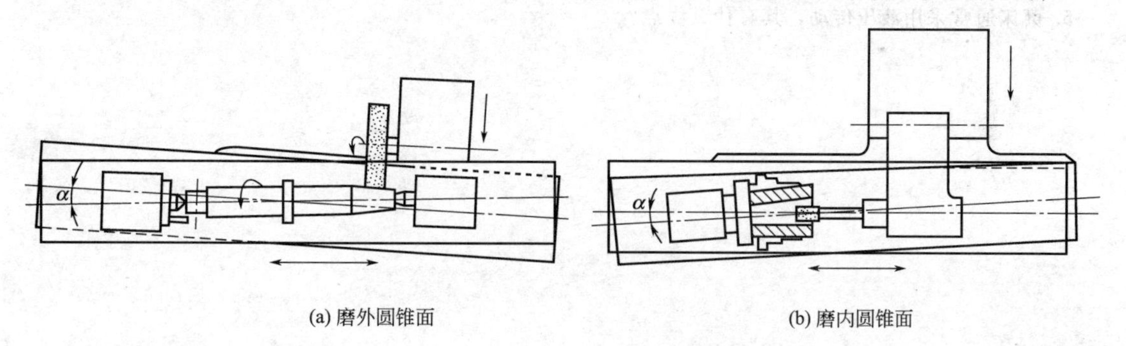

图 9-12 转动工作台法磨圆锥面

② 转动头架法 如图 9-13 所示，这种方法常用于锥度较大的工件。

9.4.4 平面磨削

磨平面一般使用平面磨床。平面磨床工作台通常采用电磁吸盘来安装工件，对碳钢、铸铁等导磁性工件，可直接安装在工作台上。通电后，工件便牢固地吸合在电磁吸盘上。对于铜、铝等非导磁工件，要通过精密平口钳等装夹。

根据磨削时砂轮工作表面的不同，平面磨削的方式有两种，即周磨法和端磨法，如图 9-14 所示。

(1) 周磨法

周磨法的特点是利用砂轮的圆周面进行磨削，工件与砂轮的接触面积小，磨削热少，排屑容易，冷却与散热条件好，砂轮磨损均匀，磨削精度和表面加工质量高，但生产效率低。多用于单件小批生产，也可用于精磨。

(2) 端磨法

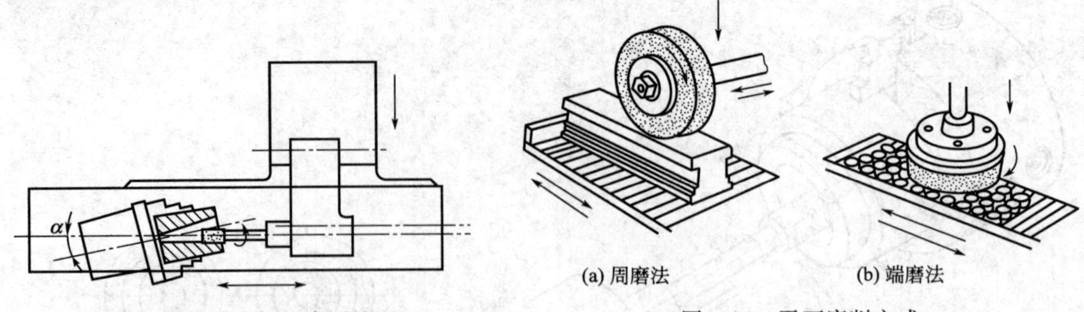

图 9-13　转动头架法磨圆锥面

图 9-14　平面磨削方式

端磨法的特点是利用砂轮的端面进行磨削，砂轮轴立式安装刚性好，可采用较大的磨削用量，且砂轮的接触面积大，因而磨削效率高。但磨削热多，冷却与散热条件差，工件变形大，精度比周磨低，多用于大批量生产中磨削要求不太高的工件，或作为精磨的前工序——粗磨。

复习思考题

1. 磨削加工的特点是什么？
2. 外圆磨床由哪几部分组成？各有何功用？
3. 磨削外圆时，工件和砂轮须作哪些运动？
4. 平面磨削常用的方法有哪几种？各有何特点？
5. 磨床通常采用液压传动，其有什么优点？

10 钳 工

10.1 概述

钳工是以手持工具对工件进行加工的方法。钳工的主要工作有划线、錾削、锯削、锉削、攻螺纹、套螺纹、钻孔（扩孔、铰孔）、刮削、研磨、机器的装配和修理。

10.1.1 钳工特点

ⅰ. 加工灵活：在不适于机械加工的场合，尤其是在机械设备的维修工作中，钳工加工可获得满意的效果。

ⅱ. 可加工形状复杂和高精度的零件：技术熟练的钳工可加工出比现代化机床加工的零件还要精密和光洁的零件，可以加工出连现代化机床也无法加工的形状非常复杂的零件，如高精度量具、样板、开头复杂的模具等。

ⅲ. 投资小：钳工加工所用工具和设备价格低廉，携带方便。

ⅳ. 加工质量不稳定：加工质量的高低受工人技术熟练程度的影响。

ⅴ. 生产效率低，劳动强度大。

10.1.2 钳工的基本操作

ⅰ. 辅助性操作：划线，它是根据图样在毛坯或半成品工件上划出加工界线的操作。

ⅱ. 切削性操作：有錾削、锯削、锉削、攻螺纹、套螺纹、钻孔（扩孔、铰孔）、刮削和研磨等多种操作。

ⅲ. 装配性操作：装配，将零件或部件按图样技术要求组装成机器的工艺过程。

ⅳ. 维修性操作：维修，对在役机械、设备进行维修、检查、修理的操作。

10.1.3 钳工工作的范围及在机械制造与维修中的作用

(1) 普通钳工工作范围

ⅰ. 加工前的准备工作，如清理毛坯、毛坯或半成品工件上的划线等。

ⅱ. 单件零件的修配性加工。

ⅲ. 零件装配时的钻孔、铰孔、攻螺纹和套螺纹等。

ⅳ. 加工精密零件，如刮削或研磨机器、量具和工具的配合面，夹具与模具的精加工等。

ⅴ. 零件装配时的配合修整。

ⅵ. 机器的组装、试车、调整和维修等。

(2) 钳工在机械制造和维修中的作用

钳工是一种比较复杂、细微，工艺要求较高的工作。目前虽然有各种先进的加工方法，但钳工所用工具简单，加工多样灵活、操作方便，适应面广等，故有很多工作仍需要由钳工来完成。因此钳工在机械制造及维修中有着特殊的、不可取代的作用。但钳工操作劳动强度大、生产效率低、对工人技术水平要求较高。

图 10-1 钳工工作台

10.1.4 钳工常用设备

钳工常用的设备有钳工工作台、台虎钳、砂轮机、台式钻床、手枪电钻以及一些测量工具等。

(1) 钳桌

钳桌又称钳工工作台，一般由低碳钢制成，亦可用硬木料加工而成，其高度为800～900mm，长度和宽度可随工作需要而定。钳桌用来安装台虎钳和放置工具、量具、工件和图样等。面对操作者，在钳桌的边缘装有防护网，以防工作时发生意外，如图 10-1 所示。

(2) 台虎钳

台虎钳由紧固螺栓固定在钳桌上，用来夹持工件。其规格以钳口的宽度表示，常用的有 100mm、125mm、150mm 等，如图 10-2 所示。

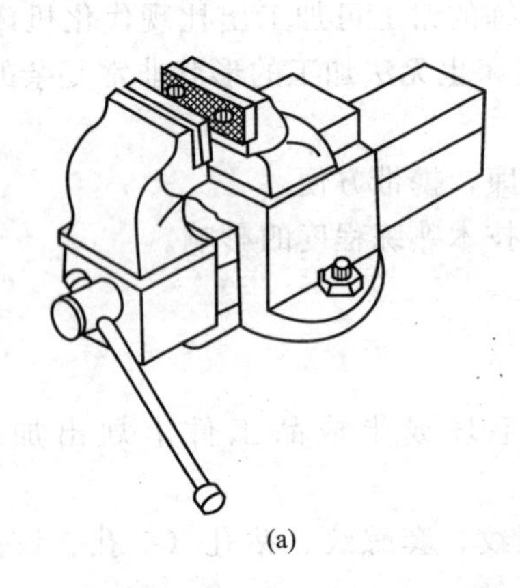

(a)

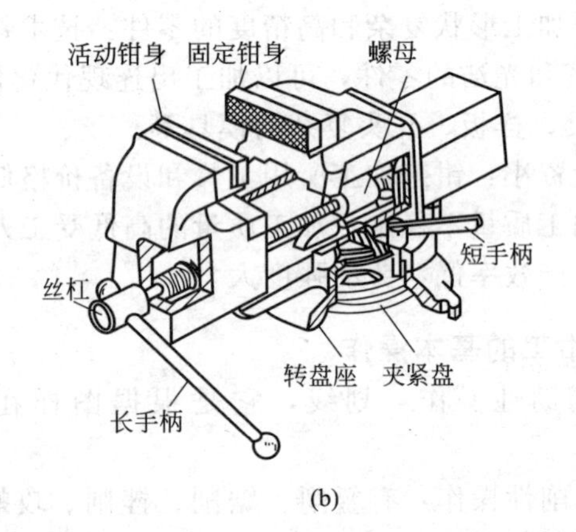

(b)

图 10-2 台虎钳

台虎钳有固定式［图 10-2(a)］和回转式［图 10-2(b)］。后者使用较方便，应用较广，由活动钳身、固定钳身、丝杠、螺母、夹紧盘和转盘座等组成。

操作者顺时针转动长手柄，可使丝杠在螺母中旋转，并带动活动钳身向内移动，将工件夹紧；当逆时针旋转长手柄时，可使活动钳身向外移动，将工件松开；若要使台虎钳转动一定角度，可逆时针方向转动短手柄，双手扳动钳身使之转所需角度，然后顺时针转动短手柄，将台虎钳整体锁紧在底座上。

使用台虎钳时应注意以下几点。

ⅰ. 在台虎钳上夹持工件时，只允许依靠手臂的力量来扳动手柄，绝不允许用锤子敲击手柄或用管子、其他工具随意接长手柄夹紧，以防螺母或其他部件因过载而损坏。

ⅱ. 在台虎钳上进行强力作业时，应使强的作用力朝向固定钳身，否则将额外增加丝杠和螺母的载荷，以致造成螺纹及钳身的损坏。

ⅲ. 不要在活动钳身的工作面上进行敲击作业，以免损坏或降低它与固定钳身的配合性能。

ⅳ. 丝杠、螺母和其他配合表面都要保持清洁，并加油润滑，以使操作省力，防止生锈。

ⅴ. 如夹持已加工过的表面时，应垫上软钳口，以免损坏已加工的表面。

10.2 划线

10.2.1 划线的作用和种类

划线工作可以在毛坯上进行，也可以在已加工面上进行，一般分为平面划线和立体划线。两种划线的作用如下。

ⅰ. 确定工件的加工余量，明确尺寸的加工界线。

ⅱ. 在板料上按划线下料，可以正确排料，合理使用材料。

ⅲ. 复杂工件在机床上装夹加工时，可按划线位置找正、定位和夹紧。

ⅳ. 通过划线能及时地发现和处理不合格的毛坯，避免加工后造成损失。

ⅴ. 采用借料划线可以使误差不大的毛坯得到补救，加工后零件仍能达到要求。

10.2.2 划线工具及其用途

划线的精度不高，一般可达到的尺寸精度为0.25～0.5mm，因此，不能依据划线的位置来确定加工后的尺寸精度，必须在加工过程中，通过测量来保证尺寸的加工精度。

(1) 划线工具

常用的划线工具有划线平台、千斤顶、V形铁、划针、90°角尺、划线方箱、划针盘、划规及划卡、样冲等。

① 划线平台　用于检验或划线的平面基准器具，平面度好，表面粗糙度低，不要锤击其表面。如图10-3所示，划线平台表面经过精刨、刮削等精密加工，可用作划线时的基准平面，用于放置工件和划线工具。使用时避免撞击、磕碰，以免降低精度；使用完后要擦拭干净，并涂上机油以防生锈。

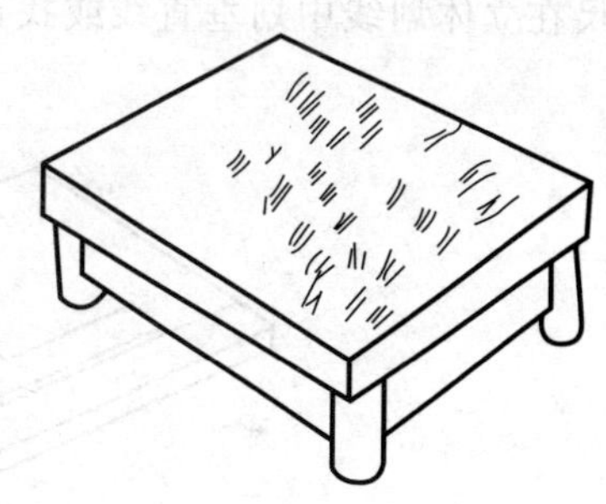

图10-3　划线平台

② 千斤顶　用于平板上支承较大及不规则的工件，其高度可以调整，以便找正工件。通常用三个千斤顶来支承工件，如图10-4所示。

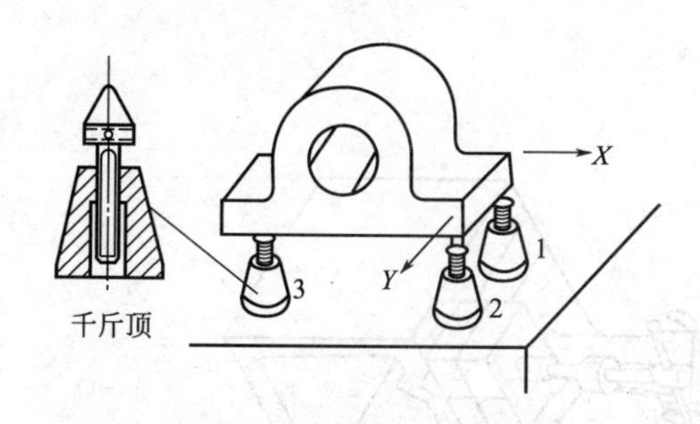

图10-4　千斤顶及其用途

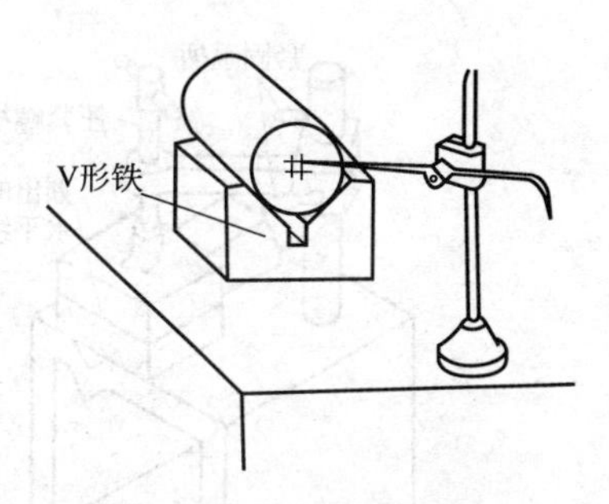

图10-5　V形铁及其用途

③ V形铁　用于支承圆柱形工件，使工件轴线与平板平面平行，如图10-5所示。

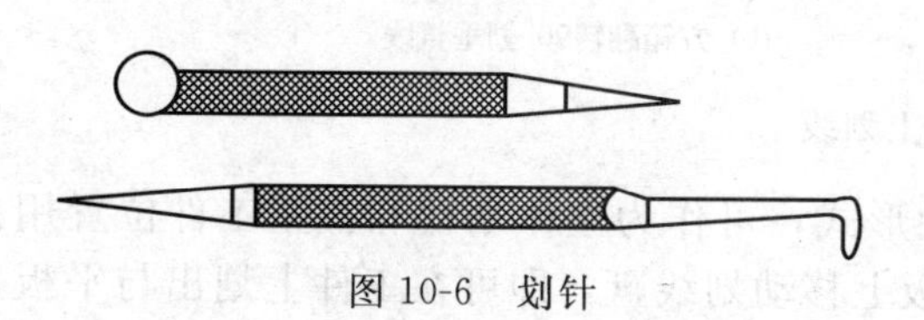

图10-6　划针

④ 划针　由碳素工具钢、弹簧钢丝或硬质合金焊接在钢材头部制成。钢质划针经热处理硬化、磨制而成。直径为3～6mm，长为200～300mm，尖端磨成15°～20°。如图10-6所示，划针配合钢尺、角尺、样板等导向工具一起使

用，尽量做到一次划成，不要连续几次重复地划同一线条，否则线条变粗或不重合，反而模糊不清。划针的正确使用方法如图 10-7 所示。

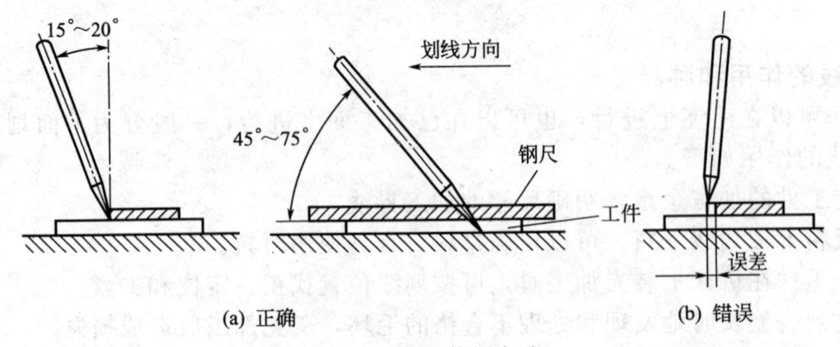

图 10-7 划针使用方法

⑤ 90°角尺 检验工件的垂直度，可划出垂直线条。90°角尺两边之间成直角。90°角尺有两种类型：图 10-8(a) 为扁 90°角尺在平面划线中划垂直线的方法；图 10-8(b) 为宽 90°角尺在立体划线中划垂直线或找正垂直面的方法。

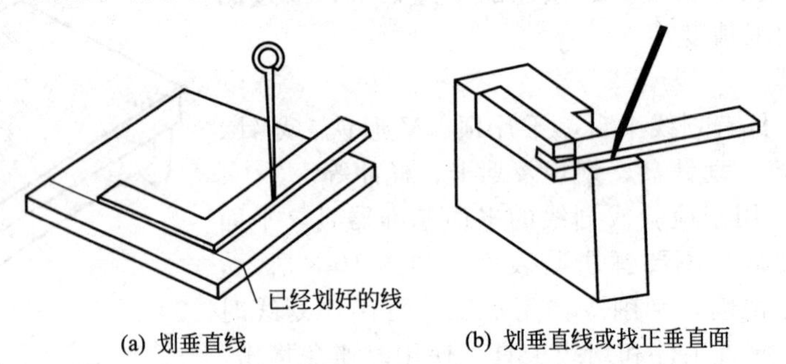

图 10-8 90°角尺划垂直线

⑥ 划线方箱 划线方箱是一个空心的箱体，相邻平面互相垂直，相对平面互相平行。依靠夹紧装置把较小工件固定在方箱上，在划线平板上翻转方箱，利用划线盘或高度游标尺则可划出各边的水平线或平行线，如图 10-9 所示。

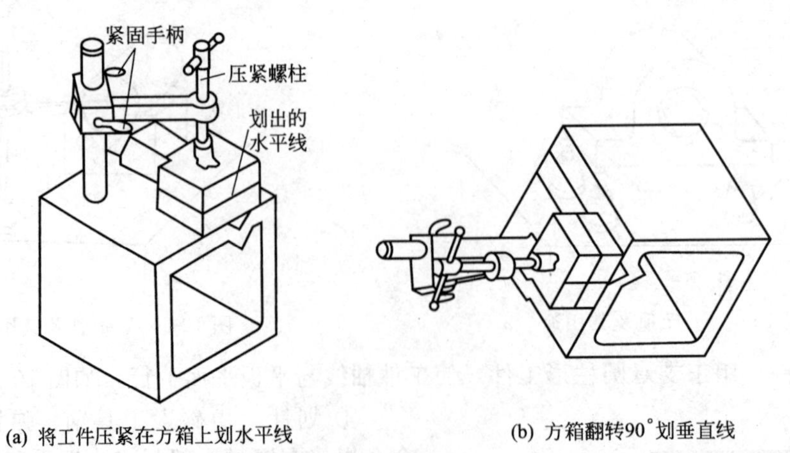

图 10-9 方箱上划线

⑦ 划线盘 有普通划线盘和可调划线盘两种形式，可作为立体划线和找正工件位置用的工具。如图 10-10 所示，调节划针高度，在平板上移动划线盘，即可在工件上划出与平板

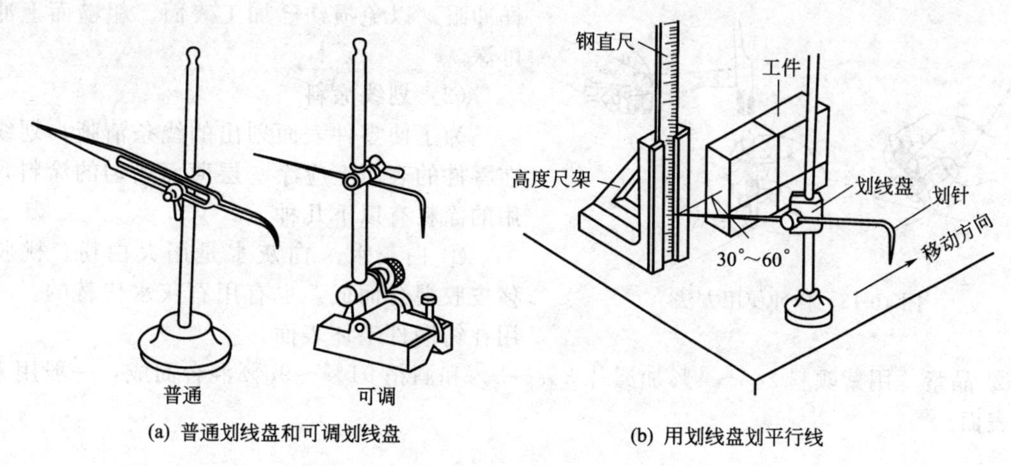

(a) 普通划线盘和可调划线盘　(b) 用划线盘划平行线

图 10-10　划线盘及应用

平行的线来。

⑧ 划规及划卡　划规用来划圆；划卡用来确定轴及孔的中心位置。划规主要用来划圆、弧，截取尺寸，等分角度或线段，如图 10-11 所示。划规由工具钢制成，尖部经淬火硬化。通常焊上一段高速钢，以提高其硬度和保持锋利。图 10-11(a) 所示划规，虽调整不方便，但刚性好，所以应用较普通。划卡又称单脚规，用于划工件的内孔或外圆找中心，如图 10-12(a) 所示，沿加工好的直面划平行线或沿加工好的圆弧面划同心圆线。划卡划平行线的具体方法如图 10-12(b) 所示，用钢直尺和划针划一条基准线，靠近基准线两端各取一点，分别以这两点为圆心，以平行线间的距离为半径，向基准线同一侧划圆弧，用钢直尺和划针作两圆弧的公切线，即为所求。

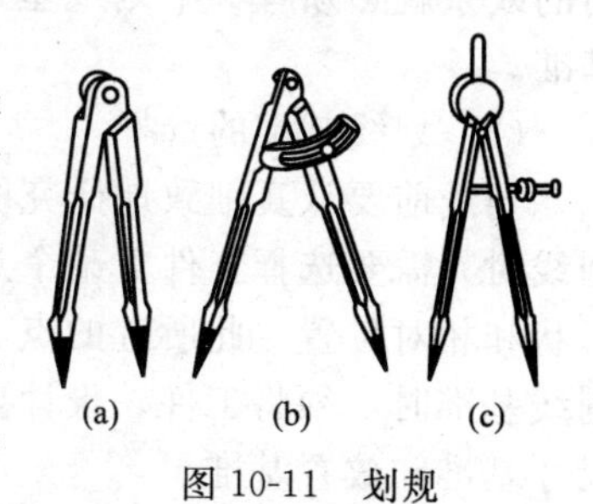

(a)　(b)　(c)

图 10-11　划规

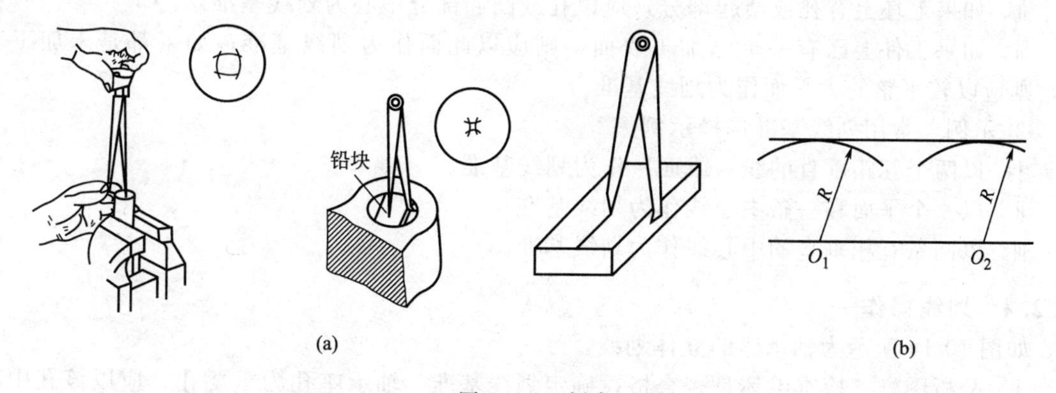

(a)　(b)

图 10-12　划卡

⑨ 样冲　在工件上打出样冲眼的工具。划好的线打上样冲眼可防止线被擦掉；钻孔的位置打上样冲眼便于钻头定位。常用工具钢或高速钢制成，长 50～120mm，尖端磨成 60°（或 30°、45°）的锥角后淬火。如图 10-13 所示，打样冲眼时，应做到以下几点：样冲先外倾，冲尖对准线正中，然后直立打样冲眼，样冲眼位置要准确，不得偏离线条交点；曲线上样冲眼距离要近，圆周上最少有四个冲眼；在交叉线条转折处要有样冲眼；直线上样冲眼距离可大些，但短直线上至少要有三个样冲眼；薄壁表面冲眼要浅，如精加工表面，最好不打

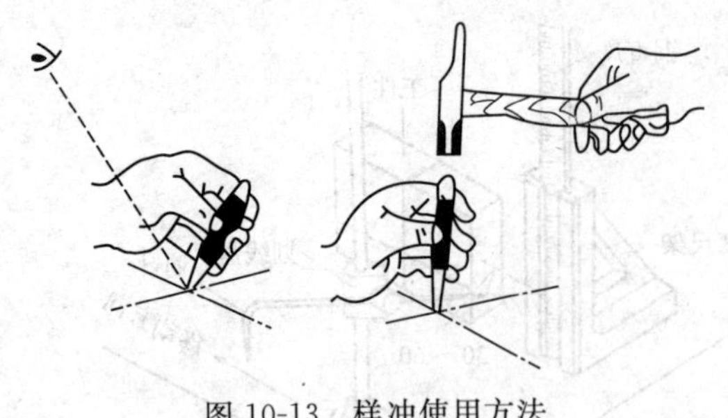
图 10-13 样冲使用方法

样冲眼，以免损伤已加工表面。粗糙面上冲眼可深。

(2) 划线涂料

为了使零件表面划出的线条清晰，划线前在零件的表面上应涂一层薄而均匀的涂料，常用的涂料有以下几种。

① 白灰水 白灰水是用大白粉、桃胶或猪皮胶混合而成，也有用石灰水代替的。一般用在铸锻件毛坯表面。

② 晶紫 用紫颜料2%～4%加漆片3%～5%和酒精91%～95%混合而成，一般用于已加工表面。

10.2.3 划线基准

(1) 平面划线和立体划线

平面划线一般要划两个方向的线条，而立体划线一般要划三个方向的线条。每划一个方向的线条就必须有一个划线基准，故平面划线要选两个划线基准，立体划线要选三个划线基准。

(2) 划线基准的选择

划线前要认真细致地研究图纸，正确选择划线基准，这样才能保证划线的准确、迅速。划线时，需要选择工件上某个点、线或面作为依据，以确定工件上其他各部分的尺寸、几何形状和相对位置，此所选的点、线或面称为划线基准。划线基准一般与设计基准一致。选择划线基准时，须将工件、设计要求、加工工艺及划线工具等综合起来分析，找出其划线时的尺寸基准和放置基准。

① 原则 选择划线基准的原则

ⅰ. 以零件图上标注尺寸的基准（设计基准）作为划线基准。

ⅱ. 如果毛坯上有孔或凸起部分，应以孔或凸起部分中心为划线基准。

ⅲ. 如果工件上已有一个已加工表面，则应以此面作为划线基准；如果都是未加工表面，则应以较平整的大平面作为划线基准。

② 示例 常用划线基准选择示例

ⅰ. 以两个互相垂直的线（或面）作为划线基准。

ⅱ. 以一个平面和一条中心线作为划线基准。

ⅲ. 以两条互相垂直的中心线作为划线基准。

10.2.4 划线操作

如图 10-14 所示为轴承座的立体划线。

ⅰ. 分析图样，检查毛坯是否合格，确定划线基准。轴承座孔为重要孔，应以该孔中心为划线基准，以保证加工时孔壁均匀。

ⅱ. 清除毛坯上的氧化层和毛刺。在划线表面涂上一层薄而均匀的涂料，毛坯用石灰水涂料，已加工表面用晶紫涂料。

ⅲ. 支承、找正工件。用三个千斤顶支承工件底面，并依孔中心及上平面调节千斤顶，使工件水平。

ⅳ. 划出各水平线，划出基准线及轴承座底面四周的加工线。

ⅴ. 将工件翻转 90°，并用 90°角尺找正后划线。

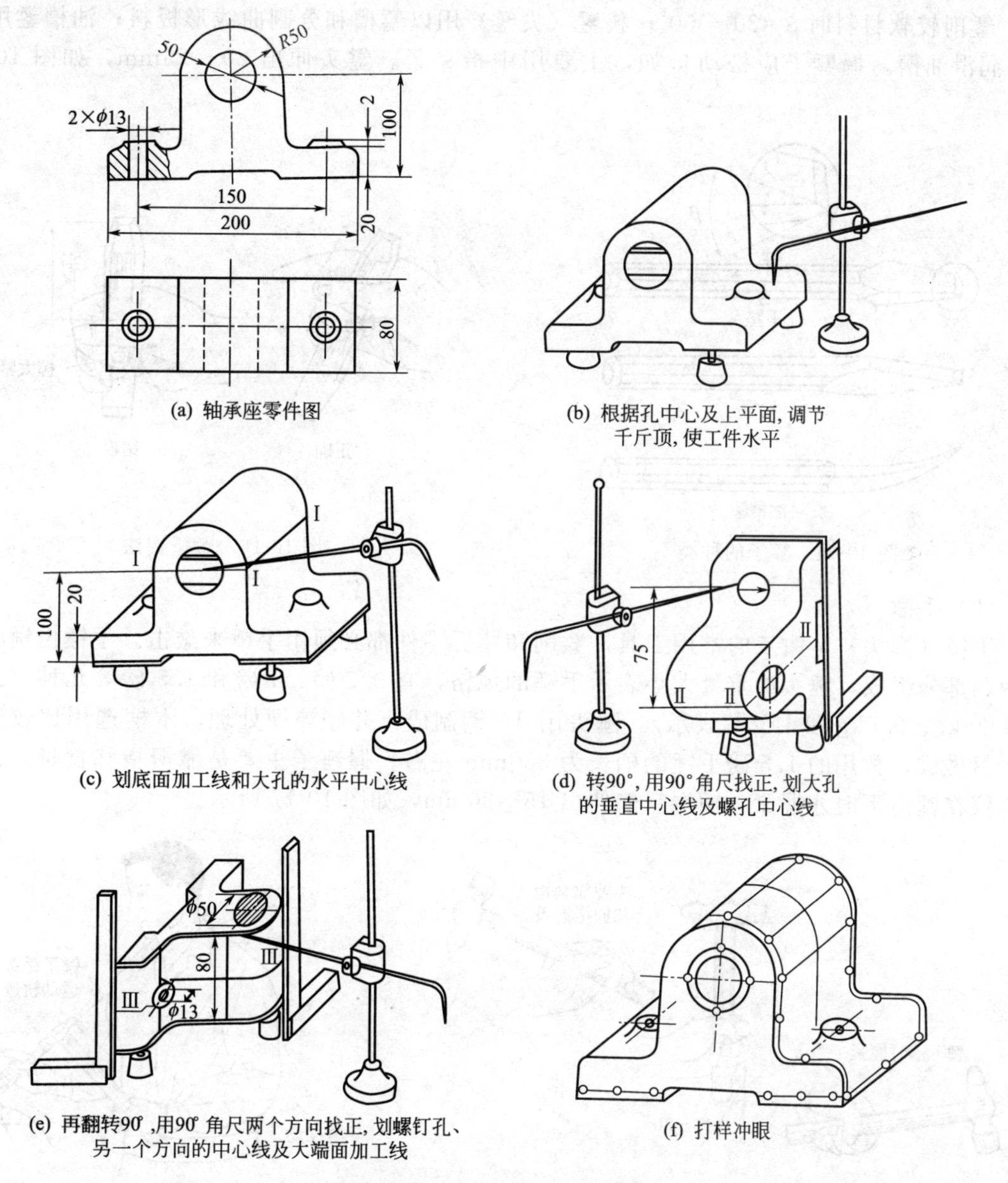

(a) 轴承座零件图

(b) 根据孔中心及上平面，调节千斤顶，使工件水平

(c) 划底面加工线和大孔的水平中心线

(d) 转90°，用90°角尺找正，划大孔的垂直中心线及螺孔中心线

(e) 再翻转90°，用90°角尺两个方向找正，划螺钉孔、另一个方向的中心线及大端面加工线

(f) 打样冲眼

图 10-14 轴承座的立体划线

ⅵ. 将工件翻转 90°，并用角尺在两个方向上找正后，划螺钉孔及两大端面加工线。

ⅶ. 检查划线是否正确后，打样冲眼。划线时同一面上的线条应在一次支承中划全，避免补划时因再次调节支承而产生误差。

划线时会产生误差，划出的线仅仅是加工时的参考线，工件的尺寸精度仍需量具测量。

10.3 錾削

10.3.1 錾削工具及其用途

(1) 錾子

常用錾子有扁錾、狭錾（尖錾）和油槽錾，如图 10-15 所示。扁錾用于錾切平面、铸件毛边，分割细或薄的材料，錾削较硬材料时 $\beta=60°\sim70°$，錾削中等硬度材料时 $\beta=50°\sim$

60°，錾削较软材料时$\beta=30°\sim50°$；狭錾（尖錾）用以錾槽和分割曲线形板料；油槽錾用来錾削润滑油槽。握錾子应松动自如，主要用中指夹紧。錾头伸出20～25mm，如图10-16所示。

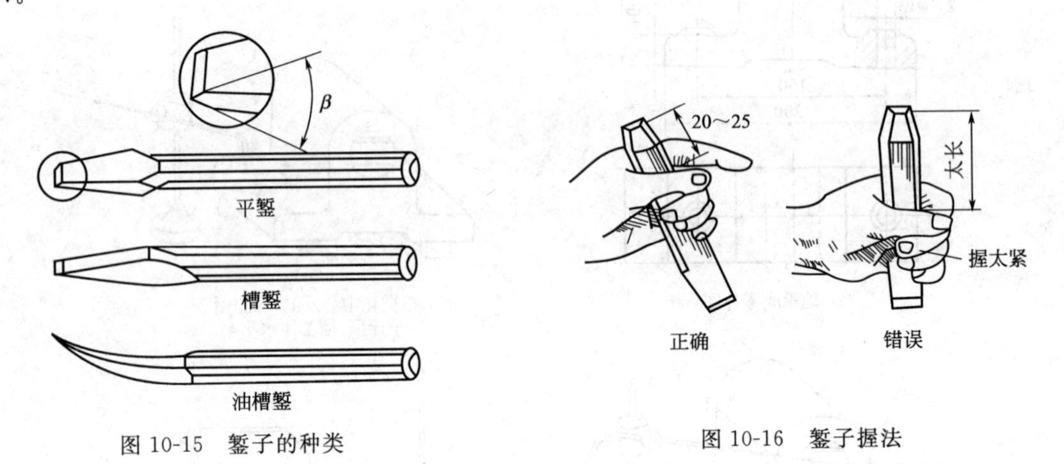

图10-15 錾子的种类

图10-16 錾子握法

（2）手锤

手锤（榔头）是钳工的常用工具，錾削和装拆零件都必须用手锤来敲击。手锤由锤头和木柄两部分组成，锤头的重量大小表示手锤的规格，有0.5磅、1磅和1.5磅等几种（公制用0.25kg、0.5kg和1kg等表示）。锤头用T7钢制成，并经淬硬处理。木柄选用比较坚固的木材做成，常用的1.5磅手锤的柄长为350mm左右。握锤子主要是靠拇指和食指，其余各指仅在锤击下时才握紧，柄端只能伸出15～30mm，如图10-17所示。

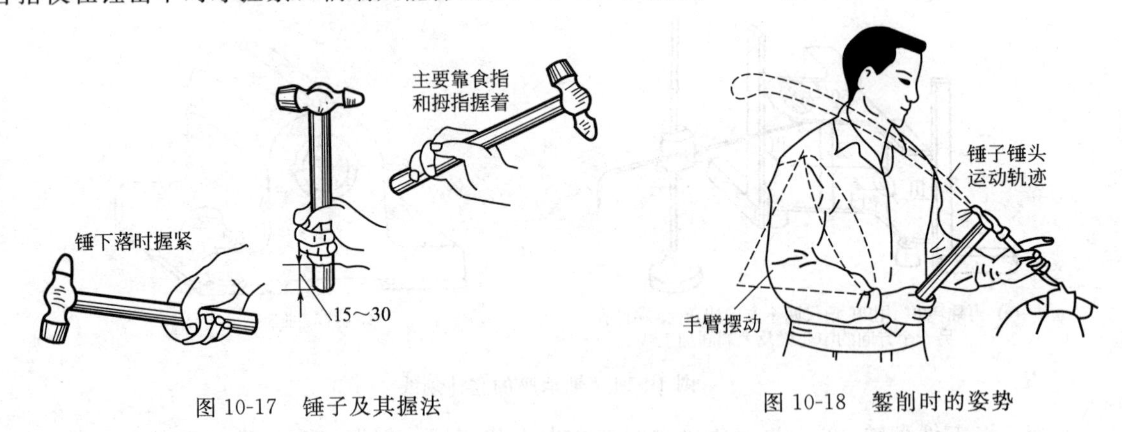

图10-17 锤子及其握法

图10-18 錾削时的姿势

10.3.2 錾削操作

（1）錾削姿势

錾削时的姿势应便于用力，不易疲倦，如图10-18所示。同时，挥锤要自然，眼睛应注视錾刃，而不是錾头。

（2）錾切平面

用扁錾每次要切掉材料厚度0.5～2mm。起錾可在工件中部或两端进行，如图10-19所示，起錾后要把切削角度调整到能顺利地錾掉厚度均匀的材料，并在錾切中尽力保持这个切削角度，以得到光滑平整的表面，每次錾切快到尽头时，应从另一头錾掉余下部分，以免材料被撕裂，如图10-20所示。

（3）錾切大平面

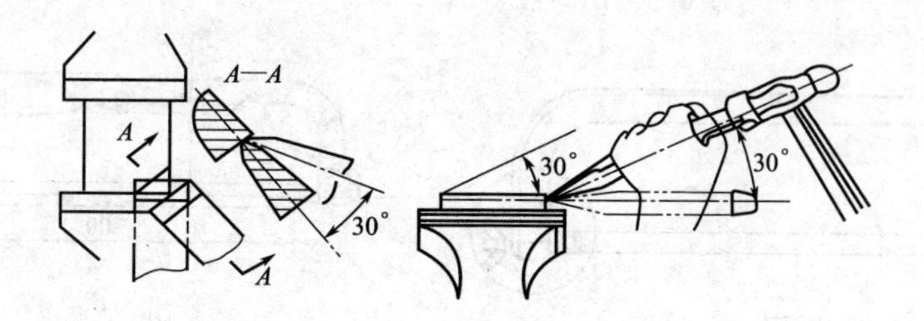

图 10-19 起錾方法

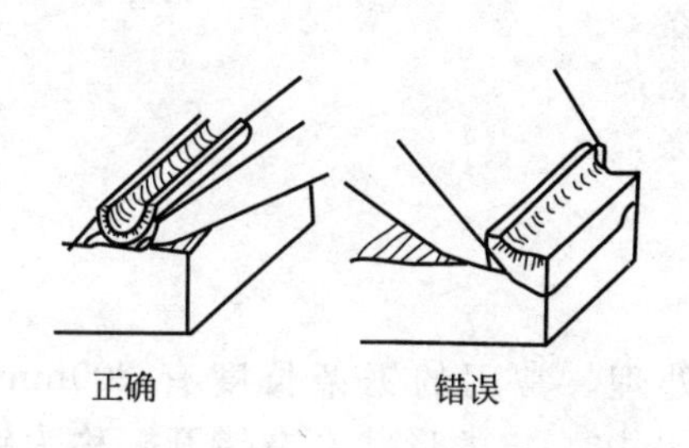

图 10-20 錾到尽头时的方法

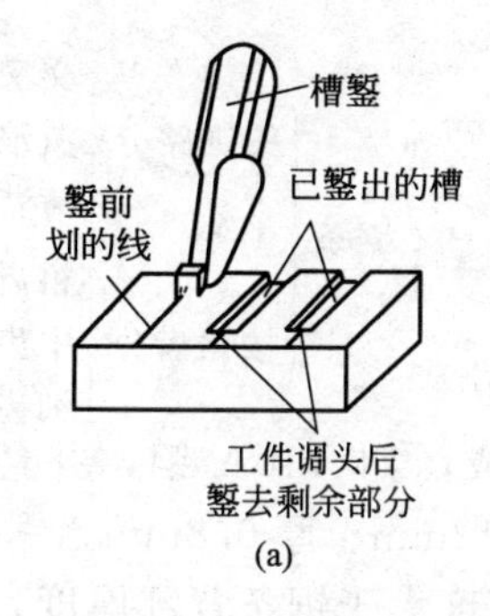

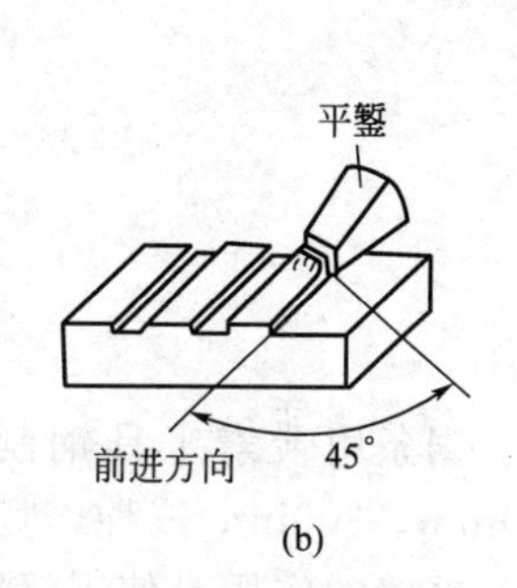

图 10-21 錾切大平面

錾切大平面，先用尖錾开槽，再用扁錾錾平，如图 10-21 所示。

(4) 錾切键槽

按已划好的线錾切，两端带圆弧的键槽，可在两端钻两个孔径等于槽宽的孔，用狭錾錾切，每次錾切量要小，用力要轻，如图 10-22 所示。

(5) 錾切油槽

选用宽度等于油槽宽度的油槽錾錾切，如果是在曲面上錾切油槽，錾子的倾斜角度要随曲面的变化而变化，以使在不同的錾切点保持相同的切削角度，从而保证油槽尺寸、深浅和光洁度的要求，如图 10-23 所示。

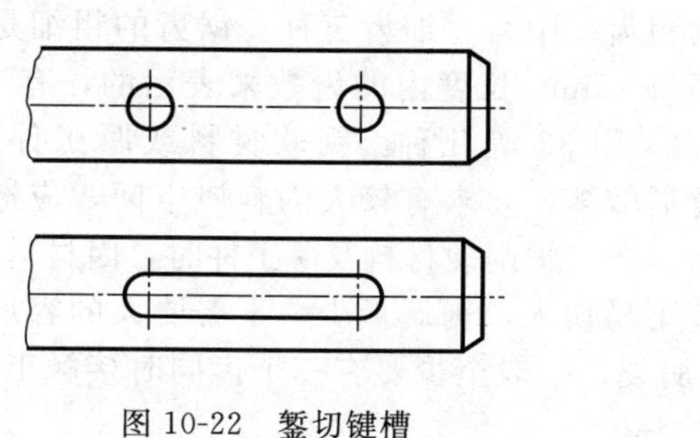

图 10-22 錾切键槽

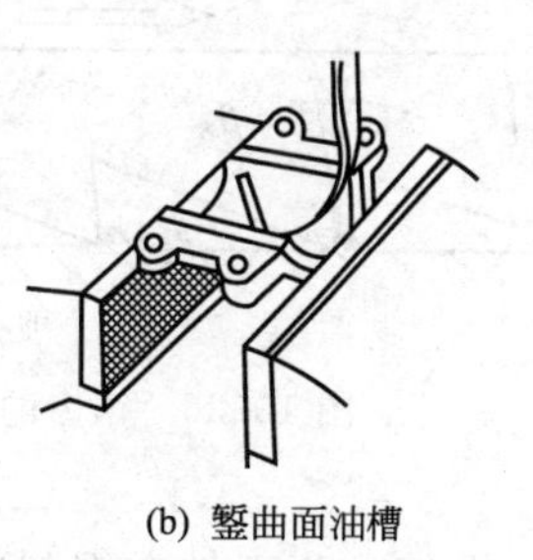

(a) 錾平面油槽 (b) 錾曲面油槽

图 10-23 錾切油槽

10.4 锯削

10.4.1 锯削工具及其用途

手锯包括锯弓和锯条。

① 锯弓 用来夹持和张紧锯条，分固定式和可调式两种，如图 10-24 所示。

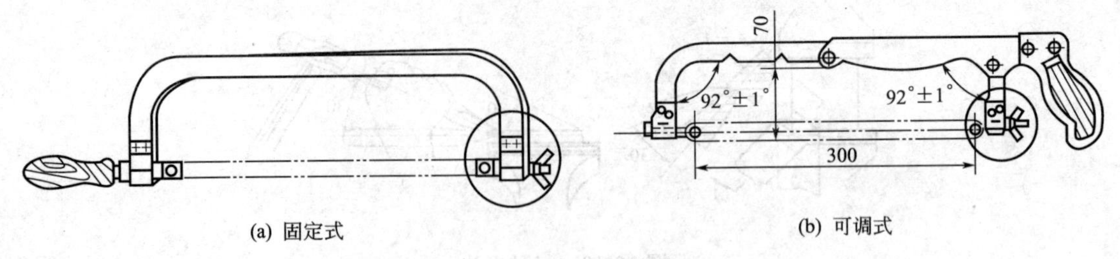

(a) 固定式　　(b) 可调式

图 10-24　锯弓的构造

② 锯条

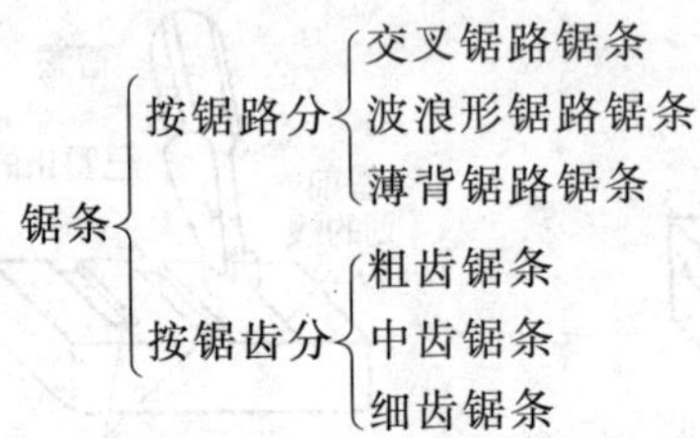

锯条用碳素工具钢制成，如 T10A 钢，并经淬火处理。常用的锯条长度有 200mm、250mm、300mm 三种，宽 12mm、厚 0.8mm。锯条上的齿按一定的形状左右错开，称为锯路。锯路的作用是使锯缝宽度大于锯条背部厚度，以防止锯削时锯条卡在锯缝中，减少锯条与锯缝的摩擦阻力，并使排屑顺利、锯削省力、提高工作效率。如图 10-25 所示为锯路。

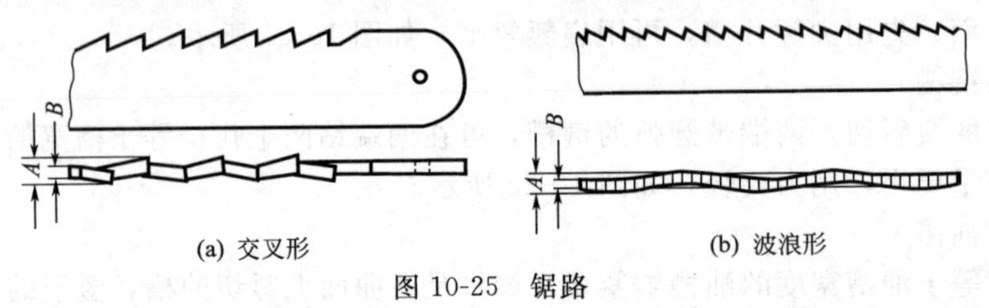

(a) 交叉形　　(b) 波浪形

图 10-25　锯路

锯条的齿近似于前后排列的许多錾子，楔角为 β_o，在工作时形成前角 γ_o 和后角 α_o，$\alpha_o+\beta_o+\gamma_o=90°$，如图 10-26 所示。

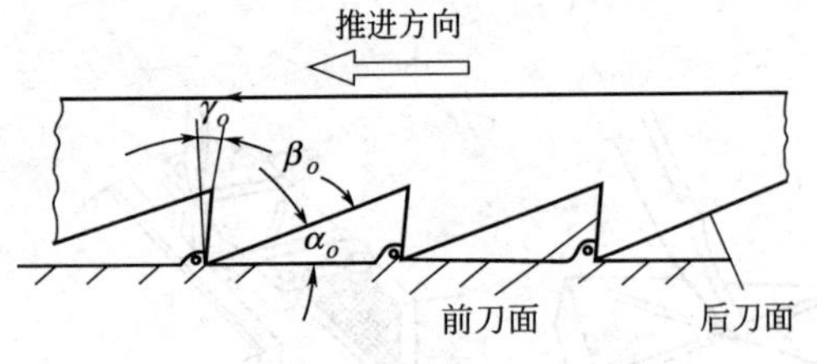

图 10-26　锯齿的切削角度

锯条齿距大小以 25mm 长度所含齿数多少分为粗齿、中齿、细齿三种。锯齿的粗细是以锯条每 25mm 长度内的齿数来表示的，有 14、18、24 和 32 等几种。锯软材料或厚工件时，因锯屑较多，要求有较大的容屑空间，应选用粗齿锯条。锯削硬材料及薄工件时，因材料硬，锯齿不易切入，锯屑量少，不需要大的容屑空间。另外，薄工件在锯削中锯齿因被工件勾住而崩裂，一般至少要有三个齿同时接触工件，使锯齿承受的力量减小，应选用细齿锯条。

应根据材料的硬度、厚薄来选择锯条。锯条粗、中、细的划分及用途见表 10-1。

表 10-1　锯条的选用

锯齿粗细	每 25mm 齿数	用　途
粗	14～18	锯软钢、铝、纯铜、胶质材料
中	22～44	锯中碳钢、铸铁、厚壁管子
细	32	锯板材、薄壁管子
从细齿变中齿	从 32～20	一般工厂中用，易起锯

10.4.2 锯削操作

(1) 装夹锯条

将锯齿朝前装在锯弓上，弓架要平，用两手指的力量拧紧螺母，使锯条松紧合适。

(2) 装夹工件

锯削的部位要靠近钳口，以增加工件的刚性，避免锯削时振动；锯削的平面（线）尽量与钳口垂直。

(3) 锯削方法

锯削时要掌握好起锯、锯削的压力、速度和长度。起锯的角度在 10°～15°，压力轻，行程短，锯条要与所锯的线平行或重合，如图 10-27 所示。锯削压力适中，速度不能快，频率为 30～50 次/min，锯条工作的长度至少要占锯条全长的 2/3。快锯断时用力要轻，以免碰伤手和折断锯条。

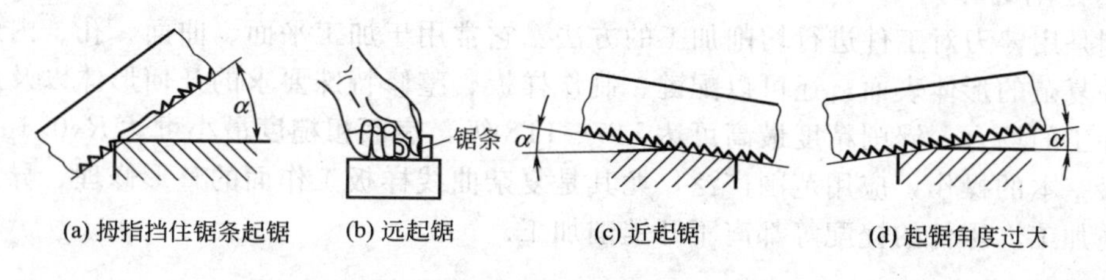

(a) 拇指挡住锯条起锯　(b) 远起锯　(c) 近起锯　(d) 起锯角度过大

图 10-27　起锯

① 棒料的锯削　如果要求锯削的断面比较平整，应从开始连续锯削到结束。若锯削出的断面要求不高，锯削时可改变几次方向，使棒料转过一定角度再锯削，这样，由于锯削面变小而容易锯入，可提高工作效率。锯削毛坯材料时，断面质量要求不高，为了节省锯削时间，可分几个方向锯削。每个方向都不锯到中心，然后将毛坯折断，如图 10-28 所示。

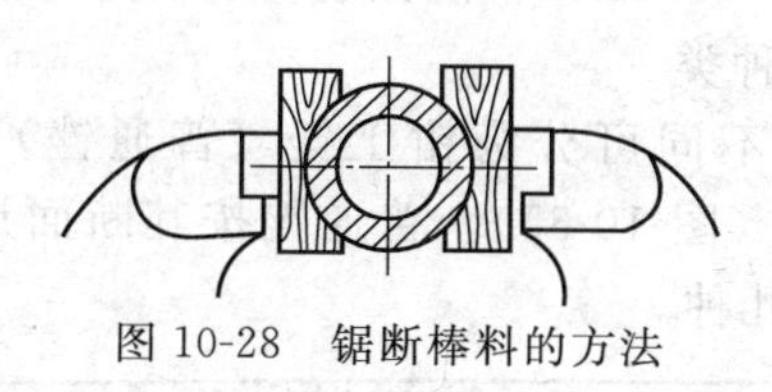
图 10-28　锯断棒料的方法

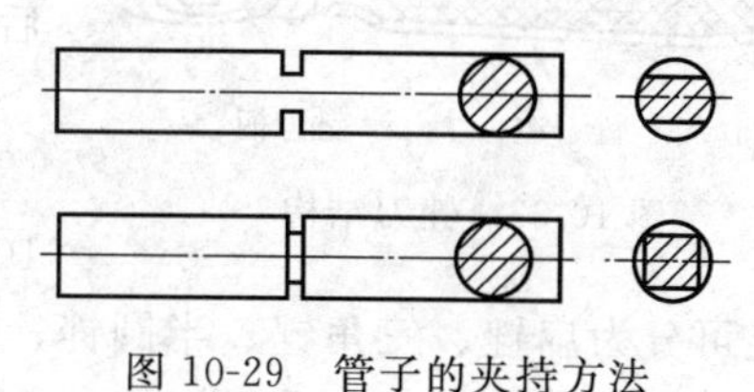
图 10-29　管子的夹持方法

② 管子的锯削　锯削管子时，首先要做好管子的正确夹持，如图 10-29 所示。对于薄壁管子和精加工过的管件，应夹在有 V 形槽的木垫之间，以防夹扁和夹坏表面，锯削时不要只在一个方向上锯，要多转几个方向，每个方向只锯到管子的内壁处，直至锯断，如图 10-30 所示。

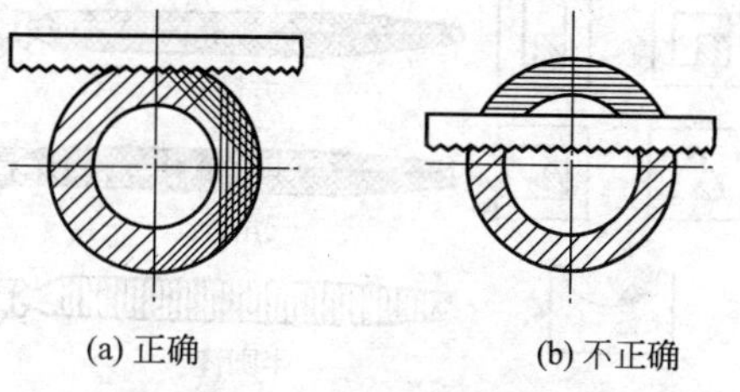
(a) 正确　(b) 不正确

图 10-30　锯管子的方法

③ 薄板料的锯削　锯制薄板料时，尽可能从宽的面上锯下去。这样，锯齿不易产生钩住现象。当一定要在板料的窄面锯下去时，应该把它夹在两块木块之间，连同木块一起锯下。这样才可避免锯齿钩住，同时也增加了板料的刚度，锯削时不会颤动，如图 10-31 所示。

④ 深缝的锯削　当锯缝的深度超过锯弓的高度时，可把锯条转过 90°安装后再锯，装夹时，锯割部位应处于钳口附近，如图 10-32 所示，以免因工件颤动而影响锯削质量和损坏锯条。

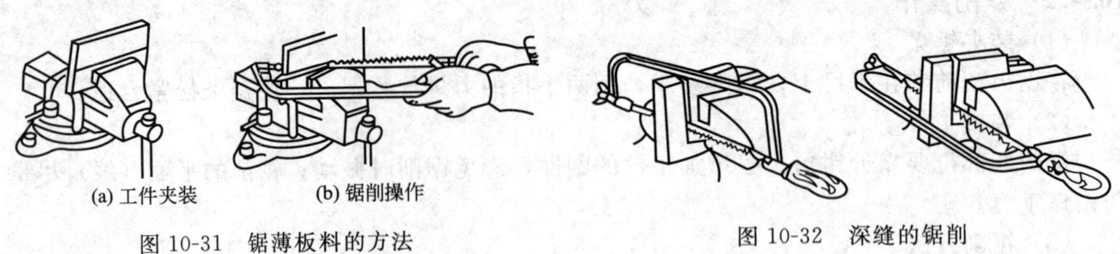

图 10-31 锯薄板料的方法

图 10-32 深缝的锯削

10.5 锉削

10.5.1 锉削的作用

锉削是用锉刀对工件进行切削加工的方法。它常用于加工平面、曲面、孔、内外角和沟槽等各种复杂的形体表面，还可以配键、制作样板、整修特殊要求的几何形体以及应用于不便机械加工的场合。锉削精度最高可达 IT7～IT8 级，表面粗糙度最小可达 $Ra0.4\mu m$。锉削是钳工最基本的操作，应用范围广泛，尤其是复杂曲线样板工作面的整形修理、异形模具型腔孔的精加工、零件的锉配等都离不开锉削加工。

10.5.2 锉削工具及其用途

锉刀是用碳素工具钢 T12 或 T13 经热处理后，再将工作部分淬火制成的。

(1) 锉刀的构造

锉刀由锉身（工作部分）和锉柄两部分组成，如图 10-33 所示。锉身的上下两面为锉面，是锉刀的主要工作面，在该面上经铣齿或剁齿后形成许多小楔形刀头，称为锉齿，锉齿经热处理淬硬后，硬度可达 62～65HRC，能锉削硬度较高的钢材。

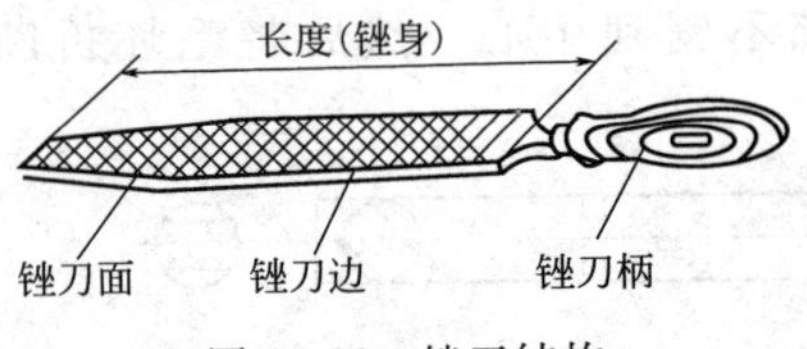

图 10-33 锉刀结构

(2) 锉刀的种类

锉刀按用途不同可分为钳工锉（普通锉）（图 10-34）、整形锉（图 10-35）。普通锉按其断面形状不同，又可分为扁锉、三角锉、半圆锉、方锉和圆锉等几种。

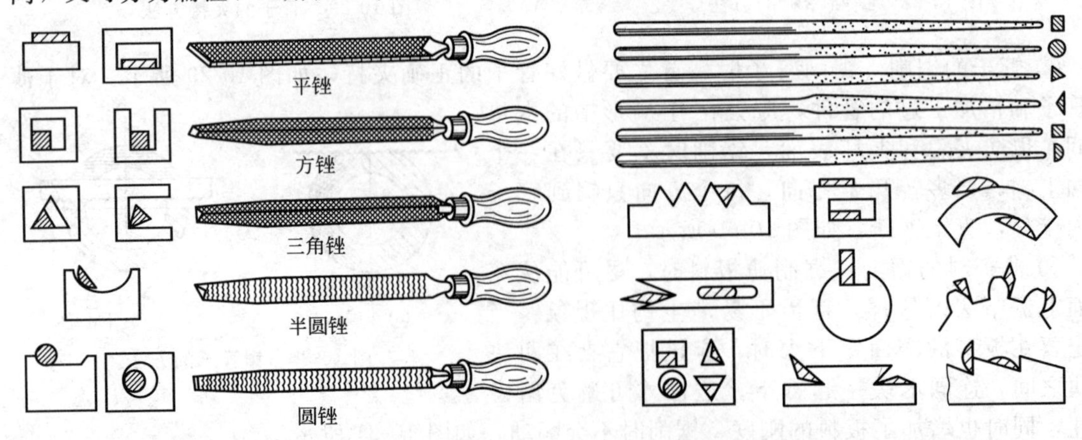

图 10-34 钳工锉刀形状及用途

图 10-35 整形锉刀形状及用途

按锉齿的粗细（齿距大小）不同可分为 5 个号，其中 1 号锉纹最粗，齿距最大，一般称为粗齿锉刀（每 10mm 轴向长度内的锉纹条数为 5.5～8）；2 号锉纹为中粗锉刀（每 10mm

轴向长度内有 8～12 条锉纹)；3 号锉纹为细齿锉刀（每 10mm 轴向长度内有 13～20 条锉纹)；4 号锉纹为双细锉刀（每 10mm 轴向长度内有 20～30 条锉纹)；5 号锉纹为油光锉刀（每 10mm 轴向长度内有 31～56 条锉纹)。

锉刀粗细的选择取决于被锉削材料的性质、加工余量、加工精度和表面粗糙度要求。粗锉刀用于粗加工或锉有色金属；中锉刀用于粗加工后的加工；细锉刀用于锉削加工余量小、表面粗糙度小的工件；油光锉刀只用于对工件进行最后表面修光。

10.5.3 锉削操作

(1) 平面的锉法

推进锉刀时，两手加在锉刀上的压力，应保证锉刀平稳而不上下摆动，这样，才能锉出平整的平面，如图 10-36 所示。锉平面可用顺向锉、交叉锉和推锉等几种方法，如图 10-37 所示。

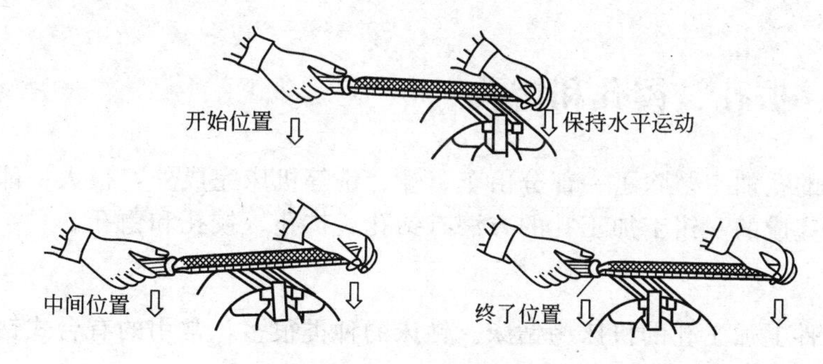

图 10-36 锉平面时的施力方法

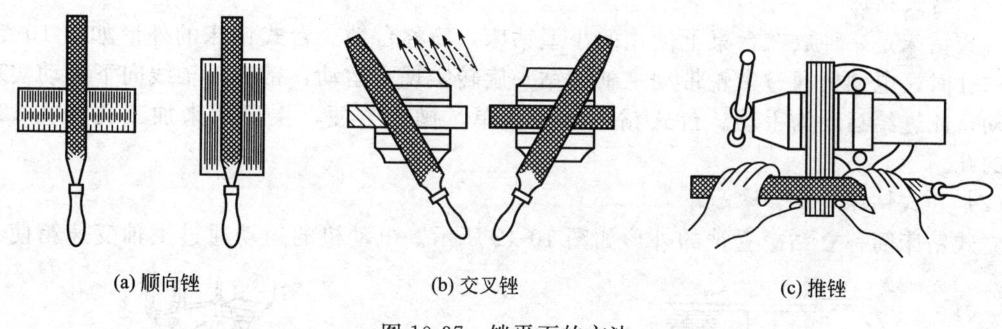

图 10-37 锉平面的方法

(2) 曲面的锉法

常见的外圆弧面锉削方法有顺锉法和滚锉法，如图 10-38 所示。顺锉法切削效率高，适于粗加工，滚锉法锉出的圆弧面不会出现有棱角的现象，一般用于圆弧面的精加工阶段。

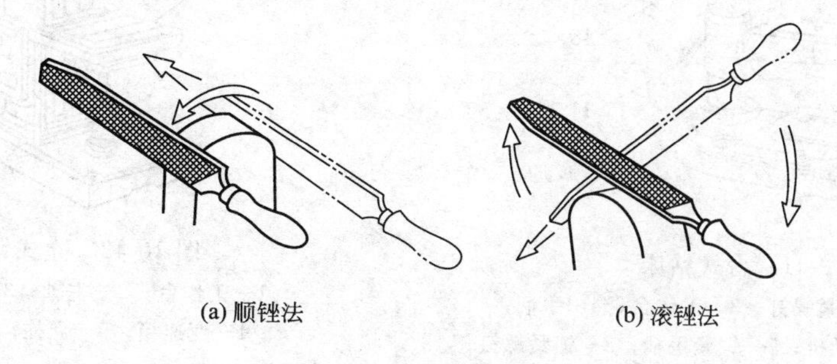

图 10-38 外圆弧面的锉削方法

（3）检验工具及其使用

锉削时，工件的尺寸可用刀口形直尺、90°角尺等检验工件的直线度、平面度及垂直度。用刀口形直尺检验工件平面度的方法如图 10-39 所示；用 90°角尺检验工件表面垂直度的方法如图 10-40 所示。

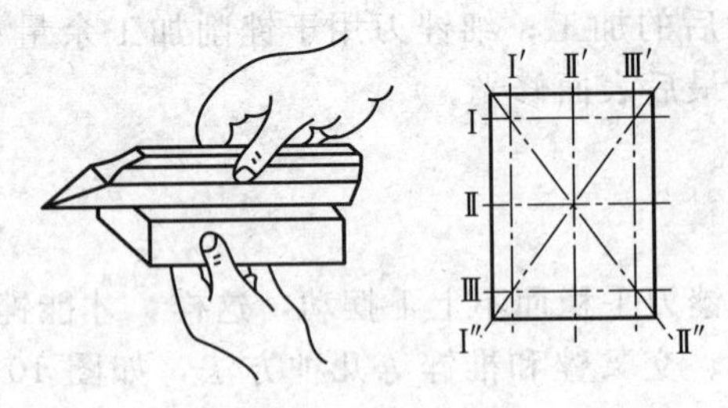

图 10-39　用刀口形直尺检验平面度

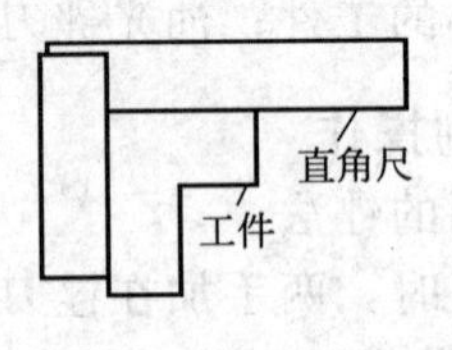

图 10-40　用直角尺检验垂直度

10.6　钻孔、扩孔、铰孔和锪孔

各种零件上的孔加工，除了一部分由车、镗、铣等机床完成外，很大一部分是由钳工利用钻床和工具来完成的。钳工加工孔的方法有钻孔、扩孔、铰孔和锪孔。

10.6.1　钻床

用钻头在工件上加工孔的机床为钻床。钻床的种类很多，常用的有台式钻床、立式钻床和摇臂钻床等。

（1）台式钻床

台式钻床是一种放在台桌上使用的小型钻床，简称台钻。台式钻床的外形如图 10-41 所示。钻孔时，电动机通过带轮带动主轴和钻头旋转实现主运动，钻头沿轴线向下移动实现进给运动，此进给运动为手动。台式钻床结构简单、操作方便，主要用来加工孔径在 12mm 以下的孔。

（2）立式钻床

立式钻床简称立钻。立钻的外形如图 10-42 所示。电动机的运动通过主轴变速箱使主轴

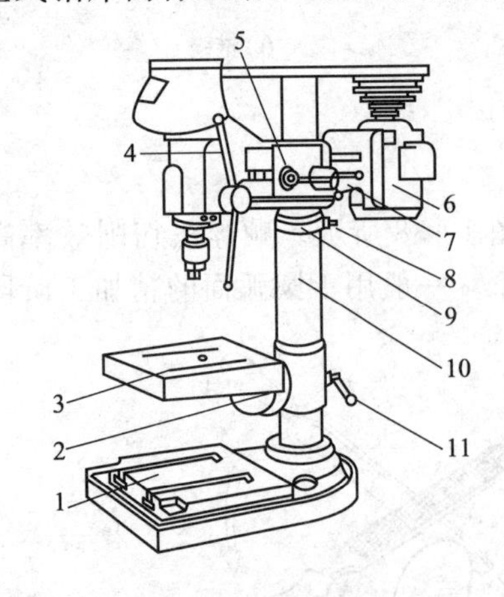

图 10-41　台式钻床

1—底座；2—锁紧螺钉；3—工作台；4—手柄；5—主轴架；6—电动机；7—锁紧手柄；8—锁紧螺钉；9—定位环；10—立柱；11—锁紧手柄

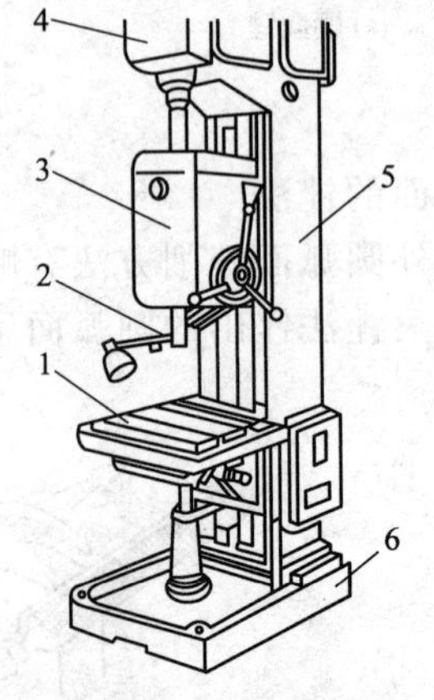

图 10-42　立式钻床

1—工作台；2—主轴；3—进给箱；4—变速箱；5—立柱；6—底座

获得所需的各种转速，进给箱可以控制进给量，以实现自动进给。立钻主要用于加工孔径在50mm 以下的中小型工件上的孔。

（3）摇臂钻床

摇臂钻床有一个能绕立柱旋转的摇臂，摇臂带着主轴箱可沿立柱垂直移动，同时主轴箱还能在摇臂上作横向移动，主轴可沿自身轴线在垂直方向移动或者进给。摇臂钻床的外形如图 10-43 所示。操作时能很方便地调整钻头的位置，使钻头对准待加工孔的中心，而不需要移动工件。所以，它适宜加工大型工件及多孔工件上的孔，广泛应用于单件和大批量生产。

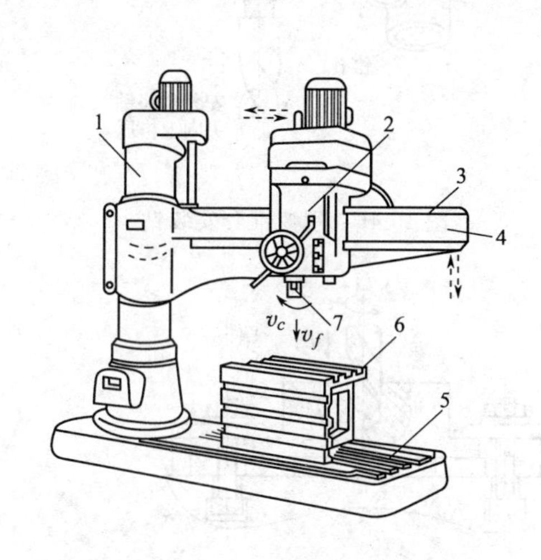

图 10-43 摇臂钻床

1—立柱；2—主轴箱；3—水平导轨；4—摇臂；4—横刃；5—底座；6—工作台；7—主轴

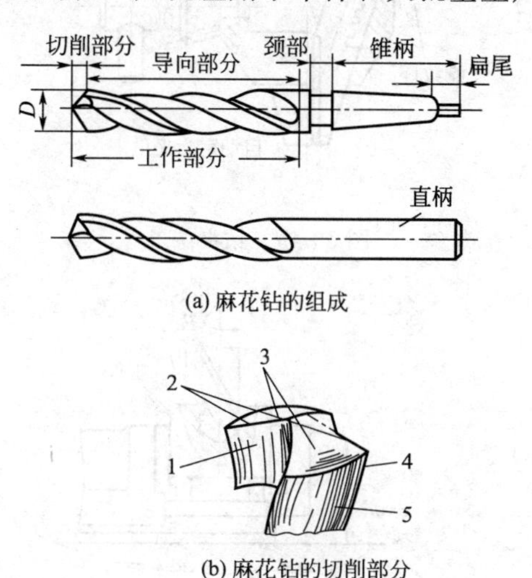

图 10-44 麻花钻

1—前刀面；2—主切削刃；3—后刀面；4—副切削刃；5—副后刀面

10.6.2 钻头

麻花钻是钳工钻孔最常用的刀具，它的结构如图 10-44(a) 所示，由柄部、导向部分和切削部分组成，因其外形像麻花而得名。

① 柄部　柄部是钻头的夹持部分，按其形状不同，可分为锥柄和直柄两种。

② 导向部分　有两条刃带和螺旋槽。刃带用来引导钻头和减少与孔壁的摩擦，螺旋槽的作用是向孔外排屑和向孔内输送切削液。

③ 切削部分　如图 10-44(b) 所示，有两个对称的主切削刃，两刃之间的夹角 2α 通常为 116°～120°。在钻头的外径上，前角 γ_o为 18°～30°，后角 α_o为 6°～12°。

10.6.3 钻孔

用钻头在实体材料上加工孔称为钻孔。

（1）安装麻花钻

直柄钻头常用图 10-45 所示的钻夹头进行安装。锥柄钻头可以直接装入钻床主轴的锥孔内。当钻头的锥柄小于钻床锥孔时，则须用图 10-46 所示的变锥套。

（2）工件的安装

如图 10-47 所示，一般用平口钳或者压板螺栓安装工件。工件在钻孔之前，应按事先划好的线找正孔的位置。

（3）钻孔

先使麻花钻的钻尖对准孔中心的样冲眼。钻削开始时，要用较大的力向下进给，以免钻

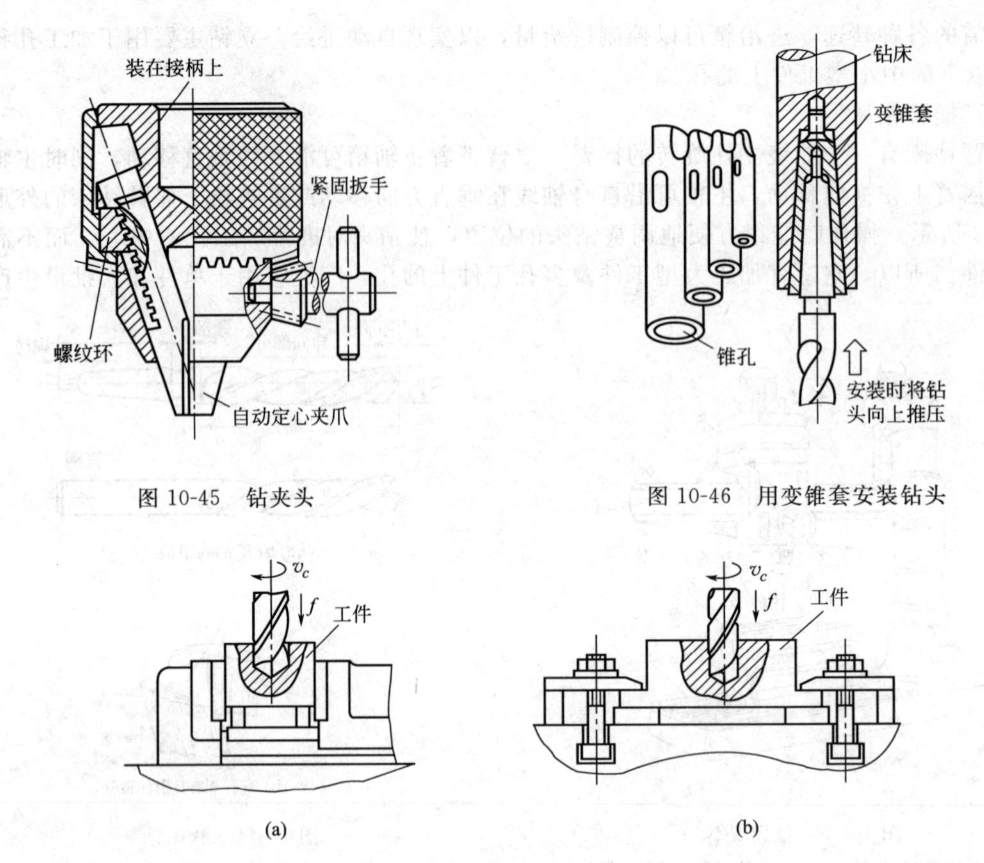

图 10-45　钻夹头

图 10-46　用变锥套安装钻头

图 10-47　钻孔时工件的装夹

头在工件表面上来回晃动而不能深入。临近钻透时，压力要逐渐减小。若孔较深，则需经常退出钻头排除切屑和冷却刀具。

10.6.4　扩孔

扩孔用于扩大工件上已有的孔，适当提高孔的加工精度，降低表面粗糙度。扩孔属于半精加工，其尺寸公差等级可达 IT9～IT10，表面粗糙度 Ra 值可达 3.2～6.3μm。

扩孔钻的外形如图 10-48 所示，它一般有 3～4 个切削刃，无横刃，钻芯粗，刚度和导向性比麻花钻好，切削平稳，因而加工质量比钻孔高。在钻床上扩孔的切削运动如图 10-49 所示。

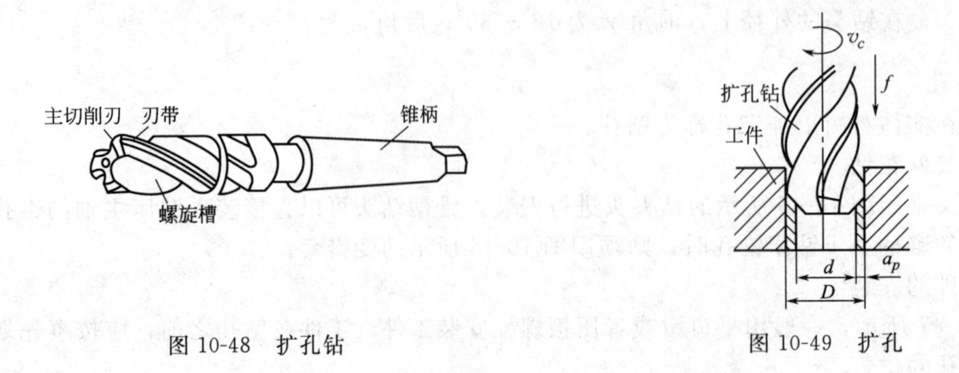

图 10-48　扩孔钻

图 10-49　扩孔

10.6.5　铰孔

铰孔是用铰刀对孔进行精加工的方法，其尺寸公差等级可达 IT6～IT8，表面粗糙度 Ra

值可达 0.8～1.6μm。

铰刀的外形如图 10-50 所示，其中图 10-50(a) 为机铰刀，图 10-50(b) 为手铰刀。机铰刀切削部分较短，多为锥柄，安装在钻床或车床上进行铰孔。手铰刀切削部分较长，导向性较好。手铰孔时，将铰刀沿原有孔放正，然后用手转动铰杠（如图 10-51 所示）向下进给，如图 10-52 所示。

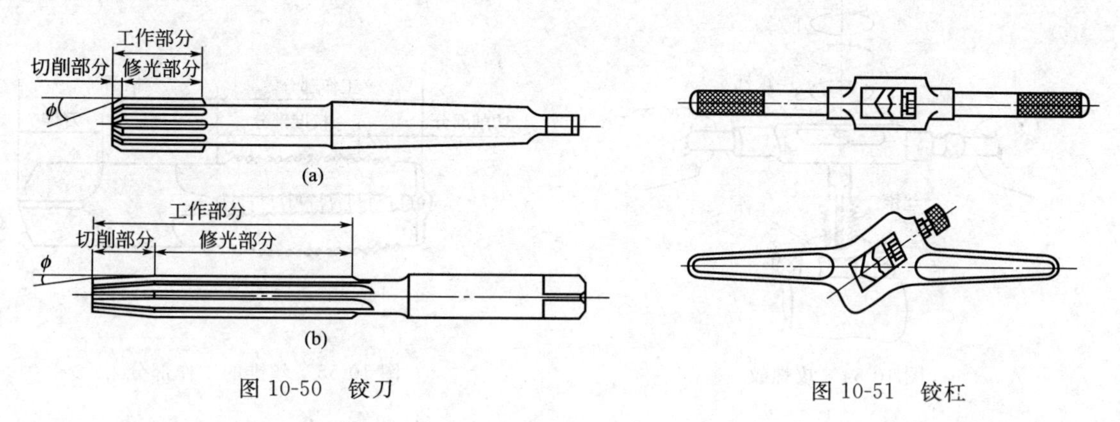

图 10-50 铰刀

图 10-51 铰杠

10.6.6 锪孔

用锪钻加工平底或锥度沉孔的方法称为锪孔。

锪孔的形式主要有以下几种。

① 圆锥形埋头孔锪钻锪锥形埋头孔 如图10-53(a) 所示，锪钻锥顶角多为 90°，有 6～12 个刀刃。

② 圆柱形埋头孔锪钻锪柱形埋头孔 如图10-53(b) 所示，圆柱形埋头孔锪钻的端刃起主要切削作用，周刃为副切削刃，起修光作用。为保持原有孔与埋头孔的同轴度，锪钻前端带有导柱，与已有孔相配，起定心作用。

③ 平面锪钻锪凸台等 如图 10-53(c) 所示，平面锪钻用于锪与孔垂直的孔口端面，也有导柱，起定心作用。

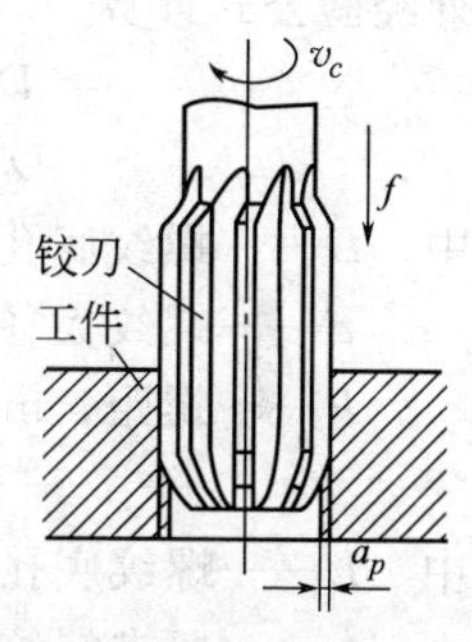

图 10-52 铰孔

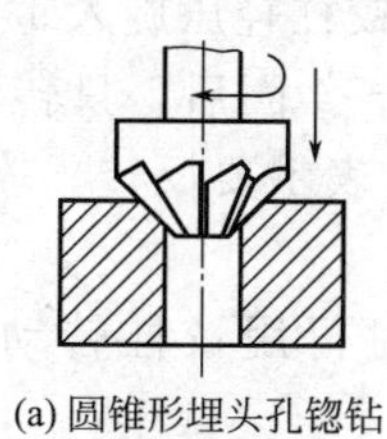

(a) 圆锥形埋头孔锪钻锪锥形埋头孔

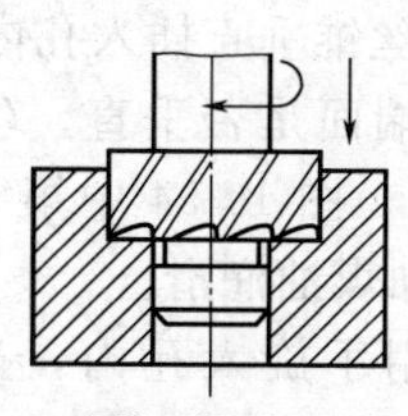

(b) 圆柱形埋头孔锪钻锪柱形埋头孔

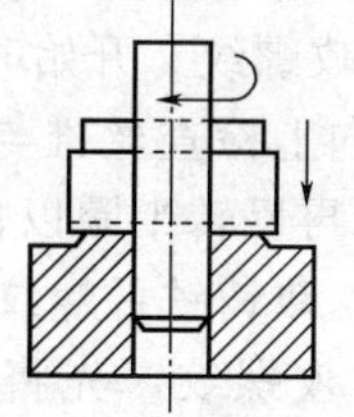

(c) 平面锪钻锪凸台

图 10-53 锪孔

10.7 攻螺纹与套螺纹

10.7.1 攻螺纹

用丝锥加工工件的内螺纹称为攻螺纹（俗称攻丝），如图 10-54 所示。

(1) 丝锥

丝锥是攻螺纹的专用刀具。M3～M20 手用丝锥多为两支一组，分别为头锥和二锥。每个丝锥的工作部分由切削部分和校准部分组成，如图 10-55 所示。切削部分的牙齿不完整，且逐渐升高。头锥有 5～7 个不完整的牙齿，二锥有 1～2 个不完整的牙齿。校准部分的作用是引导丝锥和校准螺纹牙型。

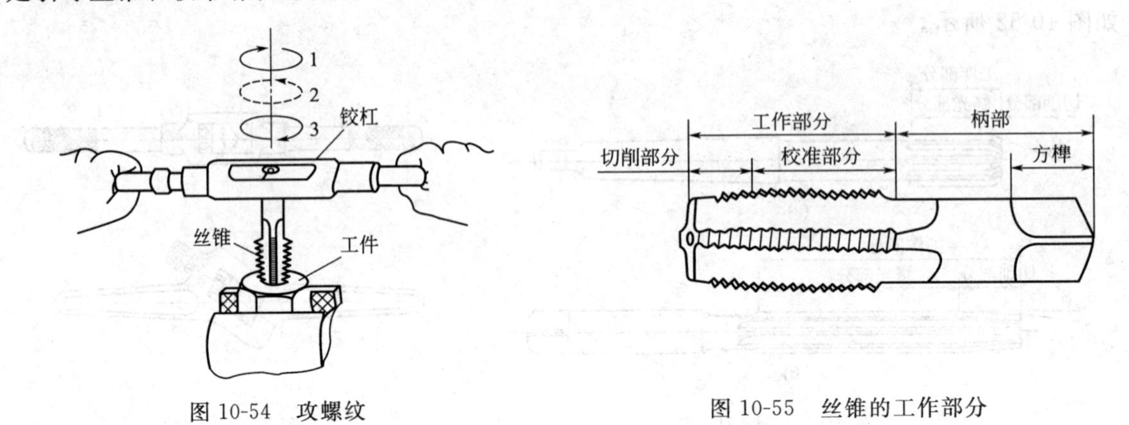

图 10-54　攻螺纹　　　　图 10-55　丝锥的工作部分

(2) 攻螺纹的方法

① 确定螺纹底孔的直径（即钻底孔所用钻头的直径）和深度　具体方法可以查表或用下列经验公式计算。

$$D=d-P \quad \text{（适用于钢材及韧性材料）}$$

$$D=d-(1.05\sim1.1)P \quad \text{（适用于铸铁及脆性材料）}$$

式中　D——螺纹底孔直径，mm；

d——螺纹大径，mm；

P——螺距，mm。

$$L=L_0+0.7d$$

式中　L——螺纹底孔深度，mm；

L_0——要求螺纹的长度，mm；

d——螺纹大径，mm。

② 用头锥攻螺纹　开始时，将丝锥垂直插入孔内，然后用铰杠轻压旋入 1～2 圈，用直角尺在两个方向上检查丝锥与孔的端面是否垂直。丝锥切入 3～4 圈后，只转动，不加压，每转 1～2 圈后再反转半圈以便断屑。图 10-54 中第 2 圈虚线，表示要反转。攻钢件螺纹时应加机油润滑，攻铸铁件螺纹时可加煤油润滑。

③ 用二锥攻螺纹　先将丝锥用手旋入孔内，当转不动时再用铰杠转动，此时不要加压。

10.7.2　套螺纹

用板牙加工工件外螺纹的方法称为套螺纹（俗称套扣），如图 10-56 所示。

(1) 板牙和板牙架

图 10-57(a) 为常用的固定式圆板牙。圆板牙螺孔的两端各有一段 40°的锥度部分，是板牙的切削部分。图 10-57(b) 为套螺纹用的板牙架。

(2) 套螺纹的方法

① 确定套螺纹圆杆的直径　圆杆直径可用经验公式计算：

$$d_0=d-0.15P$$

式中 d_0——圆杆直径，mm；

d——螺纹大径，mm；

P——螺距，mm。

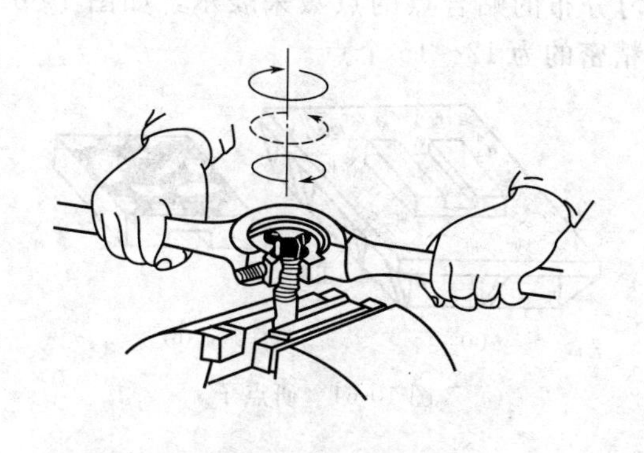

图 10-56 套螺纹

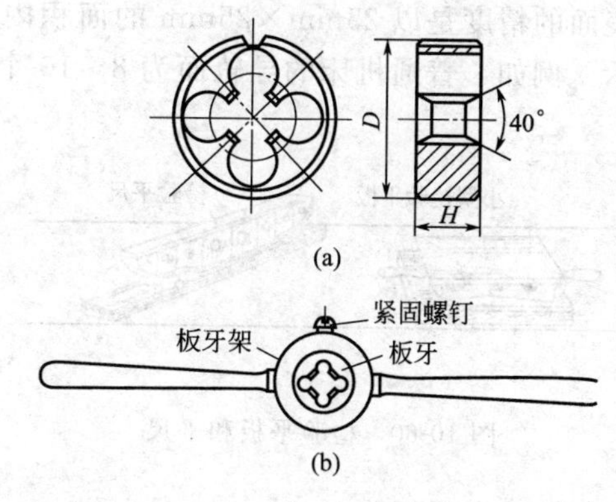

图 10-57 圆板牙和板牙架

② 用板牙套螺纹 圆杆的端部必须倒角，然后进行套螺纹。套螺纹时，板牙端面必须与圆杆保持垂直。开始转动板牙架时，适当加压，套入几圈后，只需转动而不必加压，而且要经常反转以便断屑。套螺纹时可用机油润滑。

10.8 刮削

刮削是用刮刀从工件表面上刮去一层很薄金属的操作。刮削一般在机械加工之后进行，常用于零件上互相配合的重要滑动表面（如机床导轨、滑动轴承）。刮削后表面粗糙度较低，属于精密加工。刮削生产率低，劳动强度大，因此可用磨削等机械加工方法代替。

10.8.1 刮刀及其用法

平面刮刀如图 10-58 所示，其端部要在砂轮上刃磨出刃口，然后用油石磨光。

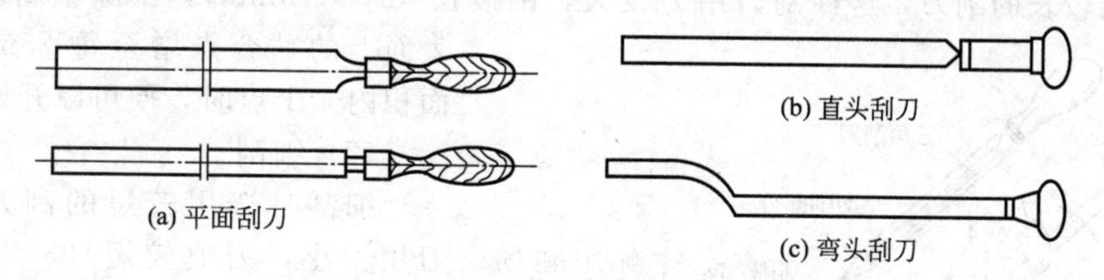

图 10-58 平面刮刀

刮刀的握法如图 10-59 所示。右手握刀柄，推动刮刀；左手放在靠近端部的刀体上，引导刮削方向及加压。刮刀应与工件保持 25°～30°。刮削时，用力要均匀，刮刀要拿稳，以免刮刀刃口两端的棱角划伤工件。

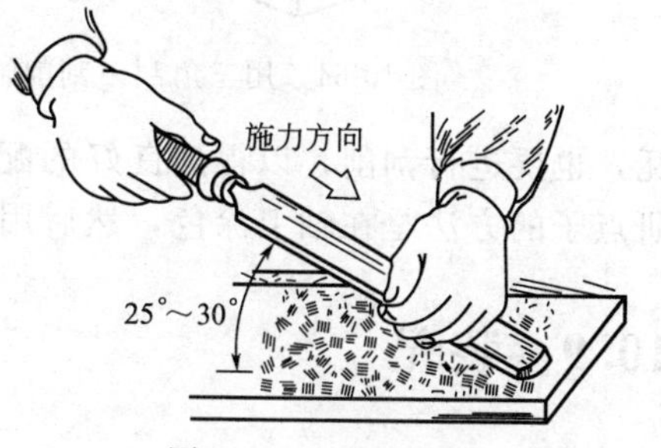

图 10-59 刮刀握法

10.8.2 刮削质量的检验

刮削后的平面可用检验平板或平尺进行检验。检验平板由铸铁制成，应能保证刚度好，不变形，如图 10-60 所示。检验平板的上平面必须非常平直和光洁。用检验平板检查工件的方法如下：将工件擦净，并均匀地涂上一层很薄的红丹油（红丹粉与机油的混合剂）；然后将工件表面与擦净的检验平板稍加压力配研，如图 10-61(a) 所示。配研后，工件表面上的高点（与平板的贴合点）便因磨去红丹油而显示出亮点来，如图 10-61(b) 所示。这种显示高点的方法常称为研点子。刮削表面的精度是以 25mm×25mm 的面积内，均匀分布的贴合点的点数来表示，如图 10-62 所示。例如，普通机床的导轨面为 8～10 个点，精密的为 12～15 个点。

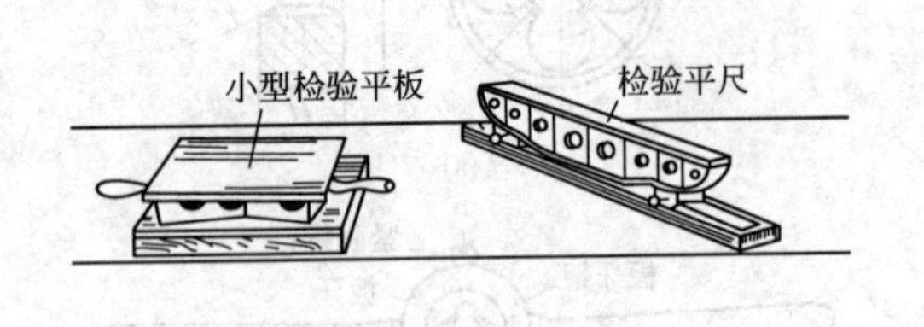

图 10-60 检验平板和平尺

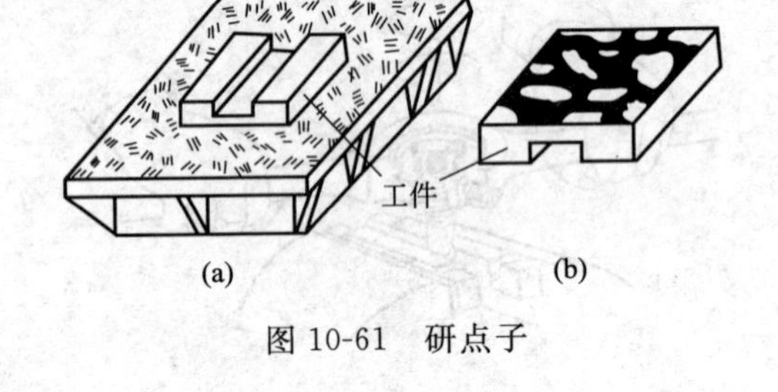

图 10-61 研点子

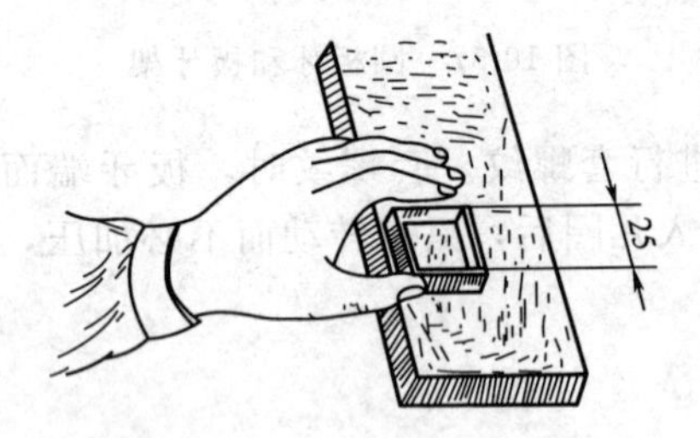

图 10-62 刮削表面精度的检验

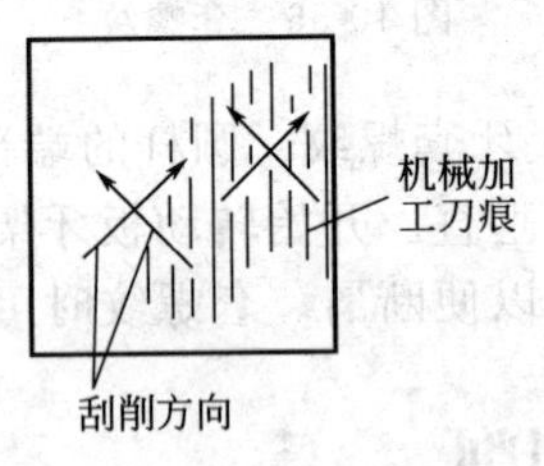

图 10-63 粗刮方向

10.8.3 刮削平面

（1）粗刮

若工件表面比较粗糙，应先用刮刀将其全部粗刮一次，使表面较为平滑。粗刮的方向不应与机械加工留下的刀痕垂直，以免因刮刀颤动而将表面刮出波纹。一般刮削的方向与刀痕约成 45°，各次刮削方向应交叉进行，如图 10-63 所示。刀痕刮除后，即可进行“研点子”。粗刮时选用较长的刮刀，这种刮刀用力较大，刮痕长（10～15mm），刮除金属多。当工件表面上的贴合点增至每 25mm×25mm 面积内 4 个点时，便可以开始细刮。

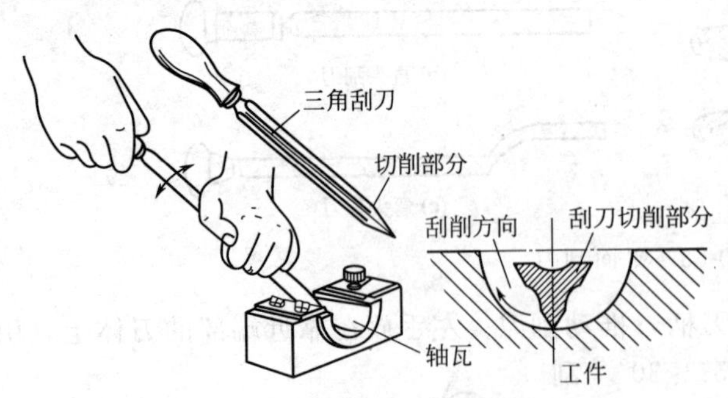

图 10-64 用三角刮刀刮削轴瓦

（2）细刮

细刮时选用较短的刮刀，这种刮刀用力小，刀痕较短（3～5mm）。经过反复刮削后，点数逐渐增多，直到最后达到要求为止。

10.8.4 刮削曲面

对于某些要求较高的滑动轴承的轴瓦，也要进行刮削，以得到良好的配合。刮削轴瓦时用三角刮刀，其用法如图 10-64 所示。研点子的方法是在轴上涂色，然后用轴与轴瓦配研。

10.9 装配

将若干个零件按技术要求组装成完整的机器，并经过调整和试验，使之成为合格产品的工艺过程称为装配。

10.9.1 装配工艺过程

(1) 装配前的准备工作

ⅰ. 了解清楚该产品的装配图，理解工艺文件和技术标准，熟悉产品的结构，了解零件的作用以及相互装配关系。

ⅱ. 确定装配方案、组织生产方案和装配原则。

ⅲ. 准备好工作场地和所需设备、工具。

ⅳ. 对装配零件进行检查和技术处理。

ⅴ. 装配零件摆放顺序应尽可能符合装配流水线，减少重复环节，提高装配效率。

(2) 装配工作

装配工作通常分为组件装配、部件装配和总装配。

① 组件装配　将若干个零件安装在一个基础件上的工艺过程称为组件装配。例如减速箱的轴与齿轮的装配。

② 部件装配　将若干零件或组件安装在一个基础件上的工艺过程称为部件装配。例如车床的主轴箱的装配。

③ 总装配　将若干零件、组件和部件汇总安装在一个基础件上，构成一个完整的、能单独起作用或具有某种功能的机器的工艺过程称为总装配。例如车床各部件安装在床身上构成车床的装配。

装配时，无论是组件装配、部件装配还是总装配，都要先确定以一个零件或部件为基准件，再将其他零件、组件或部件装到基准件上。

(3) 装配方法

为了使装配产品符合技术要求，对不同精度的零件装配，要采用不同的装配方法。

① 完全互换法　即在同类零件中，任取一件，不需要再经过其他加工，就可以装配成符合规定要求的部件或机器。这种方法的装配精度取决于零件的加工精度。其优点是操作简单，生产效率高，便于组织流水作业和实现装配过程自动化。缺点是要求零件的精度高、质量稳定、生产成本较高。

② 选配法（也称部分互换法）　即预先按零件的实际尺寸将零件分成若干组，然后将对应的各组零件进行互换装配。其优点是零件经分组后进行装配，提高了装配精度；由于放宽了零件的制造公差，降低了零件的加工难度。缺点是增加了零件测量和分组的工作量；当零件的实际尺寸分布不均匀时，分组后的各组零件数量不一，装配后会剩下多余的零件。此法适用于大批量生产。

③ 修配法　在装配过程中，通过改变某个配合件的某些尺寸，使配合零件达到规定的装配精度。修配法可使零件的加工精度降低，从而降低生产成本；但装配难度增加，操作时间加长。该法适用于单件或小批量生产。

④ 调整法　在装配时通过调整一个或几个零件的位置，或增加一个或几个零件（如垫片）来补偿装配积累误差，以达到装配要求。其优点是可用较低精度的零件获得较高的装配精度，还可以定期调整，容易恢复配合精度，从而降低加工成本。其缺点是增加了调整工作量；零件不能互换，容易降低零部件的连接刚度。

(4) 对装配工作的要求

ⅰ. 装配时，应检查零件与装配有关的形状和尺寸精度是否合格，检查有无变形、损坏等。应注意零件上的各种标记，防止错装。

ⅱ. 固定连接的零、部件，不允许有间隙。活动的零件，能在正常的间隙下，灵活均匀地按规定方向运动。

ⅲ. 各种运动部件的接触表面，必须保证有足够的润滑，若有油路，必须畅通。

ⅳ. 各种管道和密封部件，装配后不得有渗漏现象。

ⅴ. 高速运动机构的外表，不得有凸出的螺钉头和销钉头等。

ⅵ. 试车前，应检查各部件连接的可靠性和运动的灵活性，检查各种变速和变向机构的操纵是否灵活，手柄的位置是否正确。试车时，从低速到高速逐步进行。并且根据试车情况，进行必要的调整，使其达到运转的要求。注意：在运转中不能进行调整。

10.9.2 几种典型的装配工作

(1) 螺纹连接装配

螺纹连接是机器和日常用品中常用的连接。紧固螺纹连接要求具有一定的扭紧力矩和可靠的防松装置以及连接配合精度。在进行螺纹连接装配时，要注意以下几点。

ⅰ. 根据螺栓、螺母、螺纹的规格，选择与其相匹配的工具，以免损坏螺母及螺纹。

ⅱ. 螺纹分为粗牙和细牙，旋紧的方向有正向和反向，在装配时要注意分清，切不可搞错，以免损坏螺纹。

ⅲ. 对有预紧力要求的螺纹连接，要用扭力扳手按照规定的扭紧力矩来拧紧，切不可用力过大，否则会扭断螺栓或使螺纹滑牙。对于无扭紧力矩要求的螺纹，连接扭紧程度要适当，不可过松或过紧。过松会使扭紧力不足，螺母容易松动或脱出；过紧时螺栓容易断裂或出现滑牙。

ⅳ. 在装配多颗螺栓时，要按顺序对角均匀进行，并 2～3 次逐渐拧紧或旋松，以免受力不均而使工件变形，如图 10-65 所示。

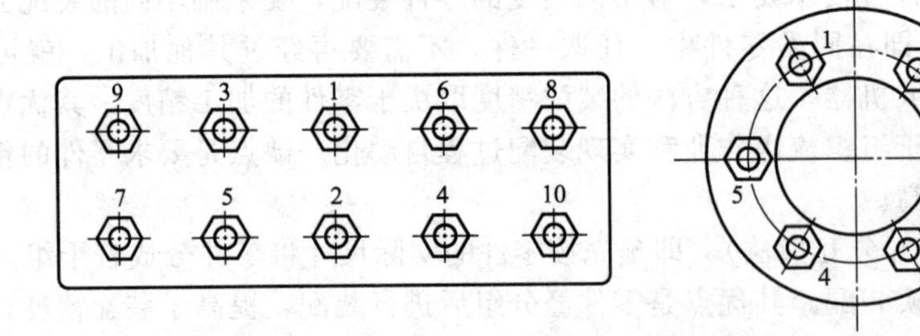

图 10-65　多颗螺栓拧紧顺序

ⅴ. 承受冲击、振动、交变载荷及高温、高压条件下工作的螺纹连接，在装配时应采用防松装置，如图 10-66 所示。

ⅵ. 零件与螺母、螺栓头的配合面应平整光洁，否则螺纹易松动。为了提高贴合质量，可以加放垫圈。

(2) 键连接装配

键连接主要用于连接轴和轴上旋转零件，以传递扭矩。常用的键有平键、半圆键、花键等，如图 10-67 所示。键连接装配时，键的侧面是传递扭矩的工作面，一般不应修锉，键与键槽的尺寸要相互适应。装配时先将轴与孔试配，将键轻轻敲入轴的键槽内，使键底与键槽相接触，键的两侧与键槽宽度微过盈，不允许松动，最后对准轮孔的键槽，将已经安装有键的轴推入轮孔中。

(3) 销连接装配

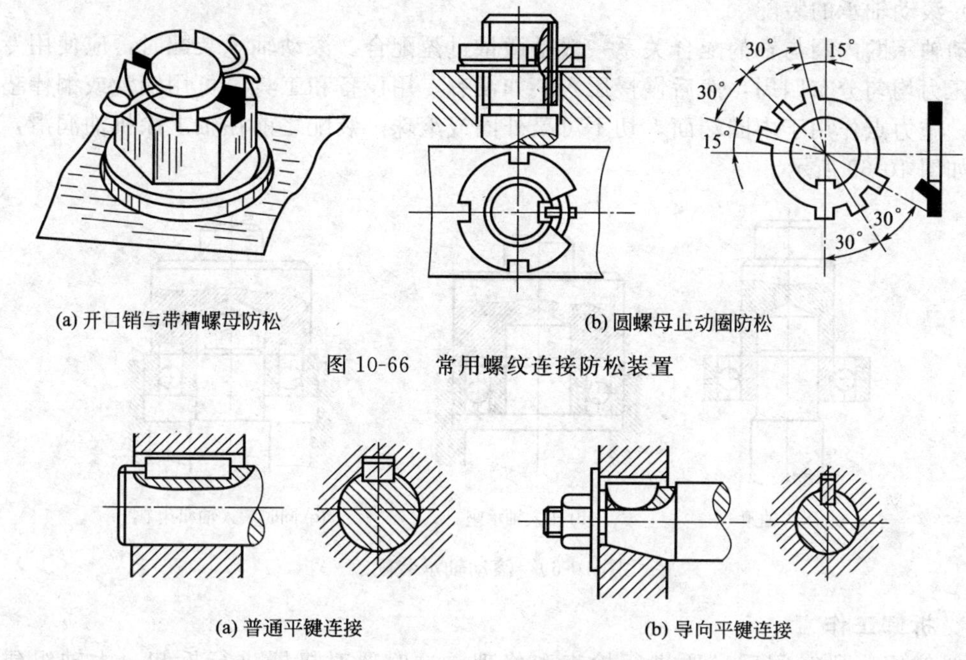

(a) 开口销与带槽螺母防松　　(b) 圆螺母止动圈防松

图 10-66　常用螺纹连接防松装置

(a) 普通平键连接　　(b) 导向平键连接

图 10-67　键连接装配

销连接主要用来连接或固定两个或两个以上零件之间的相对位置，或连接零件，以传递不大的载荷。如自行车脚踏曲柄与轴之间就是用销连接来传递力矩的。常用的销有圆柱销和圆锥销，如图 10-68 所示。销连接的孔需要铰削。圆柱销连接装配时，先在销子表面涂上机油，用铜棒轻轻打入销孔，依靠少量的过盈配合来保证连接或定位的紧固性和准确性。圆柱销不宜多次装拆。圆锥销的锥度通常为 1∶50，多用于定位以及经常拆装的场合。它定位准确，有一定的自锁性。圆锥销装配时，被连接的两个孔需要同时钻削或铰削，以达到较高的精度。锥孔铰削时宜用销子试配，以手推入 80%～85%的锥销长度即可。

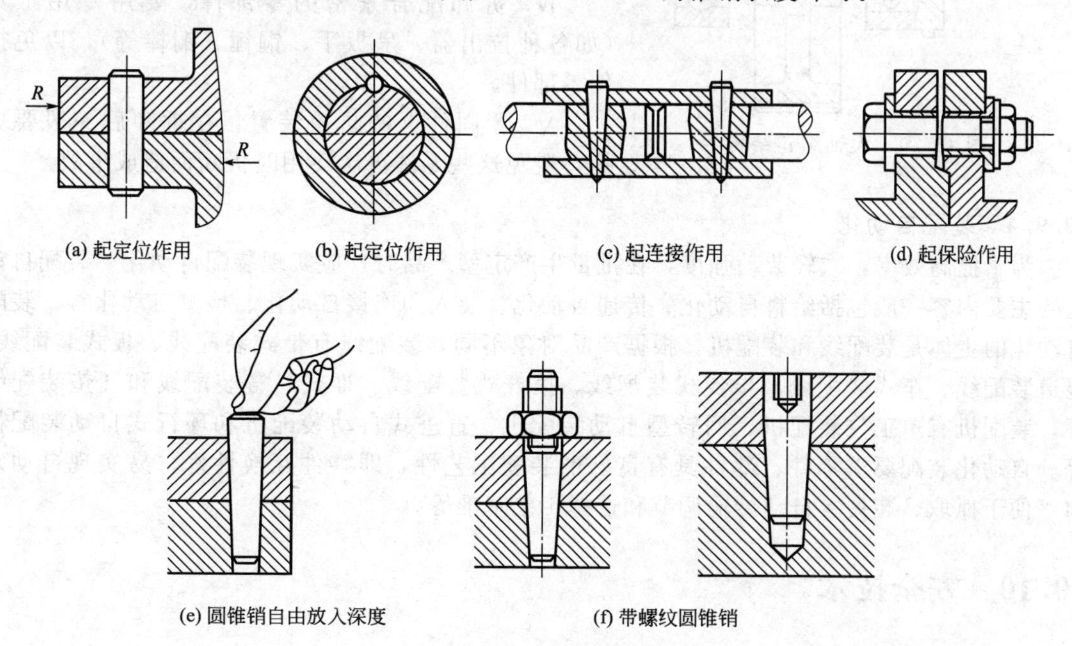

(a) 起定位作用　　(b) 起定位作用　　(c) 起连接作用　　(d) 起保险作用

(e) 圆锥销自由放入深度　　(f) 带螺纹圆锥销

图 10-68　销连接

（4）滚动轴承的装配

滚动轴承的内圈与轴的配合关系一般是微量过盈配合。滚动轴承装配时，应使用专用工具，使压力均匀分布四周，然后慢慢压入。如没有专用设备和工具，可用铜管或铜棒垫上轻轻敲打，施力点作用于内圈端面，切不可敲外圈或滚珠。装配之前在轴上涂机油润滑，以便敲入，如图 10-69 所示。

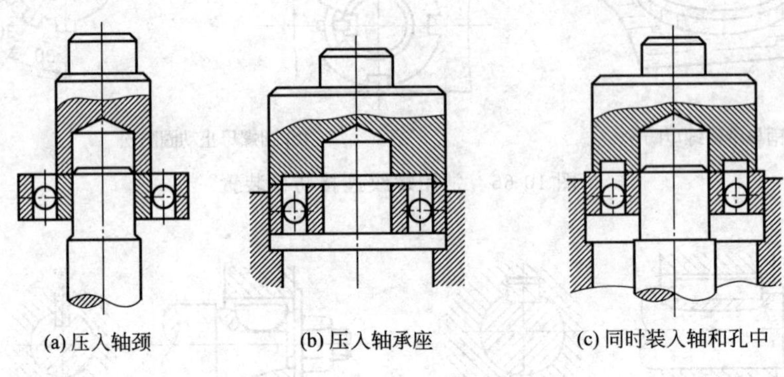

图 10-69　滚动轴承装配

10.9.3　拆卸工作

机器使用一段时间后，要进行检查和修理，这时要对机器进行拆卸。大轴组建结构如图 10-70 所示。拆卸时要注意如下事项。

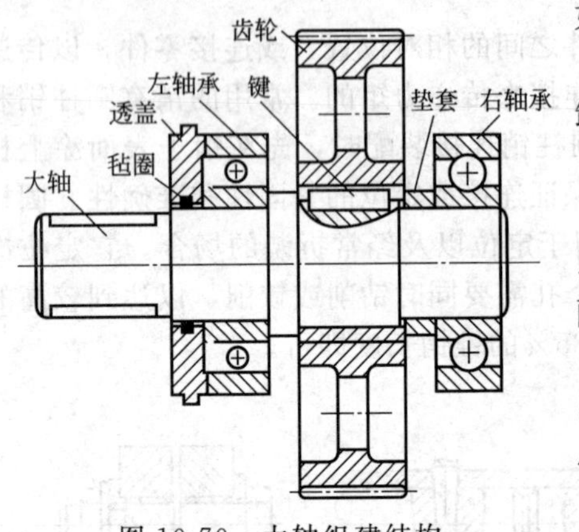

图 10-70　大轴组建结构

ⅰ. 机器拆卸前，要拟订好操作程序。初次拆卸还应熟悉装配图，了解机器的结构。

ⅱ. 拆卸顺序一般与装配相反，后装的先拆。

ⅲ. 拆卸时要记住每个零件原来的位置，防止以后装错。零件拆下后，要摆放整齐，严防丢失。配合件要做记号，以免搞乱。

ⅳ. 拆卸配合紧密的零部件，要用专用工具（如各种拉出器、呆扳手、铜锤、铜棒等），以免损伤零部件。

ⅴ. 紧固件上的防松装置，在拆卸后一般要更换，避免这些零件再次使用时折断而造成事故。

10.9.4　装配自动化

为了提高效率，减轻劳动强度，在批量生产定型产品时，应实现装配自动化。装配自动化的主要内容一般包括给料自动化、传递自动化、装入和连接自动化、检测自动化等。装配自动化的主体是装配线和装配机。根据产品对象不同，装配线有带式装配线、板式装配线、辊道装配线、车式装配线、步伐式装配线、拨杆式装配线、推式悬链装配线和气垫装配线等。装配机有单工位装配机、回转型自动装配机、直进式自动装配机和环行式自动装配机等。自动化装配要求零件、部件具有良好的装配工艺性，即零件互换性好，易实现自动定向，便于抓取、装夹、自动传输调节和选择工艺基准等。

10.10　安全技术

ⅰ. 实习时要穿工作服，不准穿拖鞋，长发者应将长发盘在工作帽内。

ⅱ. 主要设备的布局要合理，如钳台应放在光线适宜和工作方便的位置，面对面使用的钳台要装防护网，砂轮机、钻床应安装在场地的边缘，尤其是砂轮机的方位，要考虑到一旦砂轮飞出时不致伤人的要求。

ⅲ. 在钳台上工作时，为了取用方便，右手取用的工具、量具放在右边，左手取用的工具、量具放在左边，各自应排列整齐，且不得露出钳台或堆放，以防掉下损伤工具、量具或伤人；量具不能与工具或工件混放在一起，应放在量具盒内或专用板架上。

ⅳ. 使用的机床、工具要完好，如钻床、砂轮机、手电钻要经常检查，发现损坏应及时上报，在未修复前不得使用；使用电动工具时，还要有绝缘防护和安全接地措施。

ⅴ. 使用砂轮时，操作者要戴好防护眼镜，并且站在砂轮侧面，不得正对砂轮，以防发生事故。

ⅵ. 在钳台上进行錾削时，要有防护网，尤其应注意不能对人，以免錾屑飞出伤人；清除锉屑、锯屑等切屑时要用刷子，不得直接用手清除或用嘴吹。

ⅶ. 工件装夹时要牢固，加工通孔时要把工件垫起或让刀具对准工作台槽。

ⅷ. 使用钻床时，不得戴手套，不得手拿棉纱操作或用手接触钻头和钻床主轴，谨防衣袖、头发被卷到钻头上；更换钻头等刀具时要用专用工具，勿用锤子击打钻卡头。

ⅸ. 毛坯和加工零件应放置在规定位置，排列整齐，应便于取放，并避免碰伤已加工表面。

ⅹ. 工作场地应保持整洁，做到文明生产，工作完毕后，设备、工具均需清洁或涂油防锈并放回原来的位置；工作场地要清扫干净，切屑等污物要送往指定的堆放地点。

复习思考题

1. 划线的作用是什么？
2. 划针和划规的用途有何不同？
3. 怎样使用划针和划线盘才能使划线迅速准确？
4. 什么是划线基准？如何确定划线基准？
5. 试述零件立体划线的步骤。
6. 怎样进行大平面的錾切？
7. 锯齿为什么要按波浪形排列？
8. 如何锯削薄板料？
9. 锯齿崩落和锯条折断的原因是什么？
10. 如何选择粗、细齿锉刀？
11. 怎样进行圆面的锉削？
12. 简述锉削质量的检验方法。
13. 锉平工件时应注意什么？
14. 台钻、立钻和摇臂钻床的结构和用途有何不同？
15. 麻花钻的切削部分和导向部分的作用分别是什么？
16. 简述钻削的过程。
17. 扩孔为什么比钻孔的精度高？铰孔为什么又比扩孔的精度高？
18. 简述铰圆柱孔的方法。
19. 两支一套的丝锥，各丝锥的切削部分和校准部分有何不同？如何区分？
20. 简述攻螺纹和套螺纹的过程。
21. 用头锥攻螺纹时，为什么要轻压旋转？而丝锥攻入后，为什么可不加压，且应时常反转？
22. 怎样操作才能使攻出的螺纹孔垂直和光洁？
23. 套螺纹前如何确定圆杆直径？

24. 刮削有什么特点和用途？

25. 何谓研点子？它有何用途？

26. 刮削后表面的形状精度怎样检查？

27. 什么是装配？装配的过程有哪几步？

28. 装配工作应注意哪些事项？

29. 如何装配滚珠轴承？应注意哪些事项？

30. 装配成组螺钉、螺母时应注意什么？

11 数控加工技术

11.1 概述

11.1.1 数控加工技术的产生和发展

随着科学技术的不断发展，对机械产品的质量和生产率提出了越来越高的要求。机械加工工艺过程的自动化是实现上述要求的最重要的措施之一。它不仅能够提高产品的质量和生产效率，降低生产成本，还能够大大改善工人的劳动条件。

在机械制造业中，机械加工总量的70%～80%属于单件小批量生产。由于这类产品的生产批量小、品种多，一般都采用通用机床加工，其自动化程度不高，难以提高生产效率和保证产品质量。实现这类产品的生产自动化成为机械制造业长期未能解决的难题。为解决大批量生产产品的质量问题，一般采用专用机床、组合机床、专用自动化机床以及专用自动生产线和自动化车间进行生产。但这些设备或生产线的生产周期长，产品改型不易，因而使新产品的开发周期增长，生产设备使用的柔性很差。

现代机械产品的一些关键零部件往往都精密复杂，加工批量小，改型频繁，显然不能在专用机床或组合机床上加工。而借助靠模和仿形机床，或者借助划线和样板用手工操作的方法来加工，加工精度和生产效率受到很大的限制。特别是复杂的空间曲线、曲面，在普通机床上根本无法加工。为了解决单件、小批量生产，特别是复杂型面零件的自动化加工，数控加工应运而生。

1948年，美国帕森斯公司在研制加工直升飞机叶片轮廓检验用样板的机床时，首先提出了应用电子计算机控制机床来加工样板曲线的设想。后来受美国空军委托，帕森斯公司与麻省理工学院伺服机构研究所合作进行研制工作。1952年试制成功世界上第一台三坐标立式数控铣床。后来，又经过改进并开展自动编程技术的研究，于1955年进入实用阶段，这对于加工复杂曲面和促进美国飞机制造业的发展起了重要作用。

1958年我国开始研制数控机床。近年来，由于引进了国外的数控系统与伺服系统的制造技术，我国数控机床在品种、数量和质量方面得到了迅速发展。虽然我国与先进的工业国家之间还存在着较大差距，但这种差距正随着工厂、企业技术改造的深入开展不断缩小，数控加工是机械制造中的先进加工技术。它的广泛使用给机械制造业的生产方式、产品结构、产业结构带来了深刻的变化，是制造业实现自动化、柔性化、集成化生产的基础，为机械制造行业和国民经济带来了巨大的效益。

11.1.2 数控机床的工作原理

数控机床的工作原理如图11-1所示。首先根据工件图纸，确定加工工艺过程和工艺参数，编制加工程序（手工编程或自动编程），然后将程序输入到数控装置中，输入方式可以通过操作键盘手工输入，或者通过磁盘输入，也可以通过计算机与机床之间的通信传输输入。机床数控装置对输入的指令和数据进行运算和处理后，向主轴箱的驱动电机和各进给轴伺服装置发出指令，伺服装置再向控制三个方向的进给伺服（步进）电机发出电脉冲信号。主轴驱动电机带动工件（或刀具）运动，进给伺服（步进）电机带动滚珠丝杠使机床的工作

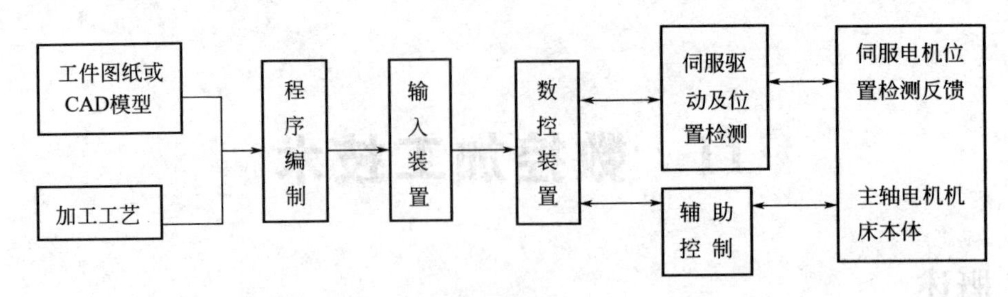

图 11-1 数控机床的工作原理

台或刀架沿X、Y、Z三个方向移动，实现切削加工。

11.1.3 数控机床分类

数控机床的分类方法很多，通常按以下几种方法进行分类。

(1) 按工艺用途分类

① 金属切削类 指采用车、铣、镗、钻、铰、磨、刨等各种切削工艺的数控机床，它又可分为以下两类。

i. 普通数控机床：一般指在加工工艺过程中的一个工序上实现数字控制的自动化机床，有数控车、铣、钻、镗及磨床等。普通数控机床在自动化程度上还不够完善，刀具的更换与零件的装夹仍需人工来完成。

ii. 数控加工中心：指带有刀库和自动换刀装置的数控机床。在加工中心上，可使零件一次装夹后，实现多道工序的集中连续加工。加工中心的类型很多，一般分为立式加工中心、卧式加工中心和车削加工中心等。加工中心由于减少了多次安装造成的定位误差，所以提高了零件各加工面的位置精度，近年来发展迅速。

② 金属成形类 指采用挤、压、冲、拉等成形工艺的数控机床，常用的有数控弯管机、数控压力机、数控冲剪机、数控折弯机、数控旋压机等。

③ 测量、绘图类 主要有数控坐标测量机、数控对刀仪和数控绘图机等。

(2) 按运动方式分类

① 点位控制数控机床 点位控制数控机床是指数控系统只控制刀具或机床工作台，从一点准确地移动到另一点，而点与点之间运动的轨迹不需要严格控制的数控机床。为了减少移动部件的运动与定位时间，一般先快速移动到终点附近位置，然后低速准确移动到终点定位位置，以保证良好的定位精度。移动过程中刀具不进行切削。使用这类控制系统的主要有数控坐标镗床、数控钻床、数控冲床、数控弯管机等。

② 点位直线控制数控机床 点位直线控制数控机床是指数控系统不仅控制刀具或工作台从一个点准确地移动到另一个点，而且保证在两点之间的运动轨迹是一条直线的控制系统。移动部件在移动过程中进行切削。应用这类控制系统的有数控车床、数控铣床等。

③ 轮廓控制数控机床 轮廓控制数控机床也称连续控制数控机床，是指数控系统能够对两个或两个以上的坐标轴同时进行严格连续控制的系统。它不仅能控制移动部件从一个点准确地移动到另一个点，还能控制整个加工过程每一点的速度与位移量，将零件加工成一定的轮廓形状。应用这类控制系统的有数控铣床、数控车床、数控齿轮加工机。

(3) 按伺服系统分类

① 开环数控机床 这类机床的伺服系统没有位置检测反馈装置，伺服驱动部件通常为步进电机，如图 11-2 所示。由于开环控制系统的信息流是单向的，即数控系统将进给脉冲发出以后，实际进给移动量不再反馈回来，系统无法对移动部件的位移误差进行补偿和校

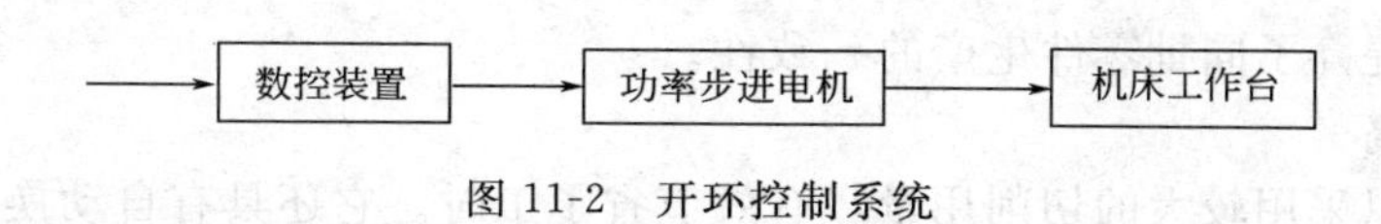

图 11-2 开环控制系统

正，因此，机床的工作精度取决于步进电机的转动精度和变速机构、丝杠等机械部件的传动精度。开环数控系统具有结构简单、造价低、维修简单等优点，适用于中小型的经济数控机床和普通机床的数控化改造。

② 闭环控制机床 这类机床的控制系统如图 11-3 所示。该控制系统带有直线位移检测反馈装置，该装置安装在工作台上，能将检测到的实际位移反馈到数控装置中与输入的位置指令进行比较，根据两者的差值对工作台（或刀具）进行实时调控。此外，速度检测元器件随时检测伺服电机的转速，得到的转速反馈信号与速度指令信号相比较，随时对驱动电机的转速进行校正。闭环控制机床具有定位精度高的优点，但是系统复杂，造价高，调试和维修较困难。此类机床有数控精密铣床等。

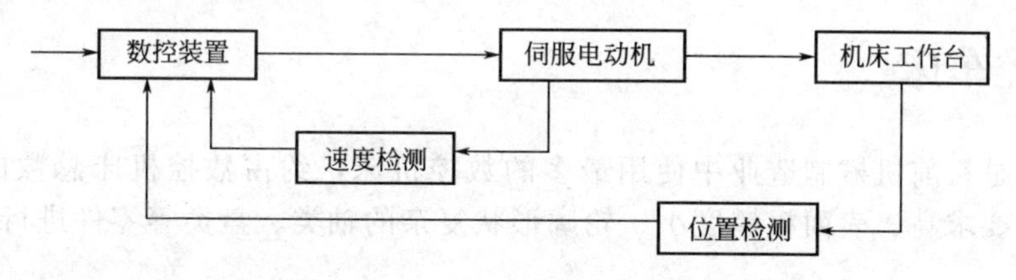

图 11-3 闭环控制系统

③ 半闭环控制机床 这类机床的控制系统如图 11-4 所示。它是将位置检测装置及速度检测装置安装在滚珠丝杠端部或伺服电机轴端，测量其角位移和转速，并反馈到数控装置，间接推算出工作台（或刀具）的位移和移动速度，再与指令信息相比较，通过差值随时对驱动电机的转速进行校正。半闭环控制系统的性能介于开环与闭环之间，其加工精度没有闭环控制的高，但调试及维护都比闭环控制方便，因而广泛应用于各类连续控制的数控机床上。

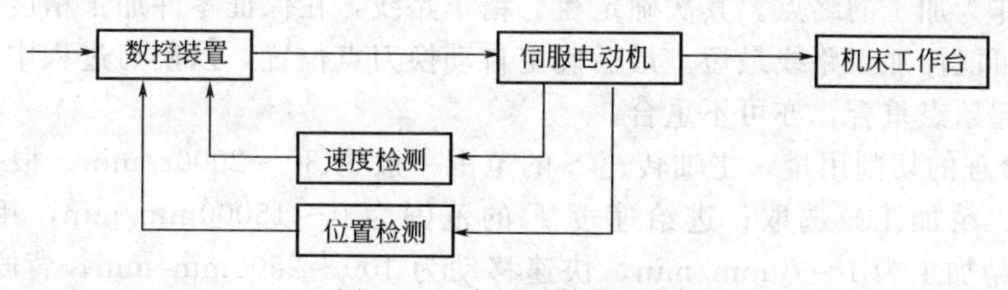

图 11-4 半闭环控制系统

此外，对于大型数控机床，不仅需要较高的进给速度和返回速度，还需要较高的精度，单一的控制方式难以满足其要求，往往使用两种以上控制方式，组成混合控制系统。

11.1.4 数控加工的特点

数控加工与普通机床加工相比，具有以下特点。

（1）适应性强

数控加工是根据零件要求编制数控程序来控制设备执行机构的各种动作，当数控工作要求改变时，只需改变数控程序软件，而不需改变机械部分和控制部分的硬件，就能适应新的工作要求，因此生产准备周期短，有利于机械产品的更新换代。

（2）精度高、质量稳定

数控加工本身的加工精度较高，还可以利用软件进行精度校正和补偿；数控机床加工零件按数控程序自动进行，可以避免人为的误差。因此，数控加工可以获得比常规加工更高的加工精度，尤其提高了同批零件生产的一致性。

(3) 生产率高

数控设备可以采用较大的切削用量，有效节省了工时。它还具有自动换速、自动换刀和其他辅助操作自动化等功能，而且无需工序间的检验与测量，故使辅助时间大为缩短。

(4) 能完成复杂型面的加工

许多复杂曲线和曲面的加工，普通机床无法实现，而数控加工完全可以完成。

(5) 减轻劳动强度、改善劳动条件

因数控加工是自动完成的，许多动作不需操作者进行，故劳动条件和劳动强度大为改善。

(6) 有利于生产管理

采用数控加工，有利于向计算机控制和管理生产方向发展，从而为实现制造和生产管理自动化创造了条件。

11.2　数控车床

数控车床是目前机械制造业中使用最多的数控机床，约占数控机床总数的25%，它主要用于对精度要求高、表面粗糙度小、轮廓形状复杂的轴类、盘类等零件进行加工。

11.2.1　数控车床加工工艺的制订

在数控车床上加工零件时，制订加工工艺的方法如下。

ⅰ. 分析零件图样，明确技术要求和加工内容。

ⅱ. 确定工件坐标系原点位置，在一般情况下，Z 坐标轴与工件回转中心重合，X 坐标轴在工件的右端面上。

ⅲ. 确定工艺路线，首先确定刀具起始点位置，起始点应便于安装和检查工件。同时，起始点一般也作为加工的终点。其次确定粗、精车路线，在保证零件加工精度和表面粗糙度的前提下，尽可能使加工路线最短。最后确定自动换刀点位置，以换刀过程中不发生干涉为宜，它可以与起始点重合，亦可不重合。

ⅳ. 选择合理的切削用量，主轴转速 S 的范围一般为30～2000r/min，根据工件材料和加工性质（粗、精加工）选取；进给速度 F 的范围为0～15000mm/min，粗加工为70～100mm/min，精加工为1～70mm/min，快速移动为100～2500mm/min；背吃刀量 d_p，粗加工一般小于2.5mm，精加工为0.05～0.4mm。

ⅴ. 选择合适的刀具，根据零件的形状和精度要求选择，回转方刀架可依次安装4把刀具。

ⅵ. 编制和调试加工程序。

ⅶ. 完成零件加工。

11.2.2　编程方法

要在数控车床上加工零件，首先要进行数控编程。编程就是根据被加工零件的图纸和技术要求等，确定零件加工的工艺过程、工艺参数，计算刀具的运行轨迹，按照编程手册规定的代码和程序格式，逐段编写零件的加工程序单。

数控车床编程方法有手工编程和自动编程两种。

(1) 手工编程

手工编程就是从零件图样的分析、工艺过程的确定、运行轨迹的数值计算到编写加工程序单、键盘输入和程序检验等多个步骤，全部由人工完成。手工编程适用于简单零件的加工。

（2）自动编程

自动编程也称计算机辅助编程。目前主要有 CAD/CAM 自动编程和 CAD/CAPP/CAM 全自动编程等。CAD/CAM 编程是目前计算机辅助编程的主要方法。它是通过调用由 CAD 系统生成的零件的几何信息，再直接调用计算机内相应的数控编程模块，进行刀具轨迹处理，由计算机自动对零件加工轨迹的每一节点进行运算和数学处理，自动生成加工程序，最后传输到数控机床上进行零件加工，并在加工的同时能动态显示其刀具的加工轨迹图形。目前常用的 CAD/CAM 编程软件有 Pro/Engineer、UG、CAXA、Mastercam 等，CAD/CAPP/CAM 全自动编程是近年来出现的功能更强的自动编程方法。它能直接从计算机辅助工艺过程设计（CAPP）的数据库中获得相关零件的工艺信息，自动生成数控加工程序；使程序更合理，工艺性能更可靠。

11.2.3 数控编程指令

数控机床的指令字分为两大类：一类是准备功能字——G 代码（G 指令），一类是辅助功能字——M 代码（M 指令）。G 指令与 M 指令是数控加工程序中描述零件加工工艺过程的各种操作和运行特征的基本单元，是程序的基础。

国际上广泛使用 ISO 标准 G、M 指令，我国制订的标准 JB 3208—83 与 ISO 1056—1975（E）等效一致。但不同的数控系统，其 G、M 指令的含义略有不同，特别是中、高档系统由于目前大多从日本、德国等进口，差异较大，因此，在编程时，应遵循机床数控系统说明书编制程序。

① 准备功能字——G 指令　G 指令通常由地址 G 及其后的两位数字表示，从 G00～G99，通常为 100 种。以 CJK300C 型数控车床为例，广州 980TC 数控车削系统基本功能及常用代码见表 11-1。

表 11-1　广州 980TC 数控车削系统基本功能及常用代码

G 代码	组	功能	G 代码	组	功能	G 代码	组	功能
G00	01	快速定位	G32		螺纹功能	G70	00	精加工循环
G01		直线插补	G40	07	刀尖半径补偿取消	G71		粗车外圆循环
G02		顺圆插补	G41		刀尖半径左补偿	G72	01	粗车端面循环
G03		逆圆插补	G42		刀尖半径右补偿	G73		多重车削循环
G04		暂停	G92		工件坐标系设定	G74		排屑钻端面孔
G20	09	英制输入	G96	02	切削速度恒表面控制	G75		外径/内径钻孔
G21		毫米输入			恒表面切削速度控制切削	G90		外径/内径车削循环
G27		返回参考点检查	G97			G92		螺纹切削循环
G28		返回参考点	G98	05	每分钟进给	G94		端面车削循环
G31		跳转功能	G99		每转进给			

② 辅助功能字——M 指令　该数控系统的 M 功能代码及其含义见表 11-2。

11.2.4 数控车床加工实例

在配有华中Ⅰ型数控系统的经济型数控车床 CJK6032 上，用 ϕ32mm 的低碳钢棒料加工如图 11-5 所示的复合轴。

表 11-2 广州 980TC 数控车削系统 M 功能代码及其含义

代码	含义	代码	含义	代码	含义
M00	程序暂停	M04	主轴反转	M30	程序结束并返回程序头
M01	程序选择停	M05	主轴停止	M98	调用子程序
M02	程序结束	M08	冷却液开	M99	返回主程序
M03	主轴正转	M09	冷却液关		

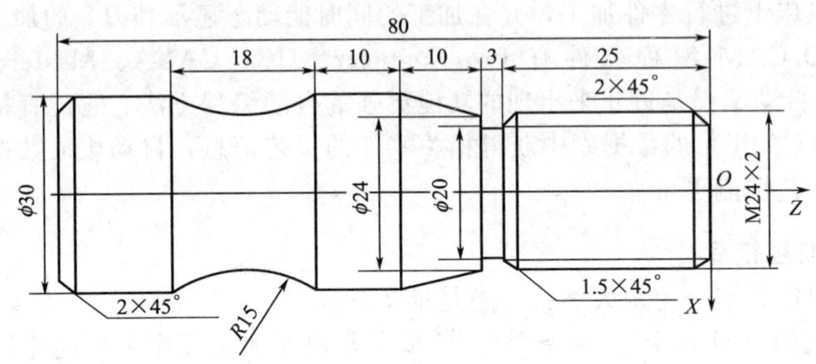

图 11-5 零件图

(1) 数控加工工艺路线及工艺参数的设定

① 确定工艺路线 根据图纸要求按先主后次的加工原则确定如下工艺路线。

ⅰ. 先从左向右切削外轮廓面，倒角 2×45°→切削螺纹的实际外圆→切削锥度部分→车削圆柱部分。

ⅱ. 切 φ20×3 的槽并倒角 1.5×45°。

ⅲ. 车 M24×2 的螺纹。

ⅳ. 车削 $R15$ 的圆弧。

② 建立工件坐标系 以 O 点为编程原点，以复合轴径向为 X 轴、轴向为 Z 轴建立工件坐标系。

③ 选择刀具及换刀点 根据加工要求，选择 4 把刀，1 号为切槽刀、2 号为外螺纹车刀、3 号为圆弧车刀、4 号为 90°偏刀。

在绘制刀具布置图时，要正确选择换刀点，以避免换刀时刀具与机床、工件及夹具发生干涉现象，加工本零件时，换刀点选为（70，30）。

④ 确定工艺参数 分析该零件材料及型面结构，确定加工工艺参数，见表 11-3。

表 11-3 复合轴零件加工工艺参数的确定

切削用量 / 切削表面	主轴转速/(r/min)	进给速度/(mm/r)
车外圆	630	0.3
切槽	315	0.05
车螺纹	200	1
车圆弧	630	0.3

(2) 编制零件加工程序

① 数学处理：计算各基点在设定的工件坐标系中的坐标值。

② 编制程序：

```
O0004
N10  G92  X70  Z30;
N20  M06  T0404;
N30  M03;
N40  G00  G90  X32  Z2;
N50  G71  U0.5  R0.5  P60  Q100  X0.4  Z0.2  F200;
N60  G00  X20  Z2;
N65  G01  X20  Z0  F100;
N70  G01  X24  Z-2  F100;
N80  X24  Z-28;
N90  X30  Z-38;
N100  X30  Z-83;
N110  G00  X70  Z30;
N130  T0400;
N140  M06  T0101;
N150  G00  X26  Z-28;
N160  G01  X20  F150;
N170  G04  X2;
N180  G00  X26;
N190  X24  Z-26.5;
N200  G01  X21  Z-28;
N210  G00  X26;
N220  G00  X70  Z30;
N230  T0100;
N240  M06  T0202;
N250  G00  X30  Z2;
N260  G82  X23  Z-26.5  F2;
N270  G82  X22  Z-26.5  F2;
N280  G82  X21.4  Z-26.5  F2;
N290  G82  X21.4  Z-26.5  F2;
N300  G00  X70  Z30;
N310  T0200;
N320  M06  T0303;
N330  G00  X36  Z-48;
N340  M98  P0009  L6;
N350  G00  G90  X70  Z30;
N360  T0300;
N370  M06  T0101;
N380  G00  X32  Z-83;
N390  G01  X25  F150;
N400  G00  X32;
```

```
N410  X30  Z-81;
N420  G01  X26  Z-83  F150;
N430  X0;
N440  G00  X70  Z30;
N450  T0100;
N460  M05;
N470  M02;
O0009;
N10  G01  G91  X-1  F200;
N20  G02  X0  Z-18  R15;
N30  G00  Z18;
N40  M99;
```

(3) 实习操作步骤

① 装夹工件　将准备好的棒料装夹到车床卡盘上。

② 数控车床系统启动　按已介绍的方法进行（若系统已启动，则此步不进行）。

③ 输入零件加工程序　按已介绍的方法编辑新程序。

④ 对刀及刀具偏置的设定　按已介绍的内容进行（若刀具系统已调试好，则此步不进行）。

⑤ 程序校验　在自动运行方式下，按下“机床锁住”，“循环启动”执行，观测刀具相对于工件的运动轨迹是否正确。若程序中有语法错误，则应先修改错误，才能进行程序校验。

⑥ 切削加工　在加工操作过程中，要始终观察加工过程（严禁负责操作的学员离开操作区域或干其他工作），若出现刀具碰撞主轴卡盘等异常情况，应立即按下“急停”按钮。操作期间，严禁非本次操作的其他学员按动计算机键盘或机床操作面板上的按钮。

⑦ 零件测量检验　正确使用量具，检验零件是否合格。

11.3 数控铣床

11.3.1 概述

数控铣床是一种用途广泛的机床，分立式和卧式两种，一般数控铣床是指规格较小的升降台式数控铣床，其工作台宽度多在400mm以下，规格较大的数控铣床，例如工作台宽度在500mm以上的，其功能已向加工中心靠近，进而演变成柔性加工单元。数控铣床多为三坐标、两轴联动的机床，也称两轴半控制，即在 X、Y、Z 三个坐标轴中，任意两轴都可以联动。数控铣床由数控系统和机床本体两大部分组成，如图11-6所示。数控系统包括数控主机、控制电源、伺服电机装置和显示器等；机床本体包括床身、主轴箱、工作台、进给传动系统、冷却系统、润滑系统和安全保护系统等。主轴箱带动刀具沿立柱导轨作 Z 向移动，工作台带动工件沿滑鞍上的导轨作 X 向移动，滑鞍又沿床身上的导轨作 Y 向移动。X、Y、Z 三个方向的移动均靠伺服电机驱动滚珠丝杠来实现。根据零件形状、尺寸、精度和表面粗糙度等技术要求制订加工工艺，选择加工参数，通过手工编程或自动编程，将编好的加工程序输入数控主机。数控主机对加工程序处理后，向 X、Y、Z 向伺服装置传送指令，从而实现工件的切削运动。

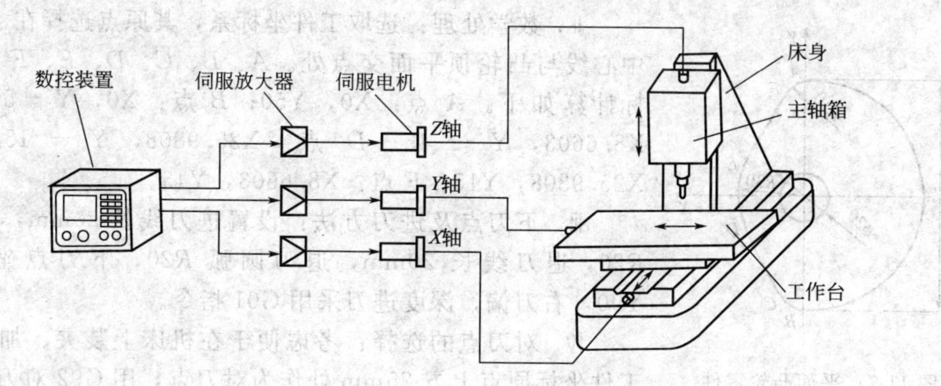

图 11-6　数控立式铣床工作原理示意图

11.3.2　数控铣床加工工艺的制订

ⅰ.分析零件图样，明确技术要求和加工内容。

ⅱ.确定工件坐标系原点位置，在数控铣床上加工的工件的情况较为复杂，一般被加工面朝着 Z 轴正向，可将坐标系原点定为工件上特征明显的位置，如对称工件的中心点等。将工件上此位置相对于机床原点的坐标值记入零点偏置存储器。

ⅲ.确定加工工艺路线，首先选择铣刀，不同的表面或型腔要采用不同的刀具；然后确定刀具起始点位置。起始点应注意区分铣刀类型，没有端刃的立铣刀不要选择 Z 向直接扎入工件表面，若加工键槽等内腔表面，要选择有端刃的键槽铣刀，最后确定加工轨迹，即加工时刀具切削的进给方式，如环切或平行切等。

ⅳ.选择合理的切削用量，主轴转速 S 的范围一般为 300～3200r/min，根据工件材料和加工性质（粗、精加工）选取；进给速度 F 的范围为 1～3000mm/min，粗加工选用 70～100mm/min，精加工选用 1～70mm/min，快速移动选用 100～2500mm/min。

ⅴ.编制和调试加工程序。

ⅵ.完成零件加工。

11.3.3　数控铣床程序格式及指令

数控铣床所用加工程序格式及指令与数控车床的加工程序格式大致相同，但由于数控铣床是三轴或多轴联动的机床，比数控车床复杂，因此加工指令与数控车床有下列不同。

ⅰ.在直线插补指令中允许有 X、Y、Z 三个坐标值出现。

ⅱ.数控系统具有孔加工（G80～G89）等专用指令。

ⅲ.在数控铣床加工中特有的加工指令还有零点偏置（G54～G57）。由于大部分零件的编程是用编程机或装有通用编程软件的微机来实现的，与所用机床无关，因此在工件坐标系和机床坐标系之间需有一种转换方式。为此，绝大多数数控铣床均设置零点偏置存储器，将工件编程原点相对于机床原点的坐标值在机床零点偏置存储器中记入 G54（或 G55、G56、G57 等），编程时可调用零点偏置存储器。

11.3.4　数控铣床加工实例

如图 11-7 所示为平面简单的凸轮零件，材料为 5mm 厚铝合金板，具体准备内容如下所述。

ⅰ.加工工艺确定：该零件由 AB、BC、AF 三段圆弧及线段 CD、EF 构成，采用 ϕ20mm 孔中心作为定位基准，通过螺栓、螺母装夹，加工方法为铣削，加工刀具为 ϕ10mm 高速钢螺旋铣刀，工艺参数为 S=250r/min，进给速度 F=100mm/min。

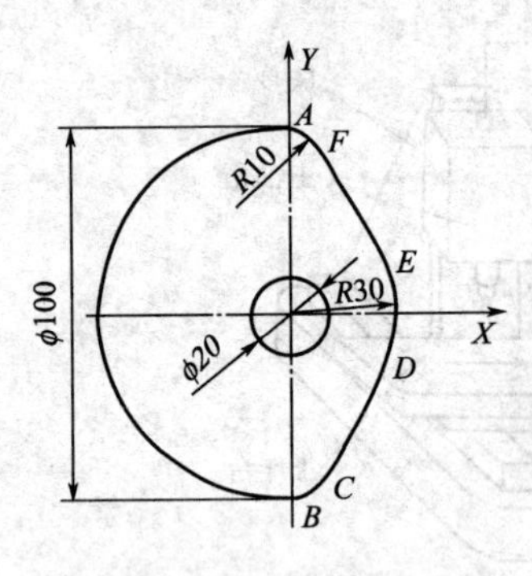

图 11-7 平面凸轮零件

ⅱ. 数学处理：选取工件坐标系，其原点选择在 ϕ20mm 孔中心线与凸轮顶平面交点处。*A*、*B*、*C*、*D*、*E*、*F* 各点的坐标计算如下。*A* 点：X0，Y50；*B* 点：X0，Y－50；*C* 点：X8.6603，Y－45；*D* 点：X25.9808，Y－15；*E* 点：X25.9808，Y15；*F* 点：X8.6603，Y45。

ⅲ. 下刀点及进刀方法：设置进刀线长 20mm，进刀圆弧 *R*20，退刀线长 20mm，退刀圆弧 *R*20，下刀点坐标 X20、Y90，右刀偏，深度进刀采用 G01 指令。

ⅳ. 对刀点的选择：考虑便于在机床上装夹、加工，选择工件坐标原点上方 25mm 处作为对刀点，用 G92 对刀，故 G92 X0 Y0 Z25。

ⅴ. 编制程序：

N01 G92 X0 Y0 Z25；	预置寄存对刀点进入加工坐标系
N02 G00 G90 X20 Y90 S250 M03；	下刀点
N03 G01 Z－7 F200；	下刀
N04 G42 D101 Y70 M07；	开始刀具半径补偿
N05 G02 X0 Y50 R20 F100；	切入工件至 *A* 点；*R* 可用"I－20 J0"代替
N06 G03 Y－50 R50；	切削 *AB* 弧；*R* 可用"I0 J－50"代替
N07 X8.6603 Y－45 R10；	切削 *BC* 弧；*R* 可用"I0 J10"代替
N08 G01 X25.9808 Y－15；	切削 *CD* 直线
N09 G03 Y15 R30；	切削 *DE* 弧；*R* 可用"I－25.9808 J15"代替
N10 G01 X8.6603 Y45；	切削 *EF* 直线
N11 G03 X0 Y50 R10；	切削 *AF* 弧；*R* 可用"I－8.6603 J－5"代替
N12 G02 X－20 Y70 R20 F200；	退刀；*R* 可用"I0 J20"代替
N13 G40 G01 Y90；	取消刀具半径补偿
N14 G01 Z25 F300 M05；	*Z* 向提刀
N15 G01 X0 Y0 M09；	返回对刀点（起刀点）
N16 M02；	程序结束

11.4 加工中心简介

11.4.1 加工中心的特点

加工中心与普通数控机床的区别主要在于它能在一台机床上完成由多台机床才能完成的工作，现代加工中心包括以下内容。

ⅰ. 加工中心是在数控镗床或数控铣床的基础上增加自动换刀装置，使工件在一次装夹后，可以连续完成对工件表面自动进行钻孔、扩孔、铰孔、镗孔、攻螺纹、铣削等多工步的加工，工序高度集中。

ⅱ. 加工中心一般带有自动分度回转工作台或主轴箱，可自动转角度，从而使工件一次装夹后，自动完成多个平面或多个角度位置的多工序加工。

ⅲ. 加工中心能自动改变机床主轴转速、进给量和刀具相对工件的运动轨迹及其他辅助机能。

ⅳ. 加工中心如果带有交换工作台，工件在工作位置的工作台进行加工的同时，另外的工件在装卸位置的工作台上进行装卸，不影响正常的加工工件。

由于加工中心具有上述功能，因而可以大大减少工件装夹、测量和机床的调整时间，减少工件的周转、搬运和存放时间，使机床的切削时间利用率高于普通机床 3～4 倍，大大提高了生产率，尤其是在加工形状比较复杂、精度要求较高、品种更换频繁的工件时，更具有良好的经济性。加工中心是一种备有刀库并能自动更换刀具对工件进行多工序加工的数控机床。箱体类零件的加工中心，一般是在镗、铣床的基础上发展起来的，可称为镗铣类加工中心，习惯上简称为加工中心。

11.4.2 加工中心的组成结构

加工中心自问世至今已有三十多年，世界各国出现了各种类型的加工中心，虽然外形结构各异，但从总体来看主要由以下几大部分组成。

① 基础部件　它是加工中心的基础结构，由床身、立柱和操作台等组成，它们主要承受加工中心的静载荷以及在加工时产生的切削负载，因此要有足够的刚度。这些大件可以是铸铁件，也可以是焊接而成的钢结构件，它们是加工中心中体积和重量最大的部件。

② 主轴部件　由主轴箱、主轴电动机、主轴和主轴轴承等零件组成。主轴的启、停和变转速等动作均由数控系统控制，并且通过装在主轴上的刀具参与切削运动，是切削加工的功率输出部件。

③ 数控系统　加工中心的数控部分由 CNC 装置、可编程控制器、伺服驱动装置以及操作面板等组成。它是执行顺序控制动作和完成加工过程的控制中心。

④ 自动换刀系统　由刀库、机械手等部件组成。当需要换刀时，数控系统发出指令，由机械手（或通过其他方式）将刀具从刀库内取出装入主轴孔中。

⑤ 辅助装置　包括润滑、冷却、排屑、防护、液压、气动和检测系统等部分。这些装置虽然不直接参与切削运动，但对加工中心的加工效率、加工精度和可靠性起着保障作用，因此也是加工中心中不可缺少的部分。

11.4.3 加工中心的分类

（1）按机床形态分类

① 卧式加工中心　指主轴轴线为水平状态设置的加工中心。通常都带有可进行分度回转运动的正方形分度工作台。卧式加工中心一般具有 3～5 个运动坐标，常见的是三个直线运动坐标（沿 X、Y、Z 轴方向）加一个回转运动坐标（回转工作台），它能够使工件在一次装夹后完成除安装面和顶面以外的其余四个面的加工，最适合箱体类工件的加工。卧式加工中心有多种形式，如固定立柱式或固定工作台式。固定立柱式的卧式加工中心的立柱固定不动，主轴箱沿立柱做上下运动，而工作台可在水平面内做前后、左右两个方向的移动；固定工作台式的卧式加工中心，安装工件的工作台是固定不动的（不做直线运动），沿坐标轴三个方向的直线运动由主轴箱和立柱的移动来实现。与立式加工中心相比，卧式加工中心的结构复杂，占地面积大，重量大，价格也较高。

② 立式加工中心　指主轴轴心线为垂直状态设置的加工中心。其结构形式多为固定立柱式，工作台为长方形，无分度回转功能，适合加工盘类零件。具有三个直线运动坐标，并可在工作台上安装一个水平轴的数控转台，用以加工螺旋线类零件。立式加工中心的结构简单，占地面积小，价格低。

③ 龙门式加工中心　龙门式加工中心形状与龙门铣床相似，主轴多为垂直设置，带有自动换刀装置，带有可更换的主轴头附件，数控装置的软件功能也较齐全，能够一机多用，尤其适用于大型或形状复杂的工件，如航天工业及大型汽轮机上的某些零件的加工。

④ 万能加工中心　某些加工中心具有立式和卧式加工中心的功能，工件一次装夹后能完成除安装面外的所有侧面和顶面等五个面的加工，也叫五面加工中心。常见的五面加工中心有两种形式，一种是主轴可以旋转90°，可以像立式加工中心那样工作，也可以像卧式加工中心那样工作；另一种是主轴不改变方向，而工作台可以带着工件旋转90°，对工件五个表面进行加工。这种加工方式可以使工件的形位误差降到最低，省去了二次装夹的工装，从而提高生产效率，降低加工成本。但是由于五面加工中心存在着结构复杂、造价高、占地面积大等缺点，所以它的使用和生产在数量上远不如其他类型的加工中心。

(2) 按换刀形式分类

① 带刀库、机械手的加工中心　加工中心的换刀装置（automatic tool changer，简称ATC）由刀库和机械手组成，换刀机械手完成换刀工作。这是加工中心采用最普遍的形式，JCS-018A型立式加工中心就属此类。

② 无机械手的加工中心　这种加工中心的换刀是通过刀库和主轴箱的配合动作来完成。一般是采用把刀库放在主轴箱可以运动到的位置，或整个刀库或某一刀位能移动到主轴箱可以达到的位置。刀库中刀具的存放位置方向与主轴装刀方向一致。换刀时，主轴运动到刀位上的换刀位置，由主轴直接取走或放回刀具。多用于采用40号以下刀柄的小型加工中心，XH754型卧式加工中心就属此类。

③ 转塔刀库式加工中心　一般在小型立式加工中心上采用转塔刀库形式，主要以孔加工为主。ZH5120型立式钻削加工中心就属此类。

11.4.4　适宜加工中心加工的零件

加工中心适宜加工形状复杂、工序较多、精度要求较高的零件，其加工对象主要有下列几类。

① 平面类零件　指单元面是平面或可以展开成为平面的一类零件，圆柱面属于平面类零件。它们是数控铣削加工对象中最简单的一类，一般只用3坐标数控铣床的两坐标联动加工即可。对于有些斜平面类零件的加工，常用方法如下，当工件尺寸不大时，可用斜垫板垫平后加工，若机床主轴可以偏转角度，亦可将主轴偏转进行加工，当工件尺寸很大，斜面坡度又比较小时，常用行切法加工，对于加工面上留下的残余高度，可用电火花或钳工修整等方法清除，加工斜面的最佳方法是用侧刃加工，加工质量好，加工效率高，但对机床坐标要求较多，且编程较为复杂。

② 变斜角类零件　指加工面与水平面的夹角呈连续变化的零件，这类零件的加工面不能展开成平面，如飞机上的大梁、框架、筋板等。加工变斜角类零件常采用4坐标或5坐标数控铣床摆角侧刃加工，但加工程序编制相对困难，也可用3轴或2.5轴加工中心进行近似加工，但质量较差。

③ 箱体类零件　指具有型腔和孔系，且在长、宽、高方向上有一定比例的零件，如汽车的发动机缸体、变速箱、齿轮泵壳体等。箱体类零件一般要进行多工位的平面加工和孔系加工。通常要经过铣、钻、扩、镗、铰、锪、攻螺纹等工序。若在普通机床上加工，工装设备多，需多次装夹、找正，并频繁地更换刀具和用手工测量，费用高，加工周期长。若在加工中心上加工，一次装夹即可完成普通机床60%～95%的工序内容，尺寸一致性好，质量较为稳定，生产周期短。

④ 曲面类零件　指加工面不能展开为平面，在加工过程中加工面与铣刀始终为点接触的空间曲面类零件，如整体叶轮、导风轮、螺旋桨、复杂模具型腔等。曲面零件在普通机床上是难以甚至无法加工的，而在加工中心上加工则较为容易。

复习思考题

1. 数控机床由哪几部分组成？它与普通机床有何区别？
2. 数控机床的功能特点是什么？
3. 数控铣床的主要加工对象是什么？它们的应用范围有哪些？
4. 数控铣床加工的特点是什么？
5. 加工中心的特点及组成结构是什么？

12 特种加工

12.1 概述

12.1.1 特种加工的产生与发展

特种加工是相对于传统的切削加工而言的，实质上是直接利用电能、声能、光能、化学能和电化学能等能量形式进行加工的一类方法的总称。传统的切削加工一般应具备两个基本条件，一是刀具材料的硬度必须大于工件材料的硬度，二是刀具和工件都必须具有一定的刚度和强度，以承受切削过程中不可避免的切削力。这给切削加工带来两个局限，一是不能加工硬度接近或超过刀具硬度的工件材料，二是不能加工带有细微结构的零件。然而，随着工业生产和科学技术的发展，具有高硬度、高强度、高熔点、高脆性、高韧性等性能的新材料不断出现，具有各种细微结构与特殊工艺要求的零件越来越多，用传统的切削加工方法很难对其进行加工，因此需要使用特种加工技术来解决上述问题。特种加工是 20 世纪 40～60 年代发展起来的新工艺，目前仍在不断地革新和发展。特种加工的方法很多，常用的有电火花成形与穿孔加工、线切割加工、超声波加工和激光加工等。

12.1.2 特种加工的特点

特种加工与传统的机械加工方法相比，具有以下特点。

ⅰ. 某些特种加工的工具与被加工零件基本不接触，加工时不受工件强度和硬度的限制，可加工超硬脆材料和精密微细零件，甚至加工工具材料的硬度可低于被加工工件材料的硬度。

ⅱ. 加工时主要用电能、化学能、电化学能、声能、光能、热能等去除工件的多余材料，而不是主要靠机械能量切除多余材料。

ⅲ. 加工机理不同于一般金属切削加工，不产生宏观切屑，不产生强烈的弹性和塑性变形，故可获得很小的表面粗糙度参数值，其加工后的残余应力、冷变形强化、热影响等也远比一般金属切削加工小。

ⅳ. 加工能量易于控制和转换，加工范围广，适应性强。

由于特种加工具有传统的机械加工无可比拟的优点，因此它已成为机械制造中一个新的重要领域，在现代加工技术中占有越来越重要的地位。

12.1.3 特种加工的分类

特种加工一般都按所利用的能量形式进行分类。

ⅰ. 利用电能和热能进行特种加工的方法有电火花加工、电子束加工、等离子弧加工。

ⅱ. 利用电能和机械能进行特种加工的方法有离子束加工。

ⅲ. 利用电能和化学能进行特种加工的方法有电解加工、电解抛光。

ⅳ. 利用电能、化学能和机械能进行特种加工的方法有电解磨削、电解珩磨、阳极机械磨削。

ⅴ. 利用光和热能进行特种加工的方法有激光加工。

ⅵ. 利用化学能进行特种加工的方法有化学加工、化学抛光。

ⅶ. 利用声能和机械能进行特种加工的方法有超声波加工。

ⅷ. 利用机械能进行特种加工的方法有磨料喷射加工、磨料流加工、液体喷射加工。

将两种以上的不同能量和加工方法结合在一起，可以取长补短，获得很好的加工效果。近年来一些新的复合加工方法不断涌现，并且其技术也日趋完善和成熟。

12.1.4 特种加工的应用

特种加工主要应用于下列场合。

ⅰ. 加工各种高强度、高硬度、高韧性、高脆性等难加工材料，如耐热钢、不锈钢、钛合金、淬硬钢、硬质合金、陶瓷、宝石、聚晶金刚石、锗和硅等。

ⅱ. 加工各种形状复杂的零件及细微结构，如热锻模、冲裁模、冷拔模的型腔和型孔，整体蜗轮、喷气蜗轮的叶片，喷油嘴、喷丝头的微小型孔等。

ⅲ. 加工各种有特殊要求的精密零件，如特别细长的低刚度螺杆、精度和表面质量要求特别高的陀螺仪等。

12.2 电火花成形与穿孔加工

12.2.1 电火花加工的原理

电火花加工是利用脉冲放电对导电材料的腐蚀作用去除材料，满足一定形状和尺寸要求的一种加工方法。其加工原理如图 12-1 所示。工具电极和工件电极浸在油槽的液体介质中，液体介质多用煤油。脉冲电源不断发出一连串的脉冲电压加在工具电极和工件电极上。由于电极的微观表面是凹凸不平的，极间某凸点处的电场强度最大，使具有一定绝缘性的液体介质最先被击穿，液体介质被电离成电子和正离子，形成放电通道。在电场力的作用下，通道内的电子高速奔向阳极，正离子则奔向阴极，形成电火花放电现象。由于放电通道中的电子、正离子受到放电时的磁场力和周围液体介质的压缩，致使放电通道的截面积很小，通道内的电流密度很大，达到 $10^4 \sim 10^7 A/cm^2$。电子和正离子在电场力的作用下高速运动时，互相碰撞，在放电通道内产生了大量的热。同时阳极和阴极表面分别受到电子流和离子流的高速轰击，动能转变为热能，放出大量的热。这样，整个放电通道变成一个瞬时热源。通道中心的温度可达 10000℃，使电极上放电处的金属迅速熔化，甚至气化。

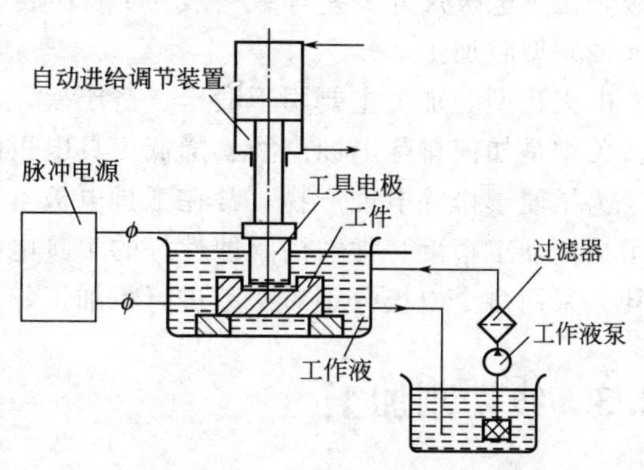

图 12-1 电火花加工原理示意图

上述脉冲火花放电的过程极为短促，加工时可以听到噼啪声，爆炸力把熔化和气化了的金属微粒抛离电极表面。金属微粒被液体介质迅速冷却、凝固，继而从两极间隙中冲走。于是，每次火花放电后，工件表面形成一个小凹坑。随着工具电极在间隙自动调节器控制下不断进给，脉冲放电将不断进行。电蚀过程周而复始，无数个电蚀小凹坑将重叠在工件上，工具电极的轮廓形状就相当精确地“复印”在工件上，从而实现控制电蚀现象以满足一定形状和尺寸要求的需要。由此可见，电火花加工过程大致分为液体绝缘介质被击穿电离、脉冲火花放电、金属热熔气化、金属被抛离电极表面四个阶段。液体介质中充满了细碎的电蚀产物，流回油箱后经过滤器和油泵再输入油槽，干净的液体不断从电极间冲走细碎的电蚀产物。

12.2.2 电火花加工的工艺特点

(1) 对工件材料的适应性强

任何硬、脆、软的材料和高熔点材料，只要能导电，都可以进行电火花加工。

(2) 对工件的结构形状适应性强

一些难装、难夹、难加工的薄壁、小孔、窄槽类零件以及具有各种复杂截面的型孔和型腔零件等，都可以较方便地实现加工。

(3) 对工件的加工性质适应性强

在同一台电火花加工机床上可以连续地进行粗加工、半精加工和精加工。精加工以后表面粗糙度 Ra 值为 0.8～1.6μm。尺寸精度视加工方式而异，穿孔加工为 0.01～0.05mm，型腔加工为 0.1mm 左右。

12.2.3 电火花加工的应用

(1) 穿孔加工

电火花穿孔加工可用于加工各种型孔（圆孔、方孔、多边孔等）、小孔（直径为 0.1～1mm）和微孔（直径小于 0.1mm）等。例如，冲压加工用的落料模、冲孔凹模、拉丝模等。工具电极的尺寸精度对穿孔的精度影响较大，要求工具电极的尺寸精度比微型孔尺寸精度高一级，工具电极尺寸公差等级一般为 IT7，表面粗糙度 Ra 值为 1.25μm。

(2) 型腔加工

电火花型腔加工主要用于锻模、挤压模、压铸模等的加工。型腔加工比穿孔加工困难得多，关键是如何排除电蚀产物、降低工具电极的损耗和合理选择脉冲参数。

为了便于排除电蚀产物，常在工具电极上增设冲油孔，用压力油将电蚀产物强迫排除，为了提高加工精度，常选用耐蚀性好的工具电极材料（如石墨、紫铜等）以减少工具电极的损耗。采用多个电极分别对型腔进行粗加工、半精加工和精加工，便于合理选择脉冲参数。

12.3 线切割加工

线切割加工是电火花线切割加工的简称，其原理在本质上与电火花加工相同，只是工具电极由钼丝（ϕ0.02～0.03mm）代替，按预先编制的数控程序进行切割加工，如图 12-2 所示。脉冲电源，一个极接工件，另一个极接电极钼丝。液体介质用油管喷射到切割部位（图中未画出）。储丝轮通过导轮使电极钼丝作正向或反向交替移动，实现切割工作。数控装置输出电脉冲信号，控制步进电机工作。上工作台和下工作台在相应的步进电机带动下（通过

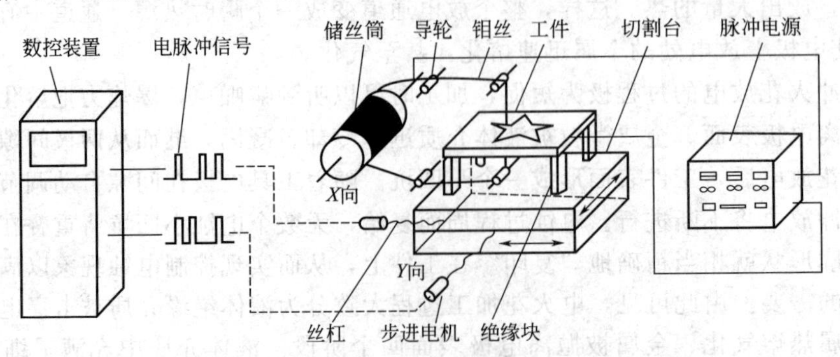

图 12-2 线切割加工原理示意图

丝杠），在水平面内的两个坐标方向上各自作进给运动。合成运动的曲线轨迹受数控装置控制，自动地切割出所需要的工件形状。通常，工件需用垫铁支承，以利于电极钼丝穿过工件。线切割加工省掉了成形的工具电极，缩短了生产周期，对新产品试制有重要意义。另外，由于作为电极的金属丝不断上下移动，电极丝基本不受电蚀损耗的影响，故加工尺寸精度可达0.01～0.02mm，表面粗糙度 Ra 值可达 1.6μm 以下。但是线切割不能加工盲孔类零件表面和台阶成形表面。线切割广泛用于加工冲模、样板和形状复杂的细小精密零件。

12.4 超声波加工

12.4.1 超声波加工的原理

超声波加工是利用超声振动的工具，带动工件和工具间的磨料悬浮液，冲击和抛磨工件的被加工部位，使其局部材料破碎成粉末，以进行穿孔、切割和研磨等的加工方法。

频率超过 16000Hz 的振动波称为超声波。超声波的能量比声波大得多，超声波加工的原理如图 12-3 所示。加工时，在工件和工具之间加入液体（水或煤油）和磨料混合的悬浮液，并使工具以很小的力轻轻压在工件上。超声波发生器产生的超声频振荡，通过换能器转换成 16000Hz 以上的超声频纵向振动，并借助于变幅杆把振幅放大到 0.01～0.15mm。变幅杆驱动工具作超声频振动，并以工具端面迫使工作液中悬浮的磨粒以很大的速度不断撞击和研磨工件表面，把工件加工区域的材料破碎成很细的微粒打击下来。

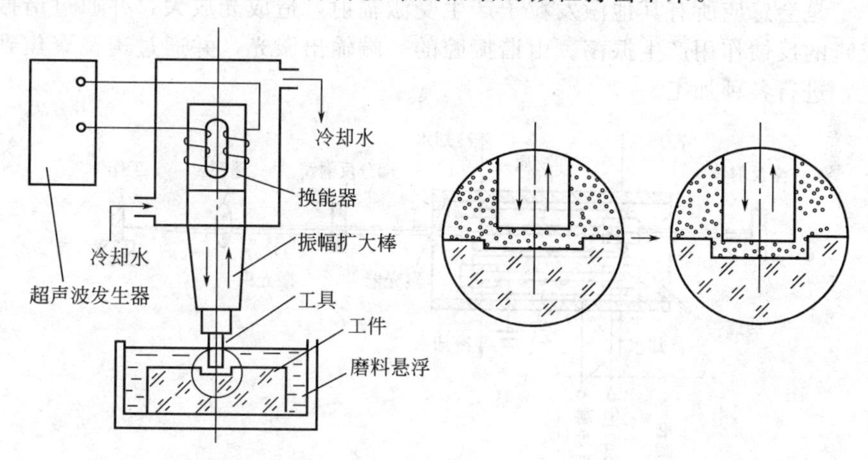

图 12-3 超声波加工原理示意图

12.4.2 超声波加工的工艺特点

（1）适合加工各种硬脆材料

超声波加工是利用局部撞击作用，因此，越是硬脆的材料，受撞击作用遭受的破坏越大，越适宜超声波加工。

（2）加工质量较好

由于超声波加工是靠极小的磨料对加工表面瞬时局部撞击去除加工材料，故对工件表面的宏观切削力很小，切削应力和切削热也很小，不会引起变形和烧伤。表面粗糙度 Ra 值为 0.1～1.0μm，加工精度可达 0.01～0.02mm，而且能加工薄壁窄缝、低刚度的零件。

（3）操作方便

由于超声波加工使用的工具由较软的材料制成，故工具的形状可以较为复杂，从而使工件与工具之间的相对运动较简单。机床结构简单，操作维修方便。

12.4.3　超声波加工的应用

超声波加工不仅能加工硬质合金、淬火钢等脆硬材料，而且能加工玻璃、陶瓷、半导体锗和硅片等不导电的非金属脆硬材料。

超声波加工的生产率虽然比电火花、电解加工低，但其加工精度较高，加工后的表面粗糙度值较小。因此，常安排超声波加工进一步提高加工质量。

超声波加工目前主要用于加工脆硬材料上的圆孔、型孔、套料、细微孔等。

12.5　激光加工

激光加工是利用功率密度极高的激光束照射工件的被加工部位，使其材料瞬间熔化或蒸发，并在冲击波的作用下，将熔融物质喷射出去，从而对工件进行穿孔、蚀刻、切割；或采用较小的能量密度，使加工区域材料熔融黏合，对工件进行加工焊接。

12.5.1　激光加工原理

激光加工就是通过一系列装置，把光的能量高度地集中在一个极小的面积上，产生几万摄氏度的高温，从而使任何金属或非金属材料立即气化蒸发，并产生很强烈的冲击波，使熔化物质呈爆炸式喷射去除，从而在工件上加工出孔、窄缝以及其他形状的表面。固体激光器的工作原理如图12-4所示。当激光工作物质受到光泵的激发后，会有少量激发粒子自发辐射出光子。于是会感应所有其他激发粒子产生受激辐射，造成光放大，并通过谐振腔（由两反射镜组成）的反馈作用产生振荡。由谐振腔的一端输出激光，并通过透镜聚焦到工件的待加工表面上，进行各种加工。

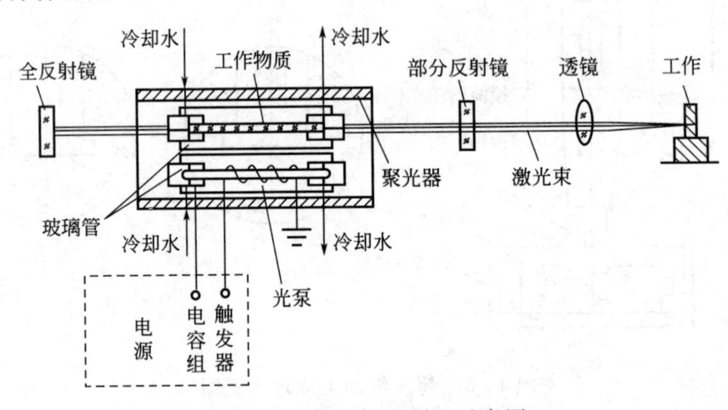

图12-4　激光加工原理示意图

12.5.2　激光加工工艺特点

ⅰ. 激光几乎对所有的金属材料和非金属材料都可以进行加工。特别是对坚硬材料、难熔材料可以进行微小孔（ϕ0.01～1mm）加工，最小孔径可达0.001mm，孔的深径比可达50～100mm。

ⅱ. 激光加工效率很高，打一个孔只需0.001s，因此，激光加工易于实现自动化生产和流水作业。

ⅲ. 激光加工不使用刀具，并且可以通过空气、惰性气体或光学透明介质进行加工。激光加工无机械加工变形，热变形也很少。

12.5.3　激光加工的应用

① 激光打孔　利用激光打微型小孔，已应用于火箭发动机和柴油机的喷油嘴加工。化

学纤维喷丝头打孔、钟表及仪表中宝石轴承打孔、金刚石拉丝模孔的加工等，都可应用激光加工工艺。

② 激光切割　采用激光可以对许多材料进行高效率的切割加工。切割速度一般超过机械切割。切割厚度，对金属材料可达 10mm 以上，对非金属材料可达几十毫米。切缝宽度一般为 0.1～0.5mm。

③ 激光焊接　激光通常用减少激光输出功率的方法，将工件结合处（烧熔）黏合在一起实现焊接。焊接过程极为迅速，热影响区极小，没有焊渣，甚至能透过玻璃焊接和实现金属与非金属材料之间的焊接。

复习思考题

1. 简述电火花成形与穿孔加工的原理和应用范围。
2. 什么是电火花加工？它的基本原理和应用范围是什么？
3. 电火花加工的特点有哪些？
4. 简述超声波加工的原理和应用范围。
5. 简述激光加工的原理和应用范围。

参考文献

[1] 上海市金属切削技术协会. 金属切削手册. 上海：上海科学技术出版社，2001.
[2] 庞振基，黄其圣. 精密机械设计. 北京：机械工业出版社，2007.
[3] 王先逵. 机械制造工艺学. 北京：机械工业出版社，2007.
[4] 李蕾. 精密机械设计. 北京：化学工业出版社，2005.
[5] 廖念钊. 互换性测量技术基础. 北京：中国计量出版社，2002.
[6] 廖念钊，古莹，莫雨松，李硕根，杨兴骏. 互换性与技术测量. 北京：中国计量出版社，2001.
[7] 陈培里. 工程材料及热加工. 北京：高等教育出版社，2007.
[8] 邓文英. 金属工艺学. 北京：高等教育出版社，2000.
[9] 中国机械工业教育协会. 金属工艺学. 北京：机械工业出版社，2006.
[10] 王英杰. 金属工艺学. 北京：高等教育出版社，2001.
[11] 张学政，李家枢. 金属工艺学. 北京：高等教育出版社，2003.
[12] 严绍华，张学政. 金属工艺学. 北京：清华大学出版社，2006.
[13] 夏德荣，贺锡生. 金工实习. 南京：东南大学出版社，1999.
[14] 柳秉毅. 金工实习. 北京：机械工业出版社，2005.
[15] 沈检标. 金工实习. 北京：机械工业出版社，2004.
[16] 庞超平，石云宝. 金工实习. 长春：吉林科学技术出版社，2000.
[17] 刘世雄. 金工实习. 重庆：重庆大学出版社，1996.
[18] 王瑞芳. 金工实习. 北京：机械工业出版社，2006.
[19] 张云新. 金工实训. 北京：化学工业出版社，2005.
[20] 徐永礼，田佩林. 金工实训. 广州：华南理工大学出版社，2006.
[21] 全国数控培训网络天津分中心. 数控机床. 北京：机械工业出版社，2001.
[22] 明兴德，夏德兰，卢定军，熊显文. 数控加工综合实践教程. 北京：清华大学出版社，2008.
[23] 刘武发，刘德平. 机床数控技术. 北京：化学工业出版社，2007.